现代信息管理与信息系统系列教材

上海市第四期教育高地（信息管理与信息系统）建设成果
上海市教育委员会"085知识创新工程"资助项目

数据库系统原理与应用

SHUJUKU XITONG YUANLI YU YINGYONG

刘 升　曹红苹/主 编

李旭芳　王裕明　汪明艳/副主编

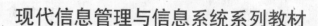

清华大学出版社

北　京

内 容 简 介

本书从理论的先进性和技术的实用性出发,以关系数据库系统为核心,系统、全面地阐述了数据库系统的基本理论、基本原理、设计方法和应用技术,主要内容包括数据库系统概述、关系数据库、关系数据库的标准语言 SQL、关系数据库规范化理论、数据库设计、数据库管理以及以 SQL Server 为实验平台的基础知识、应用技术,高级的开发应用等。

本书既重视数据库技术的体系完整性,又突出了数据库技术面向应用的特性,概念清楚,重点突出,章节安排合理,理论与实际结合紧密且通俗易懂。有助于学习者从实际应用的角度出发,联系所学理论,掌握所学内容。

本书既可作为高等院校信息管理与信息系统专业及非计算机专业的大学本科、专科和高职高专学生的数据库课程教材,也可作为从事信息领域工作的科技人员的相关教材和技术参考书。

图书在版编目(CIP)数据

数据库系统原理与应用/刘升,曹红苹主编.--北京:清华大学出版社,2012.1
(现代信息管理与信息系统系列教材)
ISBN 978-7-302-26985-4

Ⅰ. ①数… Ⅱ. ①刘… ②曹… Ⅲ. ①数据库系统-高等学校-教材 Ⅳ. ①TP311.13

中国版本图书馆 CIP 数据核字(2011)第 199534 号

责任编辑:刘志彬
责任校对:王凤芝
责任印制:杨 艳

出版发行:清华大学出版社   地   址:北京清华大学学研大厦 A 座
         http://www.tup.com.cn   邮   编:100084
         社 总 机:010-62770175   邮   购:010-62786544
         投稿与读者服务:010-62776969,c-service@tup.tsinghua.edu.cn
         质 量 反 馈:010-62772015,zhiliang@tup.tsinghua.edu.cn
印 装 者:北京鑫海金澳胶印有限公司
经   销:全国新华书店
开   本:185×230 印 张:22.75 字 数:483 千字
版   次:2012 年 1 月第 1 版   印 次:2012 年 1 月第1次印刷
印   数:1～5000
定   价:36.00 元

产品编号:042959-01

丛书编委会

总　序

作为一种资源,信息是人类智慧的结晶和财富,是社会进步、经济与科技发展的源泉。信息同物质、能源一起,成为现代科学技术的三大支柱:物质向人类提供材料,能量向人类提供动力,而信息奉献给人类的则是知识和智慧。

在人类发展的历史上,还没有哪种技术能够像信息技术这样对人类社会产生如此广泛而深远的影响。而现代信息技术,特别是采用电子技术来开发与利用信息是时代的需要,是世界性潮流,是人类社会发展的必然趋势,并正以空前的速度向前发展。

环顾当今世界,几乎每一个国家都把信息技术视为促进经济增长、维护国家利益和实现社会可持续发展的最重要的手段,信息技术已成为衡量一个国家的综合国力和国家竞争实力的关键因素。

在国内,随着信息化建设的进一步深化,特别是电子商务和电子政务的兴起,社会各界对于信息管理人才的需求越来越多,要求越来越高。这表明,"信息管理与信息系统"作为管理科学的一个重要分支,已经成为信息时代人才培养不可缺少的一个重要方面。

作为上海市优秀教学团队,上海工程技术大学信息管理与信息系统专业教师队伍在学科建设中,秉承面向国际、面向服务国家和地区经济建设的宗旨,坚持教学与研究相结合,理论与实践相结合,在近20年的专业建设中取得了一系列丰硕的教学与研究结果。

为了使读者进一步掌握信息管理理论和技术,也为了让研究成果更好地服务社会,我们组织了长期从事信息管理与信息系统教学和研究的教师撰写了本系列教材。

本着培养"宽口径、厚基础、重应用、高素质"德才兼备、一专多能的信息管理类人才的原则,本系列教材以理论与实践相结合,注重系统性、基础性,突出应用性作为编写理念。因此,体现了以下几个方面的特点:

(1) 构建与人才培养目标相适应的教材体系

教材建设的关键在于构建与人才培养目标相适应的知识内容体系。新世纪信息管理与信息系统专业的教材必须适应"以信息化带动工业化"的国家发展战略,以运筹学、系统工程等管理科学为研究方法,以计算机科学与技术为支持工具,构建培养学生掌握企业实施管理信息化所必备的知识体系。

本系列教材密切结合我国社会主义市场经济的发展对人才的需要,紧跟时代的发展,不断补充和引进新的教学内容,增补信息技术方面最新进展,紧紧围绕上述培养目标建设面向 21 世纪的信息管理与信息系统专业课程体系,并在此基础上进行教材体系的建设。

（2）重视理论体系架构的完整性和鲜明性

本系列教材可以使学生了解信息管理过程中,各个环节所应用的信息技术,了解信息管理系统的规划、开发和管理的内容,从而体会到信息管理的三大支撑学科——经济学、管理学和计算机科学在信息技术和信息系统所实现的信息管理中的内在联系和作用。

本系列教材由三个层次模块的 12 本教材组成,三个层次模块既有本身的核心知识内容,又相互紧密联系,形成了知识结构系统性的特点。其中:

- 信息管理的基础理论模块,如《信息资源管理》、《系统工程——方法应用》、《运筹学》等;
- 信息管理的技术模块,如《JAVA 语言编程实践教程》、《信息系统分析与设计》、《数据结构与程序设计》、《数据库系统原理与应用》等;
- 信息管理的应用模块,如《电子商务》、《管理信息系统理论与实践》等。

（3）体现专业知识内容的应用性

本系列教材强调理论联系实际,充分结合信息技术的实践和我国信息化的实际,注重理论的实际运用,全面提升"知识"与"能力"。在教材编写过程中,教材案例编排的逻辑关系清晰,应用广泛,针对性强。本系列教材在注重理论与实践相结合的同时,提高了实际应用的可操作性。

本系列教材内容丰富,信息量大,章节结构符合教学需要和计算机用户的学习习惯。在每章的开始,列出了学习目标和本章重点,便于教师和学生提纲挈领地掌握本章知识点,每章的最后还附有案例分析和习题两部分内容,教师可以参照上机练习,实时指导学生进行上机操作,使学生及时巩固所学的知识。

丛书编著做到了专业知识体系框架完整。在内容安排上,系列教材内容广泛,吸取了同类教材的精华,借鉴了本领域内的众多专家和学者的观点和见解。

本系列教材在编写过程中参阅了大量的中外文参考书和文献资料,在此对国内外有关作者表示衷心的感谢。

由于编者水平和时间所限,如有错误和遗漏之处,敬请读者提出宝贵意见。

汪　泓

2010 年 4 月

于上海工程技术大学

前　言

在现代信息化社会中,数据库是组织、管理和利用信息的最有效的方法,特别是互联网技术的应用与普及,更使数据库技术成为大众化技术。因此,数据库技术已经成为信息管理与信息系统等专业的重要课程。

本书由浅入深、循序渐进、理论与实践并重,力求让读者通过对本书的学习,能对数据库技术有一个比较全面的了解,掌握数据库理论和数据库应用的基本知识,了解数据库应用系统的开发模式,并具有初步的数据库应用开发能力。

本书以满足学生对实用技术和新技术的求知需要为目的,服从创新教育和素质教育的教学理念,将整个教学的内容分为两条主线:

一条是数据库的理论知识,具体内容如下:

第1章概述数据管理的进展、数据模型、数据库管理系统和数据库技术的发展。

第2章、第3章讲解关系数据库的数据模型、数据语言和数据理论,其中对关系数据库的标准语言 SQL 进行了深入介绍。

第4章介绍关系数据库的规范化理论,即函数依赖、分解特性和范式等内容。

第5章介绍数据库设计的任务和特点、设计方法和步骤,重点放在设计关系数据库应用系统上。

第6章详细讨论数据库的安全性、完整性、并发控制和恢复等数据库保护技术。

另一条主线是数据库实用技术。本书以 SQL Server 2000 为中心,主要介绍以下内容:

第7章介绍 SQL Server 2000 的安装、配置和常用的管理器等基本知识。

第8章讨论 SQL Server 2000 数据库、表、视图的基本操作及其应用。

第9章介绍 Transact-SQL 编程的基本知识、各种语句的语法及其应用、利用 Transact-SQL 创建其他数据对象(数据类型、存储过程、触发器等)以及这些数据对象的应用等内容。

第10章介绍 SQL Server 2000 的数据恢复机制,主要包括数据库的备份、恢复、分离和附加。

第11章介绍 SQL Server 2000 的安全体系结构和数据库的安全管理。

这两条主线相互呼应、相互渗透,叙述理论时深入浅出,充分遵循知识认知规律;介绍应用时详尽周密、图文并茂。理论与技术的密切结合,是本书的一大特色。

本书所选实例内容翔实、结构紧凑。为了方便读者学习,每章后面还附有一定量的习题。本书在编写过程中参阅了大量国内外同行、专家的研究成果,我们向所有被参考和被引用论著的作者表示由衷的感谢,他们辛勤劳动的成果为本书提供了丰富的资料。

本书在编写过程中,一直得到国家教育部管理科学与工程教学指导委员会副主任委员、上海工程技术大学校长汪泓教授的关心和支持。初稿完成后,她又在百忙之中抽空审阅了全书。吴忠教授等也对本书的编写提出过宝贵的修改意见,在此一并表示感谢!

由于时间仓促与编者水平有限,不足与欠妥之处在所难免,恳请学界同仁不吝批评指正。

编　者

2011 年 3 月

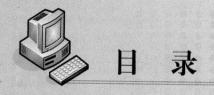

目 录

第1章
绪 论

本章关键词

数据(data)　　　　　　　　　　　数据库(data base)

数据库管理系统(DBMS)　　　　　　数据库系统(DBS)

本章要点

本章主要介绍数据库系统所涉及的最基本、最重要的概念,包括数据库的常用术语、数据管理的发展过程、数据模型、数据库系统结构、数据库管理系统的主要功能和数据库系统的组成等基本知识。

从 20 世纪 50 年代开始,计算机应用由科学研究部门逐渐扩展到企业、行政部门,数据处理已成为计算机的主要应用。数据库技术产生于 60 年代末,是数据管理的最新技术,它的出现极大地促进了计算机应用向各行各业的渗透。经过 40 多年的发展,数据库技术已成为当今计算机科学的重要分支,也成为信息系统的核心和基础。目前,它已形成较为完整的理论体系和实用技术。

1.1　数据库系统概述

数据库是数据管理的新手段和新工具,使用数据库方法管理数据,可以保证数据的共享性、安全性和完整性。在学习数据库知识之前,首先介绍一些数据库最常用的术语和基本概念。

1.1.1　数据库的常用术语和基本概念

数据、数据库、数据库管理系统和数据库系统是与数据库技术密切相关的四个基本概念。

1. 数据

数据(data)是数据库中存储的基本对象。提起数据,大多数人头脑中的第一个反应就是能够进行加、减、乘、除运算以及各种统计计算的数值,如 14.56、56.99 等。其实数值只是最简单的一种数据,是数据的一种传统的和狭义的理解。从广义上讲,数据是对现实世界的抽象表示,是描述客观事物特征或性质的某种符号。描述事物的符号既可以是数字,也可以是文字、图形、图像、声音和语言等多种表现形式,它们都可以经过数字化后存入计算机。因此,从计算机数据管理的角度,可更一般地将数据定义为:凡是能够经过数字化处理进入计算机的符号都称为数据。

为了了解世界、交流信息,人们需要描述这些事物。在日常生活中直接用自然语言(如汉语)来描述。在计算机中,为了存储和处理这些事物,人们通常将描述事物特征的若干数据项组成一个数据记录(record)。数据项是数据的基本单元,即最小单位,它是对某类客观事物的某个特征或性质的数据抽象,每个数据项都有一个名字(称为数据项名)和可能的取值范围,称为数据项值域,简称为域。

例如,在学生档案中,如果人们最感兴趣的是学生的学号、姓名、性别、年龄、所在系别、入学时间等数据,那么就先把它们组成为

学生(学号,姓名,性别,年龄,所在院系,入学时间)

并将其称为记录型(record type),也称为记录的逻辑结构。它是对学生特征的一个抽象描述,当记录型中的每个数据项取确定的值时,例如,

(03051002,赵田,男,20,信息管理系,2010)

就成为一个记录。这个学生记录就是数据。

对于上面这条学生记录,了解其含义的人会得到如下信息:赵田是个大学生,男,20岁,2010年考入信息管理系;而不了解其语义的人则无法理解其含义。可见,数据的形式还不能完全表达其内容,需要经过解释。所以,数据和关于数据的解释是不可分的,数据的解释是指对数据含义的说明,数据的含义称为数据的语义,数据与其语义是不可分的。

2. 数据库

数据库(data base,DB),顾名思义,是存放数据的仓库。只不过这个仓库是设在计算机存储设备上,而且数据是按一定的格式存放的。

人们收集并抽取出一个应用所需要的大量数据之后,应将其保存起来以供进一步加工处理,进一步抽取有用信息。在科学技术飞速发展的今天,人们的视野越来越广,数据量急剧增加。过去人们把数据存放在文件柜里,现在人们借助计算机和数据库技术科学地保存和管理大量复杂的数据,以便能方便而充分地利用这些宝贵的信息资源。

所谓数据库是指长期储存在计算机内、有组织的、可共享的数据集合。数据库中的数据按一定的数据模型组织、描述和储存,具有较小的冗余度、较高的数据独立性和易扩展性,并可为各种用户共享。

概括地讲,数据库数据具有永久存储、有组织和可共享三个基本特点。

3. 数据库管理系统

了解了数据和数据库的概念后,下一个问题就是如何科学地组织和存储数据,如何高效地获取和维护数据。完成这个任务的是一个系统软件——数据库管理系统(data base management system,DBMS)。

数据库管理系统是位于用户与操作系统之间的一层数据管理软件(图 1.1),它是数据库系统的核心组成部分,用户在数据库系统中的一切操作,包括数据定义、查询、更新及各种控制,都是通过 DBMS 进行的。

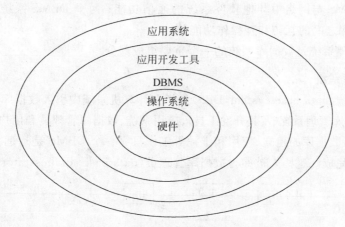

图 1.1　DBMS 在数据库系统中的地位

它的主要功能有以下几个方面:

1) 数据定义

DBMS 提供数据定义语言 DDL(data define language),用户通过它可以方便地对数据库中的数据对象进行定义。例如,为保证数据库安全而定义的用户口令和存取权限,为保证正确语义而定义的完整性规则。

2) 数据组织、存储和管理

DBMS 要分类组织、存储和管理各种数据,包括数据字典、用户数据和数据的存取路径等。要确定以何种文件结构和存取方式在存储级上组织这些数据,如何实现数据之间的联系。数据组织和存储的基本目标是提高存储空间的利用率和方便存取,提供多种存取方法(如索引查找、Hash 查找和顺序查找等),以提高存取效率。

3) 数据操纵

DBMS 提供数据操纵语言 DML(data manipulation language),实现对数据库的基本操作,包括检索、插入、修改和删除等。SQL 语言就是 DML 的一种。

4）数据库运行管理

数据库在建立、运行和维护时由数据库管理系统统一管理、统一控制。DBMS 通过对数据的安全性控制、数据的完整性控制、多用户环境下的并发控制以及数据库的恢复，来确保数据正确、有效，以及数据库系统的正常运行。

5）数据库的建立和维护功能

包括：数据库的初始数据的装入、转换功能；数据库的转储、恢复、重组织；系统性能监视、分析等功能，这些功能通常是由一些实用程序完成的。

6）其他功能

包括：DBMS 与网络中其他软件系统的通信功能；两个 DBMS 系统的数据转换功能；异构数据库之间的互访和互操作功能等。

数据库管理系统是数据库系统的一个重要组成部分。

4．数据库系统

数据库系统(data base system,DBS)是指在计算机系统中引入数据库后的系统,一般由数据库、数据库管理系统(及其开发工具)、应用系统、数据库管理员和用户构成(图 1.2)。应当指出的是,数据库的建立、使用和维护等工作只靠一个 DBMS 是远远不够的,还要有专门的人员来完成。这些人被称为数据库管理员(data base administrator,DBA)。

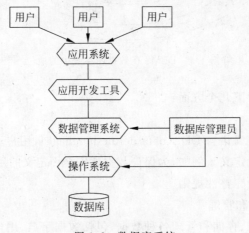

图 1.2　数据库系统

一般在不引起混淆的情况下,通常把数据库系统简称为数据库。

1.1.2　数据库技术的产生和发展

随着计算机硬件和软件的发展,计算机数据管理方法至今大致经历了四个阶段：人工管理阶段、文件系统阶段、数据库系统阶段和高级数据库阶段。

1. 人工管理阶段

20 世纪 50 年代中期以前,计算机主要用于科学计算。当时的硬件状况是,外部存储器只有磁带、卡片和纸带等,还没有磁盘等直接存取设备。软件状况是,没有操作系统,没有管理数据的专门软件;数据处理的方式基本上是批处理。人工管理数据具有如下特点。

1) 数据不保存

因为该阶段计算机主要应用于科学计算,对于数据保存的需求尚不迫切,只是在计算某一课题时才将数据输入,完成并得到结果后,课题即告结束,因此无须保存数据。

2) 系统没有专用的软件对数据进行管理

数据需要由应用程序自己管理,没有相应的软件系统负责数据的管理工作。因此,每个应用程序不仅要规定数据的逻辑结构,而且要设计物理结构,包括存储结构、存取方法和输入方式等。因此,程序员的负担很重。

3) 数据不共享

数据是面向应用程序的,一组数据只能对应一个程序。当多个应用程序涉及某些相同的数据时,也必须各自定义,无法相互利用、相互参照,因此程序之间有大量的冗余数据。

4) 数据不具有独立性

程序依赖于数据,如果数据的类型、格式和输入输出方式等逻辑结构或物理结构发生变化,必须对应用程序作出相应的修改。

在人工管理阶段,程序与数据之间的关系可用图 1.3 表示。

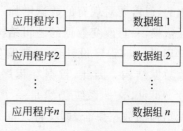

图 1.3　人工管理阶段

2. 文件系统阶段

从 20 世纪 50 年代后期到 60 年代中期,计算机不仅应用于科学计算,还大量应用于信息管理。大量的数据存储、检索和维护成为紧迫的需求,数据结构和数据管理技术迅速发展起来。在硬件方面,有了磁盘、磁鼓等直接存储设备;在软件方面,出现了高级语言和操作系统,而且操作系统中有了专门管理数据的软件,一般称之为文件系统;在处理方式方面,不仅有批处理,还有联机实时处理。

用文件系统管理数据的特点如下。

1) 数据以文件形式可被长期保存下来

由于计算机大量用于数据处理,数据需要长期被保存在外存上,以便用户可反复对文件进行查询、修改和增删等处理。

2) 文件系统可对数据的存取进行管理

由专门的软件即文件系统进行数据管理,文件系统把数据组织成相互独立的数据文件,利用"按名访问,按记录存取"的管理技术,对文件进行修改、插入和删除的操作。文件系统实现了记录内有结构,但整体无结构。程序员和数据之间由文件系统提供存取方法进行转换,使应用程序和数据之间有了一定的独立性。程序员只与文件名打交道,不必明确数据的物理存储,数据存储发生变化不一定影响程序的运行,从而大大节省了维护程序的工作量,减轻了程序员的负担。

与人工管理阶段相比,文件系统阶段对数据的管理有了很大的进步,但一些根本性问题仍没有彻底解决,主要表现在以下两个方面:

（1）数据冗余度大

由于数据的基本存取单位是记录,因此,程序员之间很难明白他人数据文件中数据的逻辑结构。理论上,一个用户可通过文件管理系统访问很多数据文件,然而实际上,一个数据文件只能对应于同一程序员的一个或几个程序,不能共享,即文件仍然是面向应用的。当不同的应用程序具有部分相同的数据时,也必须建立各自的文件,而不能共享相同的数据,因此数据的冗余度大,浪费存储空间。

（2）数据独立性差

文件系统中的文件是为某一特定应用服务的,文件的逻辑结构对该应用程序来说是优化的,但若要对现有的数据增加一些新的应用会很困难,系统不容易扩充。数据和程序相互依赖,一旦改变数据的逻辑结构,必须修改相应的应用程序。而应用程序发生变化,如改用另一种程序设计语言来编写程序,也需修改数据结构。因此,数据和程序之间缺乏独立性。可见,文件系统仍然是一个不具有弹性的无结构的数据集合,即文件之间是孤立的,不能反映现实世界事物之间的内在联系。

在文件系统阶段,程序与数据之间的关系可用图 1.4 表示。

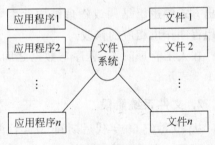

图 1.4　文件系统阶段

3. 数据库系统阶段

20 世纪 60 年代后期,计算机应用于管理的规模更加庞大,数据量急剧增加;同时多种应用、多种语言互相覆盖地共享数据集合的要求也越来越强烈。

这时计算机硬件、软件有了进一步的发展,硬件方面出现了大容量磁盘,硬件价格下降,而软件价格上升,使开发和维护系统软件的成本增加;在处理方式上,联机实时处理要求更多,并开始提出和考虑分布处理。此时,文件系统的数据管理方法已无法适应开发应用系统的需要。为解决多用户、多个应用程序共享数据的需求,出现了统一管理数据的专门软件系统,即数据库管理系统。用数据库管理系统来管理数据比文件系统具有更加明显的优点,从文件管理系统到数据库管理系统,标志着数据管理技术的飞跃。数据管理技术进入数据库系统阶段的标志是 20 世纪 60 年代末发生的三件大事:

（1）1968 年美国 IBM 公司推出层次模型的 IMS(information management system)。

（2）1969 年美国 CODASYL(conference on data system language)组织发布了 DBTG(data base task group)报告。总结了当时各式各样的数据库，提出了网状模型，尔后于 1971 年 4 月正式通过。

（3）1970 年美国 IBM 公司的 E. F. Codd 连续发表论文，提出关系模型，奠定了关系数据库的理论基础。

20 世纪 70 年代以来，数据库技术得到迅速发展，数据库系统克服了文件系统的缺陷，提供了对数据更高级、更有效的管理。概括起来，数据库系统管理数据的特点如下。

1）数据的整体结构化

在文件系统中，尽管记录内部已有了某些结构，但记录之间没有联系。在数据库系统中，数据模型不仅描述数据本身的特征，还要描述数据之间的联系，且这种联系通过存取路径（指针）来实现整体数据的结构化，这是数据库的主要特征之一，也是数据库系统与文件系统的本质区别。在数据库系统中，数据不再针对某一应用，而是面向全组织，因此大大降低了数据冗余度，实现了数据共享。

此外，在数据库系统中不仅数据是结构化的，而且存取数据的方式也很灵活，可以存取数据库中的某一个数据项、一组数据项、一个记录或一组记录。而在文件系统中，数据的最小存取单位是记录。

【例 1.1】 在一个学校的学生成绩管理系统中，系统包含学生（学号，姓名，性别，系别，年龄）、课程（课程号，课程名）、成绩（学号，课程号，成绩）等数据，分别对应三个记录型。

若采用文件处理方式，因为文件系统只表示记录内部的联系，而不涉及不同文件记录之间的联系，要想查找某个学生的学号、姓名、所选课程的名称和成绩，必须编写一段不很简单的程序来实现。而采用数据库方式，由于学生记录与成绩记录可以通过公共数据项"学号"（存取路径 1）联系，课程记录与成绩记录可以通过公共数据项"课程号"（存取路径 2）联系，上述查询可以非常容易地联机实现。

2）数据共享性高、冗余少，易扩充

数据库系统从整体角度描述数据，数据不再面向某个应用而是面向整个系统，因此数据可以被多个用户、多个应用共享使用。数据共享可以大大减少数据冗余，节约存储空间，还能够避免数据之间的不相容性与不一致性。

所谓数据的不一致性，是指同一数据不同拷贝的值不一样。采用人工管理或文件系统管理时，由于数据被重复存储，当不同的应用使用和修改不同的拷贝时就很容易造成数据的不一致。在数据库中数据共享，减少了因数据冗余而造成的不一致现象。

由于数据面向整个系统，是有结构的数据，其不仅可以被多个应用共享使用，而且容易增加新的应用，这就使得数据库系统弹性增大、易于扩充，可以适应各种用户要求。用户可以选取整体数据的各种子集于不同的应用系统,当应用需求改变或增加时,只要重新选取不同的子集或加上一部分数据便可以满足新的需求。

3) 数据独立性高

数据的独立性是指数据的逻辑独立性和数据的物理独立性。

数据的逻辑独立性是指用户的应用程序与数据库的逻辑结构是相互独立的,即当数据的总体逻辑结构改变时,数据的局部逻辑结构不变。由于应用程序是依据数据的局部逻辑结构编写的,所以应用程序不必修改,从而保证了数据与程序间的逻辑独立性。

例如,在原有的记录类型之间增加新的联系,或在某些记录类型中增加新的数据项,均可确保数据的逻辑独立性。

数据的物理独立性是指用户的应用程序与存储在磁盘上的数据库中的数据是相互独立的,即当数据的存储结构改变时,数据的逻辑结构不变,从而应用程序也不必改变。

例如,改变存储设备和增加新的存储设备,或改变数据的存储组织方式,均可确保数据的物理独立性。

数据独立性是由 DBMS 的二级映像功能来保证的,这将在第 1.3.2 节讨论。

数据与程序的独立,把数据的定义从程序中分离出去,加上数据的存取又由 DBMS 负责,从而简化了应用程序的编制,大大减少了应用程序的维护和修改。

4) 有统一的数据控制功能

数据库为多个用户和应用程序所共享,对数据的存取往往是并发的,即多个用户可以同时存取数据库中的数据,甚至可以同时存取数据库中的同一个数据。为确保数据库数据的正确、有效,以及数据库系统的有效运行,数据库管理系统提供以下四个方面的数据控制功能。

(1) 数据的安全性(security)控制。数据的安全性是指保护数据,以防止不合法使用造成数据的泄露和破坏,保证数据的安全和机密。它使每个用户只能按规定,对某些数据以某些方式进行使用和处理。

例如,系统提供口令检查或其他手段来验证用户身份,防止非法用户使用系统;也可以对数据的存取权限进行限制,只有通过检查后才能执行相应的操作。

(2) 数据的完整性(integrity)控制。数据的完整性是指系统通过设置一些完整性规则来确保数据的正确性、有效性和相容性。完整性控制将数据控制在有效的范围内,或保证数据之间满足一定的关系。

有效性是指数据是否在其定义的有效范围,如月份只能用 1～12 的正整数表示。

正确性是指数据的合法性,如年龄属于数值型数据,只能含 0,1,…,9,不能含字母或特殊符号。

相容性是指表示同一事实的两个数据应相同,否则就不相容,如一个人不能有两个性别。

（3）并发（concurrency）控制。多用户同时存取或修改数据库时，可能会发生相互干扰而提供给用户不正确的数据，并使数据库的完整性受到破坏，因此必须对多用户的并发操作加以控制和协调。

（4）数据恢复（recovery）。计算机系统的硬件故障、软件故障、操作员的失误以及故意的破坏也会影响数据库中数据的正确性，甚至造成数据库部分或全部数据的丢失。DBMS 必须具有将数据库从错误状态恢复到某一已知的正确状态（亦称为完整状态或一致状态）的功能，这就是数据库的恢复功能。

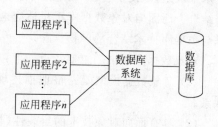

图 1.5　数据库系统阶段

数据库系统阶段，应用程序与数据之间的关系可用图 1.5 表示。

综上所述，数据库是长期存储在计算机内有组织的、大量的、共享的数据集合。它可以供各种用户共享，具有最小冗余度和较高的数据独立性的特点。DBMS 在数据库建立、运用和维护时对数据库进行统一控制，以保证数据的完整性、安全性，并在多用户同时使用数据库时进行并发控制，在发生故障后对系统进行恢复。

数据库系统的出现使信息系统从以加工数据的程序为中心转向围绕共享的数据库为中心的新阶段。这样既便于数据的集中管理，又有利于应用程序的研制和维护，提高了数据的利用率和相容性，以及决策的可靠性。

目前，数据库已经成为现代信息系统不可分离的重要组成部分。具有数百吉字节、数百太字节甚至数百拍字节的数据库已经普遍存在于科学技术、工业、农业、商业、服务业和政府等部门的信息系统。

数据库技术经历了以上三个阶段的发展，已有了比较成熟的数据库技术，但随着计算机软件硬件的发展，数据库技术仍需不断向前发展。

4. 高级数据库阶段

20 世纪 70 年代，层次、网状、关系等三大数据库系统奠定了数据库技术的概念、原理和方法。自 80 年代以来，数据库技术在商业领域的巨大成功刺激了其他领域对数据库技术需求的迅速增长。一方面，这些新的领域为数据库应用开辟了新的天地；另一方面，在应用中提出的一些新的数据管理的需求也直接推动了数据库技术的研究和发展，尤其是面向对象数据库系统。另外，数据库技术不断与其他计算机分支结合，向高一级的数据库技术发展。例如，数据库技术与分布处理技术相结合，出现了分布式数据库系统；数据库技术与并行处理技术相结合，出现了并行数据库系统。

1）面向对象数据库技术

在数据处理领域，关系数据库的使用已相当普遍。然而，现实世界存在着许多具有更复杂数据结构的实际应用领域,而层次、网状和关系三种模型对这些应用领域已显得力不从心。例如,多媒体数据、多维表格数据、CAD数据等应用问题,都需要更高级的数据库技术来表达,以便于管理、构造与维护大容量的持久数据,并使它们能与大型复杂程序紧密结合。而面向对象数据库正是适应这种形势发展起来的,它是面向对象的程序设计技术与数据库技术结合的产物。

对象数据库系统的主要特点如下:

(1) 对象数据模型能完整地描述现实世界的数据结构,能表达数据间嵌套、递归的联系。

(2) 具有面向对象技术的封装性(把数据与操作定义在一起)和继承性(继承数据结构和操作)的特点,提高了软件的可重用性。

2) 分布式数据库技术

随着地理上分散的用户对数据共享的要求日益增强,以及计算机网络技术的发展,在传统的集中式数据库系统基础上产生和发展了分布式数据库系统。

分布式数据库系统不是简单地把集中式数据库安装在不同场地,用网络连接起来便实现了,而是具有自己的性质和特征。

分布式数据库系统主要有以下特点:

(1) 数据的物理分布性和逻辑整体性。数据库的数据物理上分布在各个场地,但逻辑上它们是一个相互联系的整体。

(2) 场地自治和协调。系统中的每个结点都具有独立性,可以执行局部应用请求(访问本地DB);每个结点又是整个系统的一部分,可通过网络处理全局的应用请求,即可以执行全局应用(访问异地DB)。

(3) 各地的计算机由数据通信网络相联系。本地计算机单独不能胜任的处理任务,可以通过通信网络取得其他DB和计算机的支持。

分布式数据库系统兼顾了集中管理和分布处理两个方面,因而有良好的性能。

3) XML数据库技术

XML语言是HTML语言的继续和发展。随着Internet的迅速发展,XML不仅作为Internet上的一种数据发表语言出现,而且也成为计算机行业标准的数据交换格式。

XML是一种能够表达比传统数据模型中的数据结构化程度低的数据语言。与对象数据库相比,XML也提供了一条途径来表示有嵌套结构的数据,但在数据结构化方面有非常大的灵活性。

4) 面向应用领域的数据库技术

数据库技术是计算机软件领域的一个重要分支,经过30多年的发展,已形成相当规模的理论体系和实用技术。为了适应数据库应用多元化的要求,在传统数据库的基础上,应结合各个应用领域的特点,研究适合该应用领域的数据库技术,如多媒体数据库、工作流数据库、工程数据库、统计数据库、科学数据库、空间数据库和地理数据库等。

5）现代信息集成技术

为了充分利用现有的数据资源，提取管理决策所需要的信息（决策支持），20 世纪 90 年代初兴起了三项决策支持新技术：数据仓库（data warehouse，DW）、联机分析处理技术（on line analytical processing，OLAP）和数据挖掘（data mining，DM）。这三项新技术现已形成研究热潮，并已进入实用阶段。

DW 利用综合数据得到宏观信息，利用历史数据进行预测；OLAP 技术不满足于对数据进行操作处理，还要进行分析处理；而 DM 是从数据库中挖掘知识，也用于决策分析。这三者的结合已被认为是"新决策支持系统"。这三者与模型库（MB）、知识库（KB）和数据库（DB）相结合，称为"综合决策支持系统"，完成"综合决策支持系统"的研究是今后一段时期的研究方向。

1.2　数据模型

数据模型（data model）是专门用来抽象、表示和处理现实世界中的各种数据和信息的工具。

计算机系统是不能直接处理现实世界的，现实世界只有数据化后，才能由计算机系统来处理这些代表现实世界的数据。为了把现实世界的具体事物及事物之间的联系转换成计算机能够处理的数据，必须用某种数据模型来抽象和描述这些数据。通俗地讲，数据模型是现实世界的模拟。

现有的数据库系统均是基于某种数据模型的。因此，了解数据模型的基本概念是学习数据库的基础。

1.2.1　数据模型的组成要素

一般地讲，数据模型是对现实世界客观事物的数据抽象描述，这种抽象描述能确切地反映事物、事物的特征和事物之间的联系，形成一组严格定义的概念的集合。这些概念精确地描述了系统的静态特性、动态特性和完整性约束条件。因此，数据模型通常由数据结构、数据操作和数据的完整性约束条件三部分组成，通常称为数据模型的三要素。

1. 数据结构

数据结构描述数据库的组成对象及对象之间的联系。数据结构描述的内容有两类：一类是与数据类型、内容、性质有关的对象，例如，网状模型中的数据项、记录，关系模型中的域、属性、关系等；另一类是与数据之间联系有关的对象，例如，关系模型中的外键（foreign key）。

数据结构是刻画一个数据模型性质最重要的方面。因此，在数据库系统中，人们通常按照其数据结构的类型来命名数据模型。例如,层次结构、网状结构和关系结构的数据模型分别命名为层次模型、网状模型和关系模型。

总之,数据结构是所研究的对象类型的集合,是对系统静态特性的描述。

2. 数据操作

数据操作是指对数据库中各种对象(型)的实例(值)允许执行的操作的集合,包括操作及有关的操作规则。

数据库主要有检索和更新(包括插入、删除、修改)两大类操作。数据模型必须定义这两大类操作的确切含义、操作符号、操作规则(如优先级)以及实现操作的语言。

数据操作是对系统动态特性的描述。

3. 数据的完整性约束条件

数据的完整性约束条件是一组完整性规则的集合。完整性规则是给定的数据模型中数据及其联系所具有的制约和依存规则,用以限定符合数据模型的数据库状态以及状态的变化,以保证数据的正确、有效和相容。

数据模型应该反映和规定本数据模型必须遵守的基本的、通用的完整性约束条件。例如,在关系模型中,任何关系必须满足实体完整性和参照完整性两个条件(2.3节将详细讨论这两个完整性约束条件)。

此外,数据模型还应该提供定义完整性约束条件的机制,以反映具体应用所涉及的数据必须遵守特定的语义约束条件。例如,在学校的数据库中规定大学生一学期内选课不得超过5门,学生所选修的每一门课的成绩在[0,100]范围内等。

1.2.2 数据模型的分类

通常,一个好的数据模型除了应该具备第1.2.1节提出的三要素以外,还应该满足以下三方面的性能要求:一是能比较真实地模拟现实世界;二是容易理解;三是易在计算机上实现。一种数据模型要很好地满足这三方面的要求在目前尚很困难,在数据库系统中应针对不同的使用对象和应用目的,采用不同的数据模型。

不同的数据模型实际上是提供给我们模型化数据和信息的不同工具。根据模型应用的不同目的,可以将这些模型划分为两类,它们分属于两个不同的层次,第一类是概念模型,第二类是逻辑模型和物理模型。

第一类概念模型(conceptual model),也称信息模型,它是一种独立于计算机系统的数据模型,完全不涉及信息在计算机中的表示,只是用来描述某个特定组织所关心的信息结构。概念模型是按用户的观点对数据和信息建模,强调其语义表达能力,概念应该简单、清晰、易于用户理解,它是对现实世界的第一层抽象,是用户和数据库设计人员之间进行交流的工具。这一类模型中最著名的是"实体联系模型"。

第二类中的逻辑模型主要包括层次模型(hierarchical model)、网状模型(network model)、关系模型(relational model)、面向对象模型(object oriented model)和对象关系模型(object relational Model)等,它是按计算机系统的观点对数据建模,这类模型直接与 DBMS 有关,称为"逻辑数据模型",一般又称为"结构数据模型"。这类模型有严格的形式化定义,以便于在计算机系统中实现。它通常有一组严格定义的无二义性语法和语义的数据库语言,人们可以用这种语言来定义、操纵数据库中的数据。

第二类中的物理模型是对数据最底层的抽象,描述数据在系统内部的表示方式和存取方法,在磁盘或磁带上的存储方式和存取方法,是面向计算机系统的。物理模型的具体实现是 DBMS 的任务,数据库设计人员要了解和选择物理模型,一般用户则不必考虑物理级的细节。

数据模型是数据库系统的核心和基础,各种机器上实现的 DBMS 软件都是基于某种数据模型的。

为了把现实世界中的具体事物抽象、组织为某一 DBMS 支持的数据模型,人们常常首先将现实世界抽象为信息世界,然后将信息世界转换为机器世界。也就是说,首先把现实世界中的客观对象抽象为某一种信息结构,这种信息结构并不依赖于具体的计算机系统,不是某一个 DBMS 支持的数据模型,而是概念级的模型;然后再把概念模型转换为计算机上某一 DBMS 支持的数据模型,这一过程如图 1.6 所示。

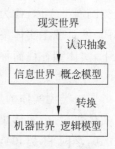

图 1.6　抽象的层次

1.2.3　概念模型

由图 1.6 可以看出,概念模型实质上是现实世界到机器世界的一个中间层次。

概念模型用于信息世界的建模,是现实世界到信息世界的第一层抽象,是数据库设计人员进行数据库设计的有力工具,也是数据库设计人员和用户之间进行交流的语言。因此,概念模型一方面应该具有较强的语义表达能力,能够方便、直接地表达应用中的各种语义知识;另一方面它还应该简单、清晰,易于用户理解。

1. 信息世界中的基本概念

信息世界涉及的基本概念主要有以下几个。

1) 实体

实体(entity)是一个数据对象,是指应用中可以区别的客观存在的事物。实体既可以是实际存在的对象,也可以是某种概念。如一个工人、一个学生、一个学校、学生的一次选课、部门的一次订货、一个操作流程等都是实体。

2) 属性

实体所具有的某一特性称为属性(attribute)。一个实体可以由若干个属性来描述,如职工实体由职工号、姓名、性别、年龄、职称、部门等属性组成,则(1010,李国平,男,34,工程师,02)这组属性值就构成了一个具体的职工实体。属性有属性名和属性值之分,例如,"姓名"是属性名,"李国平"是姓名属性的一个属性值。

3) 码

能唯一标识实体的属性或属性集,称为码(key),有时也称为实体标识符,或简称为键。如职工实体中的职工号属性。

4) 域

属性的取值范围称为该属性的域(domain)(值域),如"职工性别"的属性域为(男,女)。

5) 实体型

具有相同属性的实体必然具有共同的特征和性质。用实体名及其属性名集合来抽象和刻画同类实体,称为实体型(entity type)。例如,职工(职工号、姓名、性别、年龄、职称、部门)就是职工实体集的实体型。实体型抽象地刻画了所有同集实体,在不引起混淆的情况下,实体型往往简称为实体。

6) 实体集

同一类型实体的集合称为实体集(entity set)。如全体职工就是一个实体集。为了区分实体集,每个实体集都有一个名称,即实体名。职工实体指的是名为职工的实体集,而(1010,李国平,男,34,工程师,02)是该实体集中的一个实体,同一实体集中没有完全相同的两个实体。

7) 联系

在现实世界中,事物内部以及事物之间是有联系的,这些联系在信息世界中反映为实体(型)内部的联系和实体(型)之间的联系。实体内部的联系(relationship)通常是指组成实体的各属性之间的联系,实体之间的联系通常是指不同实体集之间的联系。

2. 两个实体型之间的联系

两个实体型之间的联系可归纳为以下三类。

1) 一对一联系(1∶1)

如果对于实体集 E1 中的每个实体,则实体集 E2 至多有一个(也可能没有)实体与之联系,反之亦然,那么实体集 E1 和 E2 的联系称为"一对一联系",记为"1∶1",如图 1.7 所示。

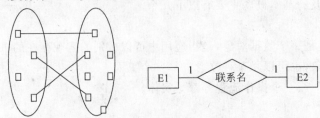

图 1.7　两个实体集之间的联系(1∶1)

例如,一个公司只有一个总经理,而一个总经理只在一个公司中任职,则公司与总经理之间具有一对一联系。

2) 一对多联系($1:n$)

如果实体集 E1 中每个实体可以与实体集 E2 中任意个(零个或多个)实体间有联系,而 E2 中每个实体至多和 E1 中一个实体有联系,那么称 E1 对 E2 的联系是"一对多联系",记为"$1:n$",如图 1.8 所示。

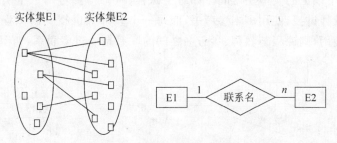

图 1.8　两个实体集之间的联系($1:n$)

例如,一个公司中有若干名职工,而每个职工只在一个公司中工作,则公司与职工之间具有一对多联系。

3) 多对多联系($m:n$)

如果实体集 E1 中每个实体可以与实体集 E2 中任意个(零个或多个)实体有联系,反之亦然,那么称 E1 和 E2 的联系是"多对多联系",记为"$m:n$",如图 1.9 所示。

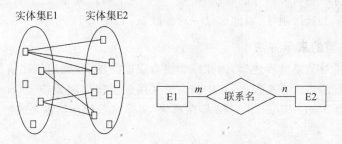

图 1.9　两个实体集之间的联系($m:n$)

例如,一门课程同时有若干个学生选课,而一个学生可以同时选修多门课程,则学生和课程之间是多对多联系。

实际上,一对一联系是一对多联系的特例,而一对多联系又是多对多联系的特例。

两个实体集之间的联系究竟属于哪一类,不仅与实体集有关,还与联系的内容有关。如主教练集与队员集之间,对于指导关系来说,具有一对多联系;而对于朋友关系来说,就应是多对多联系。

与现实世界不同,信息世界中实体集之间往往只有一种联系。此时,在谈论两个实体集之间的联系性质时,就可略去联系名,直接说两个实体集之间具有一对一联系、一对多联系或多对多联系。

3. 两个以上的实体型之间的联系

一般地,实体之间的一对一联系、一对多联系、多对多联系不仅存在于两个实体型之间,也存在于两个以上的实体型之间。如对于课程、教师与参考书三个实体型,若一门课程可以有多个教师讲授,使用多本参考书,而每一个教师只讲授一门课程,每一本参考书只供一门课程使用,则课程与教师、参考书之间的联系是一对多联系,如图1.10所示。

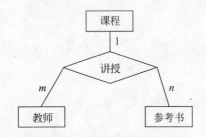

图 1.10　三个实体型之间的联系示例　　　　图 1.11　同一实体集内一对多联系示例

4. 单个实体型内的联系

同一实体集内各实体之间也可以存在一对一联系、一对多联系、多对多联系。如职工实体集内部具有领导与被领导的联系,即某一职工(干部)"领导"若干名职工,而一个职工仅被另外一个职工直接领导,因此这是一对多联系,如图1.11所示。

5. 概念模型的表示方法

概念模型是对信息世界建模,因此概念模型应能方便、准确地描述信息世界中的常用概念。概念模型的表示方法很多,其中被广泛采用的是实体联系模型(entity-relationship model)。它是由 Peter Chen 于 1976 年在题为"实体联系模型:将来的数据视图"论文中提出的,简称为 E-R 模型。

1) E-R 模型的要素

E-R 模型的主要元素是实体集、属性、联系集,其表示方法如下:

(1) 实体用方框表示,方框内注明实体的命名。实体名常用大写字母开头的有具体意义的英文名词表示。然而,为了便于用户与软件开发人员的交流,在需求分析阶段建议用中文表示,在设计阶段再根据需要转换成英文形式。下面所述的属性和联系中的属性名与联系名也采用这种表示方式。

(2) 属性用椭圆形框表示,框内写上属性名,并用无向连线与其实体集相连,加下划线的属性为标识符。

例如,学生实体具有学号、姓名、性别、年龄和所在系等属性,用 E-R 图表示如图 1.12 所示。

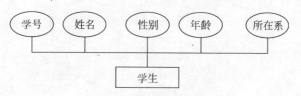

图 1.12　学生实体及属性

(3) 联系用菱形框表示,框内写联系名,并用线段将其与相关的实体连接起来,并在连线上标明联系的类型,即 1∶1、1∶n、$m∶n$。

需要注意的是,如果一个联系具有属性,则这些属性也要用无向边与该联系连接起来。

如图 1.13 中,如果用成绩来描述选课的属性,表示某学生选修某门课程的成绩。

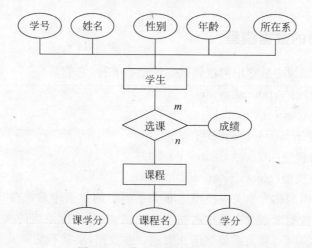

图 1.13　学生选课系统 E-R 图

实体-联系方法是抽象和描述现实世界的有力工具。用 E-R 图表示的概念模型独立于具体的 DBMS 所支持的数据模型,它是各种数据模型的共同基础,因而比数据模型更一般、更抽象、更接近现实世界。

【例 1.2】　图书借阅系统概念模型设计。该系统中有读者(编号,姓名,读者类型,已借数量)、图书(编号,书名,出版社,出版日期,定价)两个实体集,实体集之间通过借阅建立联系。假定一位读者可以借阅多本图书,一本图书可以经多位读者借阅。一本图书一位读者可以借阅多次(不同时间),则联系借阅产生属性(借期,还期)。其 E-R 图如图 1.14 所示。

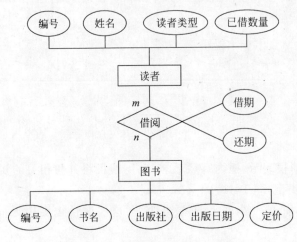

图 1.14　图书借阅系统 E-R 图

1.2.4　最常用的数据模型

目前,数据库领域中最常用的逻辑数据模型有五种,它们是:

(1) 层次模型(hierarchical model);

(2) 网状模型(network model);

(3) 关系模型(relational model);

(4) 面向对象模型(object oriented model);

(5) 对象关系模型(object relational model)。

其中,前两类模型称为非关系模型。非关系模型的数据库系统在 20 世纪 70—80 年代初非常流行,在数据库系统产品中占据主导地位,在数据库系统的初期起了重要作用。在关系模型得到发展后,非关系模型迅速衰退。在我国,早就不见非关系模型了。但在美国等一些国家,由于早期开发的应用系统实际使用层次数据库或网状数据库系统,因此目前仍有层次数据库和网状数据库系统在使用。

20 世纪 80 年代以来,面向对象的方法和技术在计算机各个领域,包括程序设计语言、软件工程、信息系统设计和计算机硬件设计等各方面都产生了深远的影响,也促进了数据库中面向对象数据模型的研究和发展。许多关系数据库厂商为了支持面向对象模型,对关系模型作了扩展,从而产生了对象关系模型。

本章将简要介绍层次模型、网状模型和关系模型。关系模型是目前使用最广泛的数据模型,占据数据库的主导地位。

1.2.5 层次模型

层次模型是数据库系统中最早出现的数据模型,层次数据库系统采用层次模型作为数据的组织方式。典型的层次模型系统是美国 IBM 公司于 1968 年推出的 IMS 数据库管理系统,该系统在 20 世纪 70 年代在商业上得到广泛应用。

现实世界中,有许多事物是按层次组织起来的。例如,学校行政机构的组织方式就是一种层次关系,如图 1.15 所示。其实,所有企事业单位的行政机构的组织方式都是一种层次关系。因此,人们一开始就采用层次结构的数据模型作为数据库系统所支持的结构数据模型。

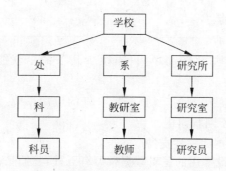

图 1.15 学校行政机构层次模型

1. 层次模型的数据结构

在数据库中定义满足下面两个条件的基本层次联系的集合称为层次模型:

(1) 有且仅有一个结点没有双亲,该结点称为根结点;

(2) 除根结点以外的其他结点有且仅有一个双亲结点。

在层次模型中,同一双亲的子女结点称为兄弟结点(Twin 或 Sibling),没有子女结点的结点称为叶结点。在图 1.15 中,处、系和研究所互为兄弟结点,它们的双亲结点是学校。

科员、教师和研究员都是叶结点,也是子女结点,它们的双亲结点分别是科、教研室和研究室。

在层次模型中,每个结点表示一个记录类型,记录(类型)之间的联系用结点之间的连线(有向边)表示,这种联系是父子之间的一对多联系。因此,层次数据模型表达实体间的一对一联系、一对多联系是直观、方便和清楚的。对于实体之间的多对多联系,一般通过联系的分解和合成来实现,即首先用冗余结点法和虚拟结点法把 $m:n$ 联系分解为若干个 $1:n$ 的联系并用层次模型来表示,应用中将多个 $1:n$ 联系再合成起来表示 $m:n$ 联系。

每个记录类型可包含若干个字段。这里,记录类型描述的是实体,字段描述实体的属性。各个记录类型及其字段都必须命名。各个记录类型、同一记录类型中各个字段不能同名。每个记录类型可以定义一个排序字段，也称为码字段，如果定义该排序字段的值是唯一的，则它能唯一地标识一个记录值。

一个层次模型在理论上可以包含任意有限个记录型和字段，但任何实际的系统都会因为存储容量或实现复杂度而限制层次模型中包含的记录型个数和字段的个数。

层次模型的一个基本特点是，任何一个给定的记录值(也称为实体)只有按照其路径查看时，才能显出它的全部意义。没有一个子记录值能够脱离双亲记录值而独立存在。

有关层次模型中多对多联系的分解方法、数据操纵、完整性约束和存储结构等问题，请参考文献[4]等有关书籍。

2. 层次模型的优缺点

层次模型的优点主要有：

(1) 层次数据模型本身比较简单，只需很少几条命令就能操纵数据库，比较容易使用。

(2) 对于实体间联系是固定的，且预先定义好的应用系统，采用层次模型来实现，其性能优于关系模型，不低于网状模型。

(3) 提供了良好的数据完整性支持。

层次模型的缺点主要有：

(1) 现实世界中很多联系是非层次性的，如多对多联系、一个结点具有多个双亲等，层次模型表示这类联系的方法很笨拙，只能通过引入冗余数据(易产生不一致性)或创建非自然的数据组织(引入虚拟结点)来解决。

(2) 对数据的插入和删除的操作限制太多。

(3) 查询子女结点必须通过双亲结点。

(4) 由于结构严密，层次命令趋于程序化。

可见，用层次模型对具有一对多的层次关系的部门描述非常自然、直观，容易理解。这是层次数据库的突出优点。

1.2.6　网状模型

在现实世界中事物之间的联系更多的是非层次关系的，用层次模型表示非树形结构是很不直接的，网状模型则可以克服这一弊病。

网状数据库系统采用网状模型作为数据的组织方式。网状数据模型的典型代表是DBTG 系统，亦称 CODASYL 系统。这是 20 世纪 70 年代数据系统语言研究会CODASYL 下属的数据库任务组(DBTG)提出的一个系统方案。DBTG 系统虽然不是实际的软件系统，但是它提出的基本概念、方法和技术具有普遍意义，它对于网状数据库系统的研制和发展起了重大的影响。后来不少的系统都采用 DBTG 模型或者简化的

DBTG 模型。例如，Cullinet Software 公司的 IDMS、Univac 公司的 DMS1100、Honeywell 公司的 IDS/2、HP 公司的 IMAGE 等。

1. 网状模型的数据结构

在数据库理论中，把满足以下两个条件的基本层次联系集合称为网状模型：

(1) 允许一个以上的结点无双亲；

(2) 一个结点可以有多于一个的双亲。

网状模型是一种比层次模型更具普遍性的结构，它去掉了层次模型的两个限制，允许多个结点没有双亲结点，允许结点有多个双亲结点。此外，它还允许两个结点之间有多种联系（称之为复合联系）。因此，网状模型可以更直接地去描述现实世界，而层次模型实际上是网状模型的一个特例。

与层次模型一样，网状模型中每个结点表示一个记录类型（实体），每个记录类型可包含若干个字段（实体的属性），结点间的连线表示记录类型（实体）之间的联系。图 1.16 列示了几个网状模型的例子。

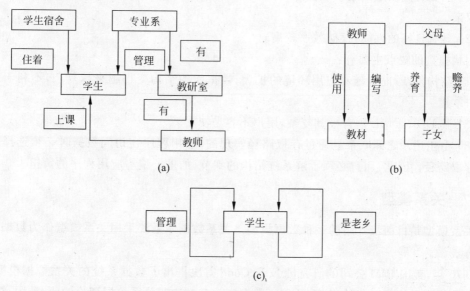

图 1.16　网状模型的例子

网状模型和层次模型的主要区别有以下几点：

(1) 网状模型是一种比层次模型更具普遍性的结构，允许多个结点没有双亲结点，如图 1.16(a)所示，学生宿舍和专业系两个结点没有。

(2) 层次模型中从子女结点到双亲结点的联系是唯一的，而在网状模型中可以不唯一。因此，严格地讲，在网状模型中没有双亲结点和子女结点的概念，所有结点地位相同。

在图 1.16 中,按层次模型的观点,学生宿舍、专业系和教师都是学生的双亲结点,但在网状模型中,我们说学生宿舍、专业系和教师这些实体都与学生有联系,其联系名标识在箭线的旁边,且联系方式为从箭尾指向箭头,如图 1.16(a)所示,学生宿舍住着学生,专业系管理学生。

(3) 网状模型中允许有复合联系,而层次模型不允许。复合联系是指两个实体之间有两种或两种以上的联系,也包括实体集自身到自身的两种或多种联系。例如,教师与教材之间有两种联系:教师使用教材,教师编写教材[图 1.16(b)]。学生与学生之间也有两种联系:学生管理学生,学生与学生是老乡[图 1.16(c)]。

有关网状模型的存储结构、数据操纵和完整性约束等问题,请参考文献[1]等有关书籍。

2. 网状模型的优缺点

网状模型的优点主要有:

(1) 能更为直接地描述客观世界,可表示实体间的多种复杂联系,如一个结点可以有多个双亲。

(2) 具有良好的性能,存储效率较高。

网状模型的缺点主要有:

(1) 结构复杂,而且随着应用环境的扩大,数据库的结构变得越来越复杂,不利于最终用户掌握。

(2) 其 DDL、DML 语言极其复杂,用户不容易使用。

(3) 由于记录之间联系是通过存取路径实现的,应用程序在访问数据时必须选择适当的存取路径。因此,用户必须了解系统结构的细节,加重了编写应用程序的负担。

1.2.7 关系模型

关系模型是目前最常用的一种数据模型。关系数据库系统采用关系模型作为数据的组织方式。

1970 年,美国 IBM 公司的研究员 E.F.Codd 首次提出了数据系统的关系数据模型,标志着数据库系统新时代的来临,开创了数据库关系方法和关系数据理论的研究,为数据库技术奠定了理论基础。由于 E.F.Codd 的杰出工作,他于 1981 年荣获 ACM 图灵奖。

1980 年后,各种关系数据库管理系统的产品迅速出现,如 Oracle、Ingress、Sybase、Informix 等,关系数据库系统统治了数据库市场,数据库的应用领域迅速扩大。

与层次模型和网状模型相比,关系模型的概念简单、清晰,并且具有严格的数据基础,形成了关系数据理论,操作也直观、容易,因此易学易用。无论是数据库的设计和建立,还是数据库的使用和维护,都比非关系模型时代简便得多。

1. 关系数据模型的数据结构

与以往的模型不同,关系模型是建立在严格的数学概念的基础上的。严格的定义将在第 2 章给出,这里只简单勾画一下关系模型。在用户观点下,关系模型由一组关系组成。每个关系的数据结构是一张规范化的二维表,它由行和列组成。现以职工表(图 1.17 所示)为例,介绍关系模型中的一些术语。

员工编号	姓名	年龄	性别	部门号
430425	王天喜	25	男	Deno1
430430	莫 玉	27	女	Deno2
430211	肖剑峰	33	男	Deno3
430121	杨琼英	23	女	Deno2
430248	赵继平	41	男	Deno3

图 1.17　关系模型的数据结构

(1) 关系(relation):一个关系可用一个表来表示,常称为表,如图 1.17 中的这张职工表。每个关系(表)都有与其他关系(表)不同的名称。

(2) 元组(tuple):表中的一行数据总称为一个元组。一个元组即为一个实体的所有属性值的总称。一个关系中不能有两个完全相同的元组。

(3) 属性(attribute):表中的每一列即为一个属性。每个属性都有一个属性名,在每一列的首行现实。一个关系中不能有两个同名属性,如图 1.17 的表有五列,对应五个属性(员工编号,姓名,年龄,性别,部门号)。

(4) 域(domain):一个属性的取值范围就是该属性的域。如职工的年龄属性域为 2 位整数(18~70),性别的域为(男,女)等。

(5) 分量(component):一个元组在一个属性上的值称为该元组在此属性上的分量。

(6) 主码(key):表中的某个属性组,它可以唯一确定一个元组,如图 1.17 中的职工编号,可以唯一确定一个职工,也就成为本关系的主码。

(7) 关系模式:一个关系的关系名及其全部属性名的集合简称为该关系的关系模式。一般表示为

关系名(属性 1,属性 2,…,属性 n)

如上面的关系可描述为

职工(员工编号,姓名,年龄,性别,部门号)

关系模式是型,描述了一个关系的结构;关系则是值,是元组的集合,是某一时刻关系模式的状态或内容。因此,关系模式是稳定的、静态的,而关系则是随时间变化的、动态

的。但在不引起混淆的场合,两者都称为关系。

关系是关系模型中最基本的数据结构。关系既用来表示实体,如上面的职工表;也用来表示实体间的关系,如学生、课程、学生与课程之间的多对多联系在关系模型中可以表示如下:

学生(学号,姓名,年龄,性别,系和年级)

课程(课程号,课程名,学分)

选修(学号,课程号,成绩)

关系模型要求关系必须是规范化的,即要求关系必须满足一定的规范条件。这些规范条件是:

(1) 关系中的每一列都必须是不可分的基本数据项,即不允许表中还有表,如图 1.18 的情况是不允许的。

工资级别	工 资		
	基本工资	工 龄	职 务
⋮	⋮	⋮	⋮

图 1.18 表中有表

(2) 在一个关系中,属性间的顺序、元组间的顺序是无关紧要的。

表 1.1 给出了文件系统、E-R 模型和关系模型中常用术语的对照关系。

表 1.1 文件系统、E-R 模型和关系模型中常用术语的对照关系

	文 件 系 统	E-R 模型	关系模型
1	记录型	实体型	关系模式
2	数据文件	实体集	关系(表)
3	记录	实体	元组
4	字段	属性	属性
5	关键字段	关键字	主键

2. 关系数据模型的操纵与完整性约束

关系数据模型的操作主要包括查询、插入、删除和更新数据。这些操作必须满足关系的完整性约束条件。关系的完整性约束条件包括三大类:实体完整性、参照完整性和用户定义的完整性,其具体含义将在第 2.3 节介绍。

关系模型中的数据操作是集合操作,操作对象和操作结果都是关系,即若干元组的集合,而不像非关系模型中那样是单记录的操作方式。另外,关系模型把存取路径向用户隐蔽起来,用户只要指出"干什么"或"找什么",而不必详细说明"怎么干"或"怎么找",从而

大大地提高了数据的独立性和用户生产率。

3. 关系数据模型的存储结构

在关系数据模型中,实体及实体间的联系都用表来表示。在数据库的物理组织中,表以文件形式存储,有的系统一个表对应一个操作系统文件,有的系统则自己设计文件结构。

4. 关系数据模型的优缺点

关系数据模型具有以下优点:

(1) 关系模型与非关系模型不同,它是建立在严格的数学概念的基础上的。

(2) 关系模型的概念单一。无论实体还是实体之间的联系都用关系表示,对数据的检索结果也是关系(即表)。所以,其数据结构简单、清晰,用户易懂、易用。

(3) 关系模型的存取路径对用户透明,从而具有更高的数据独立性、更好的安全保密性,也简化了程序员的工作和数据库开发建立的工作。

所以,关系数据模型诞生以后发展迅速,深受用户的喜爱。

当然,关系数据模型也有缺点,其中最主要的缺点是,由于存取路径对用户透明,查询效率往往不如非关系数据模型。因此,为了提高性能,必须对用户的查询请求进行优化,从而增加了开发数据库管理系统的难度。

1.3 数据库系统结构

考察数据库系统的结构可以有多种不同的层次或不同的角度。

从数据库管理系统角度看,数据库系统通常采用三级模式结构,这是数据库系统内部的系统结构。

从数据库最终用户角度看,数据库系统的结构分为单用户结构、主从式结构、分布式结构和客户/服务器结构,这是数据库系统外部的体系结构。

1.3.1 数据库系统的三级模式结构

在数据模型中有"型"(type)和"值"(value)的概念。型是对某一类数据的结构和属性的说明,值是型的一个具体赋值。例如,学生记录定义为(学号,姓名,性别,系别,年龄),称为记录型,而(001101,张立,男,计算机,20)则是该记录型的一个记录值。

模式(schema)是数据库中全体数据的逻辑结构和特征的描述,它仅仅涉及型的描述,不涉及具体的值。模式的一个具体值称为模式的一个实例(instance),同一个模式可以有很多实例。模式是相对稳定的,而实例是相对变动的,因为数据库中的数据是在不断更新的。模式反映的是数据的结构及其联系,而实例反映的是数据库某一时刻的状态。

虽然实际的数据库管理系统产品种类很多,它们支持不同的数据模型,使用不同的数据库语言,建立在不同的操作系统之上,数据的存储结构也各不相同,但它们在体系结构上通常都具有相同的特征,即采用三级模式结构(早期计算机上的小型数据库系统除外)并提供两级映像功能。

数据库系统的三级模式结构是指数据库系统是由外模式、模式和内模式三级构成,如图 1.19 所示。

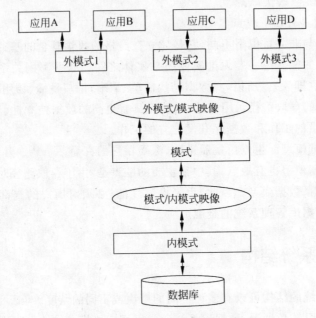

图 1.19　数据库系统的三级模式结构

数据库系统的三级模式结构是数据库管理系统(DBMS)对数据库中数据进行有效组织和管理的方法,其目的有:

(1) 为了减少数据冗余,实现数据共享,因此将所有用户的数据进行综合,抽象成一个统一的数据库模式。

(2) 为了提高存取效率,改善性能,把全局的数据按照物理组织的最优形式存放。

(3) 为了提高数据的逻辑独立性和物理独立性。

1) 模式

模式也称为逻辑模式,是数据库中全体数据的逻辑结构和特征的描述,是所有用户的公共数据视图。它是数据库系统模式结构的中间层,既不涉及数据的物理存储细节和硬件环境,也与具体的应用程序、所使用的应用开发工具及高级程序设计语言(如 C、COBOL、FORTRAN)无关。

模式实际上是数据库数据在逻辑级上的视图,一个数据库只有一个模式。数据库模式以某一种数据模型为基础,统一、综合地考虑了所有用户的需求,并将这些需求有机地结合成一个逻辑整体。定义模式时不仅要定义数据的逻辑结构,如数据记录由哪些数据项构成,数据项的名字、类型和取值范围等,而且要定义数据之间的联系,定义与数据有关的安全性、完整性要求。

DBSM 提供模式描述语言(模式 DDL)来严格地定义模式。

2) 外模式

外模式(external schema)也称子模式(subschema)或用户模式,它是数据库用户(包括应用程序员和最终用户)能够看见和使用的局部数据的逻辑结构和特征的描述,是数据库用户的数据视图,是与某一应用有关的数据的逻辑表示。

外模式通常是模式的子集;一个数据库可以有多个外模式。由于它是各个用户的数据视图,如果不同的用户在应用需求、看待数据的方式、对数据保密的要求等方面存在差异,则其外模式描述就是不同的。即使对模式中同一数据,在外模式中的结构、类型、长度和保密级别等都可以不同。另外,同一外模式也可以为某一用户的多个应用系统所使用,但一个应用程序只能使用一个外模式。

外模式是保证数据库安全性的一个有力措施。每个用户只能看见和访问所对应的外模式中的数据,数据库中的其余数据是不可见的。

DBSM 提供子模式描述语言(子模式 DDL)来严格地定义子模式。

3) 内模式

内模式(internal schema)也称存储模式(storage schema),一个数据库只有一个内模式,它是数据物理结构和存储方式的描述,是数据在数据库内部的表示方式。例如,记录的存储方式是顺序存储、按照 B 树结构存储还是按 hash 方法存储;索引按照什么方式组织;数据是否压缩存储,是否加密;数据的存储记录结构有何规定等。

DBSM 提供内模式描述语言(内模式 DDL,或者存储模式 DDL)来严格地定义内模式。

1.3.2 数据库系统的二级映像与数据独立性

数据库系统的三级模式是对数据的三个抽象级别,它把数据的具体组织留给 DBMS 管理,使用户能逻辑地、抽象地处理数据,而不必关心数据在计算机中的具体表示方式与存储方式。为了能够在内部实现这三个抽象层次的联系和转换,数据库管理系统在这三级模式之间提供了两层映像:

(1) 外模式/模式映像;

(2) 模式/内模式映像。

正是这两层映像保证了数据库系统中的数据能够具有较高的逻辑独立性和物理独

立性。

1. 外模式/模式映像

模式描述的是数据的全局逻辑结构,外模式描述的是数据的局部逻辑结构。对应于同一个模式可以有任意多个外模式。对于每一个外模式,数据库系统都有一个外模式/模式映像,它定义了该外模式与模式之间的对应关系。这些映像定义通常包含在各自外模式的描述中。

当模式改变时(如增加新的关系、新的属性、改变属性的数据类型等),由数据库管理员对各个外模式/模式的映像作相应改变,可以使外模式保持不变。应用程序是依据数据的外模式编写的,从而应用程序不必修改,保证了数据与程序的逻辑独立性,简称数据的逻辑独立性。

2. 模式/内模式映像

数据库中只有一个模式,也只有一个内模式,所以模式/内模式映像是唯一的,它定义了数据全局逻辑结构与存储结构之间的对应关系。例如,说明逻辑记录和字段在内部是如何表示的。该映像定义通常包含在模式描述中。当数据库的存储结构改变了(如选用了另一种存储结构),由数据库管理员对模式/内模式映像作相应改变,可以使模式保持不变,从而应用程序也不必改变,保证了数据与程序的物理独立性,简称数据的物理独立性。

在数据库的三级模式结构中,数据库模式即全局逻辑结构是数据库的中心与关键,它独立于数据库的其他层次。因此,设计数据库模式结构时应首先确定数据库的逻辑模式。

数据库的内模式依赖于它的全局逻辑结构,但独立于数据库的用户视图即外模式,也独立于具体的存储设备。它是将全局逻辑结构中所定义的数据结构及其联系按照一定的物理存储策略进行组织,以达到较好的时间效率与空间效率。

数据库的外模式面向具体的应用程序,它定义在逻辑模式之上,但独立于存储模式和存储设备。当应用需求发生较大变化,相应外模式不能满足其视图要求时,该外模式就得作相应改动,所以设计外模式时应充分考虑到应用的扩充性。

特定的应用程序是在外模式描述的数据结构上编制的,它依赖于特定的外模式,与数据库的模式和存储结构独立。不同的应用程序有时可以共用同一个外模式。数据库的二级映像保证了数据库外模式的稳定性,从而从底层保证了应用程序的稳定性,除非应用需求本身发生变化,否则应用程序一般不需要修改。

数据与程序之间的独立性,使得数据的定义和描述可以从应用程序中分离出去。另外,由于数据的存取由 DBMS 管理,用户不必考虑存取路径等细节,从而简化了应用程序的编制,大大减少了应用程序的维护和修改。

由于标准 SQL 语言支持关系数据库的三级模式结构,如图 1.20 所示,其中外模式对应于视图(view),模式对应于基本表,内模式对应于存储文件。因此,现今的商品化数据库管理系统,如 SQL Server 2000 等都支持这种三级模式结构。

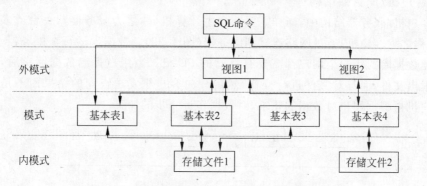

图 1.20 SQL Server 2000 所支持的三级模式结构

1.3.3 面向用户的数据库体系结构

三级模式结构是数据库系统最本质的系统结构,它是从数据结构的角度来看待问题。用户是以数据库系统的服务方式看待数据库系统,这是数据库的软件体系结构。用数据库最终用户的观点,数据库系统的结构分为集中式结构、客户机/服务器结构和分布式结构。

1. 集中式结构

集中式结构是指一台主机带上多个用户终端的数据库系统(图 1.21)。终端一般只是主机的扩展,它们并不是独立的计算机。终端本身并不能完成任何操作,它们依赖主机完成所有的操作。

图 1.21 集中式结构示例

在集中式结构中,DBMS、DB 和应用程序都是集中存放在主机上的。用户通过终端并发地访问主机上的数据,共享其中的数据,但所有处理数据的工作都由主机完成。用户若在一个终端上提出要求,主机根据用户的要求访问数据库,并对数据进行处理,再把结果回送该终端输出。

集中式结构的优点是简单、可靠和安全。其缺点是主机的任务繁重,终端数有限,且当主机出现故障时,整个系统就不能使用。

2. 客户机/服务器结构

在客户机/服务器结构中,同样需要一台主计算机(称之为服务器),一台或多台个人计算机(称之为客户机)通过网路连接到服务器(图 1.22)。数据库运行在服务器上时,访问服务器数据库的每一个用户都需要有自己的 PC 机。当用户提出数据请求后,服务器不仅检索出文件,而且对文件进行操作,然后只向客户机发送查询的结果而不是整个文件。客户机再根据用户对数据的要求,对数据作进一步的加工。

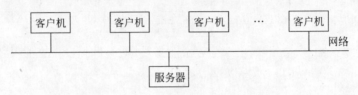

图 1.22 客户机/服务器结构示例

在客户机/服务器结构中,网络上的数据传输量已明显减少,从而提高了系统的性能。另外,客户机的硬件平台和软件平台也可多种多样,从而为应用带来了方面。

3. 分布式结构

分布式数据库是一组结构化的数据集合,它们在逻辑上属于同一系统而在物理上分布在计算机网络的不同结点上(图 1.23)。网络中的各个结点(也称为"场地")一般都是集中式数据库系统,由计算机、数据库和若干终端组成。

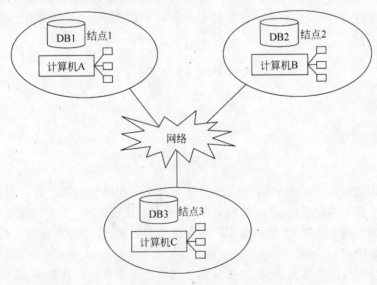

图 1.23 分布式结构示例

分布式数据库的数据具有"分布性"特点,数据库中的数据不是存储在同一场地,而是在物理上分布于各个场地。这也是与集中式数据库的最大区别。

　　分布式数据库的数据具有"逻辑整体性",分布在各地的数据逻辑上是一个整体,用户使用起来如同一个集中式数据库。这是与分散式数据库的区别。

1.4 数据库管理系统

1.4.1 DBMS(数据库管理系统)的工作模式

　　数据库管理系统是对数据进行管理的软件系统,它是数据库系统的核心组成部分,用户在数据库系统中的一切操作,包括数据定义、查询、更新及各种控制,都是通过 DBMS 进行的。DBMS 的工作示意图如图 1.24 所示。

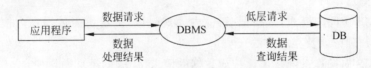

图 1.24　DBMS 的工作模式示意图

DBMS 的工作模式如下:

(1) 接受应用程序的数据请求和处理请求;

(2) 将用户的数据请求(高级指令)转换成复杂的机器代码(低层指令);

(3) 实现对数据库的操作;

(4) 从对数据库的操作中接受查询结果;

(5) 对查询结果进行处理;

(6) 将处理结果返回给用户。

DBMS 总是基于某种数据模型,因此可以把 DBMS 看成是某种数据模型在计算机系统上的具体实现。根据数据模型的不同,DBMS 可以分成层次型、网状型、关系型、面向对象型等。

　　在不同的计算机系统中,由于缺乏统一的标准,即使同种数据模型的 DBMS,在用户接口、系统功能等方面也常常是不相同的。

　　为了使读者对数据库系统工作有一个整体的概念,现以查询为例,介绍一下访问数据库的主要步骤,该过程如图 1.25 所示。

　　(1) 当执行应用程序中一条查询数据库的记录时,则向 DBMS 发出读取相应记录的命令,并指明外模式名。

　　(2) DBMS 接到命令后,调出所需的外模式,并进行权限检查。若合法,则继续执行;

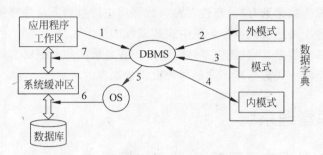

图 1.25　用户访问数据库的步骤

否则向应用程序返回出错信息。

（3）DBMS 访问模式，并根据外模式/模式映像，确定所需数据在模式上的有关信息（逻辑记录型）。

（4）DBMS 访问内模式，并根据模式/内模式映像，确定所需数据在内模式上的有关信息（读取的物理记录及存取方法）。

（5）DBMS 向操作系统发出读相应数据的请求（读取记录）。

（6）操作系统执行读命令，将有关数据从外存调入到系统缓冲区上。

（7）DBMS 把数据按外模式的形式送入用户工作区，返回正常执行的信息。

这样，用户程序就可以使用数据了。当然，这仅仅是几个大的步骤，并未涉及有关细节。由上可知，DBMS 是数据库系统的核心，且与操作系统有关。

1.4.2　DBMS 的主要功能

DBMS 的主要功能有以下几个方面。

1. 数据库定义功能

DBMS 提供数据定义语言 DDL，定义数据的模式、外模式和内模式三级模式结构，定义模式/内模式和外模式/模式二级映像，定义有关的约束条件。

例如，为保证数据库安全而定义的用户口令和存取权限，为保证正确语义而定义完整性规则。

2. 数据操纵功能

DBMS 提供数据操纵语言 DML 实现对数据库中数据的基本操作，如检索、插入、修改、删除和排序等。DML 有以下两类：

（1）嵌入式 DML。包括嵌入到 C++ 或 PowerBuilder 等高级语言（称为宿主语言）中的 DML。

（2）非嵌入式 DML。包括交互式命令语言和结构化语言，其语法简单，可以独立使用,由单独的解释或编译系统来执行,所以一般称为自主型或自含型的 DML。命令语言是行结构语言,单条执行;结构化语言是命令语言的扩充和发展,增加了程序结构描述或过程控制功能,如循环、分支等功能。命令语言一般逐条解释执行。结构化语言可以解释执行,也可以编译执行。现在 DBMS 一般均支持命令语言的交互式环境和结构化语言环境两种运行方式,供用户选择。

3. 数据库的保护功能

数据库中的数据是信息社会的战略资源,对数据的保护是至关重要的大事。DBMS对数据库的保护通过四个方面实现,因而在 DBMS 中包括以下四个子系统:

(1) 数据库的恢复。在数据库被破坏或数据不正确时,系统有能力把数据库恢复到正确的状态。

(2) 数据库的并发控制。在多个用户同时对同一个数据进行操作时,系统应能加以控制,防止破坏数据库中的数据。

(3) 数据完整性控制。保证数据库中数据及语义的正确性和有效性,防止任何对数据造成错误的操作。

(4) 数据安全性控制。防止未经授权的用户存取数据库中的数据,以避免数据的泄露、更改或破坏。

DBMS 的其他保护功能还有系统缓冲区的管理以及数据存储的某些自适应调节机制等。

4. 数据库的维护功能

它包括数据库的初始数据的装入,数据库的转储、恢复、重组织,系统性能监视和分析等功能。这些功能分别由各个实用程序(utilties)完成。

5. 数据字典

数据库系统中存放三层结构定义的数据库称为数据字典(data dictionary,DD)。对数据库的操作都要通过 DD 才能实现。DD 中到底应包括哪些信息,并没有明确的规定,一般由 DBMS 的功能强弱而定。其数据主要有两类:一类是来自用户的信息,如表、视图(用户所使用的虚表)和索引的定义以及用户的权限等;另一类是来自系统状态和数据库的统计信息,如通信系统用的协议、数据库和磁盘的映射关系、数据使用的频率统计等。

上面是一般的 DBMS 所具备的功能,通常在大、中型计算机上实现的 DBMS 功能较强、较全,在微型计算机上实现的 DBMS 功能较弱。

1.5　数据库系统的组成

本章一开始便介绍了数据库系统一般由数据库、数据库管理系统(及其开发工具)、应用系统、数据库管理员和用户构成。下面分别介绍这几个部分的内容。

1. 硬件平台及数据库

由于数据库系统数据量都很大,加之 DBMS 丰富的功能使得自身的规模也很大,因此整个数据库系统对硬件资源提出了较高的要求。这些要求是:

(1) 要有足够大的内存,存放操作系统、DBMS 的核心模块、数据缓冲区和应用程序。

(2) 有足够的大的磁盘等直接存取设备存放数据库,有足够的磁带(或微机软盘)作数据备份。

(3) 要求系统有较高的通道能力,以提高数据传送率。

2. 软件

数据库系统的软件主要包括:

(1) DBMS。DBMS 是为数据库的建立、使用和维护配置的软件。

(2) 支持 DBMS 运行的操作系统。

(3) 具有与数据库接口的高级语言及其编译系统,便于开发应用程序。

(4) 以 DBMS 为核心的应用开发工具。应用开发工具是系统为应用开发人员和最终用户提供的高效率、多功能的应用生成器、第四代语言等各种软件工具。它们为数据库系统的开发和应用提供了良好的环境。

(5) 为特定应用环境开发的数据库应用系统。

3. 人员

开发、管理和使用数据库系统的人员主要包括:数据库管理员(data base administrator,DBA)、系统分析员和数据库设计人员、应用程序员和最终用户。不同的人员涉及不同的数据抽象级别,具有不同的数据视图,其各自的职责分别如下。

1) 数据库管理员

在数据库系统环境下,有两类共享资源:一类是数据库;另一类是数据库管理系统软件。因此,需要有专门的管理机构来监督和管理数据库系统。DBA 则是这个机构的一个(组)人员,负责全面管理和控制数据库系统。具体职责包括:

(1) 决定数据库中的信息内容和结构

数据库中要存放哪些信息,DBA 要参与决策。因此,DBA 必须参加数据库设计的全过程,并与用户、应用程序员和系统分析员密切合作共同协商,搞好数据库设计。

(2) 决定数据库的存储结构和存取策略

DBA 要综合各用户的应用要求,与数据库设计人员共同决定数据的存储结构和存取策略,以求获得较高的存取效率和存储空间利用率。

(3) 定义数据的安全性要求和完整性约束条件

DBA 的重要职责是保证数据库的安全性和完整性。因此,DBA 负责确定各个用户对数据库的存取权限、数据的保密级别和完整性约束条件。

（4）监控数据库的使用和运行

DBA 还有一个重要职责就是监视数据库系统的运行情况，及时处理运行过程中出现的问题。比如，系统发生各种故障时，数据库会因此遭到不同程度的破坏，DBA 必须在最短时间内将数据库恢复到正确状态，并尽可能地不影响或少影响计算机系统其他部分的正常运行。为此，DBA 要定义和实施适当的后备和恢复策略，如周期性的转储数据、维护日志文件等。有关这方面的内容将在下面作进一步讨论。

（5）数据库的改进和重组重构

DBA 还负责在系统运行期间监视系统的空间利用率、处理效率等性能指标，对运行情况进行记录、统计分析，依靠工作实践并根据实际应用环境，不断改进数据库设计。不少数据库产品都提供了对数据库运行状况进行监视和分析的实用程序，DBA 可以使用这些实用程序完成这项工作。

另外，在数据运行过程中，大量数据不断插入、删除和修改，时间一长，会影响系统的性能。因此，DBA 要定期对数据库进行重组织，以提高系统的性能。

当用户的需求增加和改变时，DBA 还要对数据库进行较大的改造，包括修改部分设计，即数据库的重构造。

2）系统分析员和数据库设计人员

系统分析员负责应用系统的需求分析和规范说明，要和用户及 DBA 相结合，确定系统的硬件软件配置，并参与数据库系统的概要设计。

数据库设计人员负责数据库中数据的确定、数据库各级模式的设计。数据库设计人员必须参加用户需求调查和系统分析，然后进行数据库设计。在很多情况下，数据库设计人员就由数据库管理员担任。

3）应用程序员

应用程序员负责设计和编写应用系统的程序模块，并进行调试和安装。

4）用户

这里的用户是指最终用户（end user）。最终用户通过应用系统的用户接口使用数据库。常用的接口方式有浏览器、菜单驱动、表格操作、图形显示、报表书写等。

最终用户可以分为如下三类：

（1）偶然用户。这类用户不经常访问数据库，但每次访问数据库时往往需要不同的数据库信息。这类用户一般是企业或组织机构的高中级管理人员。

（2）简单用户。数据库的多数最终用户都是简单用户，其主要工作是查询和更新数据库，一般都是通过应用程序员精心设计并具有友好界面的应用程序存取数据库。银行的职员、航空公司的机票预定工作人员、旅馆总台服务员等都属于这类用户。

（3）复杂用户。复杂用户包括工程师、科学家、经济学家、科学技术工作者等具有较高科学技术背景的人员。这类用户一般都比较熟悉数据库管理系统的各种功能,能够直接使用数据库语言访问数据库,甚至能够基于数据库管理系统的 API 编写自己的应用程序。

 本章小结

本章概述了数据库的基本概念,并通过对数据管理技术发展三个阶段的介绍,阐述了数据库技术产生和发展的背景。此外,还说明了数据库系统的优点。

数据模型是数据库系统的核心和基础。本章介绍了组成数据模型的三个要素和概念模型。概念模型也称信息模型,用于信息世界的建模。E-R 模型是这类模型的典型代表。E-R 模型简单、清晰,应用十分广泛。

数据模型的发展经历了非关系化模型(层次模型、网状模型)、关系模型,正在走向面向对象模型和对象关系模型。

数据库系统中,数据具有三级模式结构的特点,由外模式、模式、内模式以及外模式/模式映像、模式/内模式映像组成。三级模式结构使数据库中的数据具有较高的逻辑独立性和物理独立性。一个数据库系统中,只有一个模式、一个内模式,但有多个外模式。因此,模式/内模式映像是唯一的,而每一个外模式都有自己的外模式/模式映像。

最后介绍了数据库管理系统的功能与数据库系统的组成,使读者了解了数据库系统实质上是一个人机系统,人的作用特别是 DBA 的作用非常重要。

学习这一章时应把注意力放在掌握基本概念和基本知识方面,以为进一步学习下面章节打好基础。

 习题

1. 试解释 DB、DBMS 和 DBS 三个概念。
2. 人工管理阶段和文件系统阶段的数据管理各有哪些特点?
3. 数据库阶段的数据管理有哪些特点?
4. 什么是数据独立性?在数据库中有哪两级独立性?
5. 分布式数据库系统和面向对象数据库系统各有哪些特点?
6. 逻辑记录与物理记录、逻辑文件与物理文件有什么联系和区别?
7. 什么是 E-R 模型?E-R 模型的主要组成有哪些?
8. 三个实体集间的多对多联系和三个实体集两两之间的三个多对多联系等价吗?为什么?
9. 试述层次模型、网状模型和关系模型的概念,并分别举例说明。

10. 试述 E-R 模型、关系模型的主要特点。

11. 试述面向对象模型的概念,并举例说明。

12. 现有关于班级、学生、课程的信息如下:

   描述班级的属性有班级号、班级所在专业、入校年份、班级人数、班长的学号;

   描述学生的属性有学号、姓名、性别、年龄;

   描述课程的属性有课程号、课程名、学分。

   假设每个班有若干学生,每个学生只能属于一个班,学生可选修多门课程,每个学生选修的每门课程有一个成绩记载。根据语义,画出它们的 E-R 模型。

13. DB 的三级模式结构描述了什么问题? 试详细解释。

14. 试述概念模式在数据库结构中的重要地位。

15. 试述用户、DB 的三级模式结构、磁盘上的物理文件之间有什么联系和不同?

16. 数据独立性与数据联系这两个概念有什么区别?

17. 试述 DBMS 的工作模式和主要功能。

18. 试述 DBMS 对数据库的维护功能。

19. 什么是 DBA? DBA 应具有什么素质? DBA 的职责是什么?

20. 根据计算机的系统结构,DBS 可分成哪几种? 各有什么特点?

第 2 章
关系数据库

本章关键词

　　笛卡儿积（Cartesian product）　　　关系（relation）
　　实体完整性（entity integrity）　　　参照完整性（referential integrity）

本章要点

　　本章将对关系数据模型作详细的介绍，包括关系的基本概念与术语、完整性约束、关系的运算、关系表达式的等价变换和关系的查询优化等内容。

　　关系数据库是目前应用最广泛的数据库。由于它以数学方法为基础管理数据库，所以与其他数据库相比具有突出的优点。

　　1970 年，美国 IBM 公司的 E. F. Codd 发表了著名论文 *A Relational Model of Data for Large Shared Data Banks*，首先提出了关系数据模型，从而开创了数据库系统的新纪元。之后他又发表了多篇文章，奠定了关系数据库的理论基础。

　　20 世纪 70 年代末，关系方法的理论研究和软件系统的研制均取得了很大成果，IBM 公司的 San Jose 实验室在 IBM370 系列机上研制的关系数据库实验系统 System R 获得成功。1981 年 IBM 公司宣布具有 System R 全部特征的新的数据库软件产品 SQL/DS 问世。同期，美国加州大学伯克利分校也研制出了 INGRES 关系数据库实验系统，并由 INGRES 公司发展成为 INGRES 数据库产品。

　　30 多年来，关系数据库系统研究取得了辉煌的成就，涌现出许多性能优良的商品化关系数据库管理系统，如 DB2、Oracle、INGRES、Sybase、Informix、SQL Server 等。当今，关系数据库系统被广泛应用于各个领域，已成为主流数据库系统。

2.1　关系数据结构及形式化定义

　　关系数据库系统是支持关系模型的数据库系统。第 1 章初步介绍了关系模型和关系模型的一些基本术语，本章将较深入地讲解关系模型。按照数据模型的三个要素，关系模型由关系数据结构、关系操作集合和关系完整性约束三部分组成。下面将分别介绍关系模型的三个方面。其中,2.1 节介绍关系数据结构,包括关系的形式化定义及有关概念;2.2 节讲解关系操作;2.3 节讲解关系的三类完整性约束;2.4 节讲解关系代数;2.5 节介绍关系演算;2.6 节介绍查询优化。

2.1.1 关系的定义

前面介绍的关系数据模型的定义和概念都是用自然语言描述的,但关系数据模型是以集合论中的关系概念发展而来的,它有严格的数学理论基础。下面就从集合论的角度给关系数据模型以严格的定义。

1. 域

定义 2.1 域是一组具有相同数据类型的值的集合。

例如,自然数、整数、实数、{男、女}、{0,1}、大于等于 0 且小于等于 100 的正整数等,都可以是域。

2. 笛卡儿积

笛卡儿积(Cartesian product)是域上面的一种集合运算。

定义 2.2 给定一组域 $D_1,D_2,\cdots,D_n$,这些域中可以有相同的域,则在 $D_1,D_2,D_3,\cdots,D_n$ 上的笛卡儿积为

$$D_1 \times D_2 \times D_3 \times \cdots \times D_n = \{(d_1,d_2,d_3,\cdots,d_n) \mid d_i \in D_i, i=1,2,3,\cdots,n\}$$

其中,每一个元素 $(d_1,d_2,d_3,\cdots,d_n)$ 叫做一个 n 元组(n-tuple)或简称元组(tuple)。元素中的每一个值 d_i 叫做一个分量(component)。一个元组是组成该元组各分量的有序集合,而不仅仅是各分量集合。

若 $D_i(i=1,2,3,\cdots,n)$ 为有限集,其基数(cardinal number)为 $m_i(i=1,2,3,\cdots,n)$,则 $D_1 \times D_2 \times D_3 \times \cdots \times D_n$ 的基数为

$$M = \prod_{i=1}^{n} m_i$$

笛卡儿积可表示为一个二维表。表中的每行对应一个元组,表中的每一列的值来自一个域。

【**例 2.1**】 设有三个集合如下:$A=\{a_1,a_2\}, B=\{b_1,b_2\}, C=\{c_1,c_2\}$ 则集合 A,B,C 上的笛卡儿积为

$$A \times B \times C = \{(a_1,b_1,c_1),(a_1,b_1,c_2),(a_1,b_2,c_1),(a_1,b_2,c_2),$$
$$(a_2,b_1,c_1),(a_2,b_1,c_2),(a_2,b_2,c_1),(a_2,b_2,c_2)\}$$

笛卡儿积形成的二维表如表 2.1 所示。

表 2.1 中集合 A 有 2 个元素,集合 B 有 2 个元素,集合 C 有 2 个元素,则笛卡儿积的基数为 $2 \times 2 \times 2 = 8$。也就是说,$A \times B \times C$ 一共有 $2 \times 2 \times 2 = 8$ 个元组,因此对应的二维表也有 8 个元素。

表 2.1 A,B,C 上的笛卡儿积

A	B	C
a_1	b_1	c_1
a_1	b_1	c_2
a_1	b_2	c_1
a_1	b_2	c_2
a_2	b_1	c_1
a_2	b_1	c_2
a_2	b_2	c_1
a_2	b_2	c_2

3. 关系

定义 2.3 $D_1 \times D_2 \times \cdots \times D_n$ 的子集叫做在域 $D_1, D_2, \cdots, D_n$ 上的关系,表示为

$$R(D_1, D_2, \cdots, D_n)$$

这里,R 表示关系的名字,n 是关系的目或度(degree)。

关系中每个元素是关系中的元组,通常用 t 表示。

当 $n=1$ 时,称该关系为单元关系(unary relation)。

当 $n=2$ 时,称该关系为二元关系(binary relation)。

关系是笛卡儿积的有限子集,所以关系也是一个二维表,表中的每一行对应一个元组,表中的每一列对应一个域。由于域可以相同,为了加以区分,必须对每一列起一个名字,称为属性(attribute)。n 目关系必有 n 个属性。

【例 2.2】 表 2.2 是学生选课结果关系 Scourses,这是一个 5 元关系,关系中的属性包括 Sno(学号)、Sname(学生名)、Class(班级)、Cname(课程名)、Tname(任课教师)。

表 2.2 学生选课结果关系 Scourses

Sno	Sname	Class	Cname	Tname
S01	王建平	199901	数据结构	张征
S02	刘华	199902	计算机原理	杜刚
S03	范林军	200001	数据库原理	赵新民
S04	李伟	200001	数据结构	张征

设 D_0＝Sno＝{S01，S02，S03，S04}

　　D_1＝Sname＝{王建平，刘华，范林军，李伟}

　　D_2＝Class＝{199901，199902，200001}

　　D_3＝Cname＝{数据结构，计算机原理，数据库原理}

　　D_4＝Tname＝{张征，杜刚，赵新民}

则 Scourses 是笛卡儿积 $D_0 \times D_1 \times D_2 \times D_3 \times D_4$ 的一个子集,该笛卡儿积共有 $4 \times 4 \times 3 \times 3 \times 3$＝ 432 个元组。如{S04，王建平，199902，数据结构，张征}是笛卡儿积中的一个元组,但它是无实际意义的,因为同一个人不可能在不同的班级。通常只有笛卡儿积的子集,才能反映现实时间,才有实际意义。

　　在表 2.2 中,如果我们把 Sname、Tname 都看做人名的集合 P,即令 P＝{王建平，刘华，范林军，李伟，张征，杜刚，赵新民},则 Scourses 是笛卡儿积 $D_0 \times P \times D_2 \times D_3 \times P$ 的子集,属性名 Sname、Tname 的值都取自域 P。

2.1.2　关系中的基本名词

1. 元组

　　关系表中的每一行数据总称为一个元组或记录。一个元组对应概念模型中一个实体的所有属性值的总称。如表 2.2 有 4 行数据,也就有 4 个元组。由若干个元组就可构成一个具体的关系,一个关系中不允许有两个完全相同的元组。

2. 属性

　　关系表中的每一列即为一个属性,每个属性都有一个显示在每一列首行的属性名。属性具有型和值两层含义:属性的型指属性名和属性取值域;属性值指属性具体的取值。在一个关系表中不能有两个同名属性。如表 2.2 中有 5 列,对应 5 个属性[Sno(学号)、Sname(学生名)、Class (班级)、Cname(课程名)、Tname (任课教师)]。关系的属性对应概念模型中实体的属性和联系的属性。

3. 候选码和主码

　　若关系中的某一属性组的值能唯一地标识一个元组,则称该属性组为候选码(candidate key)。为数据管理方便,若一个关系有多个候选码,则选定其中一个为主码(primary key)。当然,如果关系中只有一个候选码,这个唯一的候选码就是主码。

　　例如,假设表 2.2 中没有重名的学生,则关系的候选码为{Sno(学号)、Cname(课程名)}和{Sname(学生名)、Cname(课程名)}两个,通常选择候选码{Sno(学号)、Cname(课程名)}为主码。

4. 全码

　　若关系的候选码只包含一个属性,则称它为单属性码;当某个候选码包含多个属性时,则称该候选码为多属性码。若关系中只有一个候选码,且这个候选码中包括关系的所有属性,则这个候选码,称为全码(all-key)。全码是候选码的特例,它说明该关系中不存在属性之间相互决定情况。

例如,设有以下关系:

学生(学号,姓名,性别,年龄)
学生选课(学号,课程号,成绩)
借书(学号,书号,借阅日期)

其中,学生关系的码为"学号",它是单属性码;学生选课中"学号"和"课程号"合在一起是码,它是多属性码;借书关系中的"学号"、"书号"和"借阅日期"相互独立,属性间不存在依赖关系,它的码为全码。

5. 主属性和非主属性(非码属性)

关系中,候选码的诸属性称为主属性(prime attribute);不包含在任何候选码中的属性称为非主属性或非码属性(non-key attribute)。

例如,假设表 2.2 中没有重名的学生,主属性是 Sno(学号)、Sname(学生名)和 Cname(课程名),非主属性是 Class(班级)和 Tname(任课教师)。

2.1.3 基本关系的性质

按照定义 2.2,关系可以是一个无限集合。由于笛卡儿积不满足交换律,所以按照数学定义,$(d_1,d_2,\cdots,d_n) \neq (d_2,d_1,\cdots,d_n)$。当关系作为关系数据模型的数据结构时,需要给予如下的限定和扩充:

(1) 无限关系在数据库系统中是无意义的。因此,限定关系数据模型中的关系必须是有限集合。

(2) 通过为关系的每个列附加一个属性名的方法取消关系元组的有序性,即$(d_1,d_2,\cdots,d_i,d_j,\cdots,d_n) = (d_1,d_2,\cdots,d_j,d_i,\cdots,d_n)$ $(i,j=1,2,\cdots,n)$。

因此,基本关系具有以下六条性质:

(1) 列是同质的(homogeneous),即每一列中的分量是同一类型的数据,来自同一个域。

假如学生选课关系为:选课(学号,课程号,成绩),其成绩的属性值不能有百分制、5分制或"及格"、"不及格"等多种取值法,统一关系中的成绩必须统一语义,否则会出现存储和数据操作错误。

(2) 不同的列可出自同一个域,称其中的每一列为一个属性,不同的属性要给予不同的属性名。

例如,在上面的例 2.2 中,如果我们把 Sname、Tname 都看做人名的集合 P,即令 $P=$

〔王建平,刘华,范林军,李伟,张征,杜刚,赵新民〕,属性名 Sname、Tname 的值都取自域 P,同时定义学生属性名为 Sname,教师属性名为 Tname,属性名互不相同。

(3) 列的顺序无所谓,即列的次序可以任意交换。

由于列顺序是无关紧要的,因此在许多实际关系数据库产品中(如 Oracle),增加新属性时,永远是插至最后一列。

(4) 任意两个元组的候选码不能相同。

(5) 行的顺序无所谓,即行的次序可以任意交换。

(6) 分量必须取原子值,即每一个分量都必须是不可分的数据项。

关系模型要求关系必须是规范化的,即要求关系模式必须满足一定的规范条件。这些规范条件中最基本的一条就是,关系的每一个分量必须是一个不可分的数据项。规范化的关系简称为范式(normal form)。

例如,表 2.3 中工资分为基本工资和补贴,这种组合数据项不符合关系规范化的要求,这样的关系在数据库中是不允许存在的,正确的设计格式如表 2.4 所示。

表 2.3　非规范的关系结构

元

姓名	所在单位	工　　资	
		基本工资	补　贴
张三	车间 1	1 500	500
李四	车间 2	2 000	300

表 2.4　规范的关系结构

元

姓名	所在单位	基本工资	补　贴
张三	车间 1	1 500	500
李四	车间 2	2 000	300

注意:在许多实际关系数据库产品中,基本表并不完全具有这六条性质。例如,有的数据库产品(如 FoxPro)仍然区分了属性顺序和元组的顺序;许多关系数据库产品中,如 Oracle、FoxPro 等,它们都允许关系表中存在两个完全相同的元组,除非用户特别定义了相应的约束条件。

2.1.4　数据库中关系的类型

在关系数据模型中,关系可以有三种类型:基本表(或基表)、查询表和视图表。这三种类型以不同的身份保存在数据库中,其作用和处理方法也各不相同。

1. 基本表

基本表是实际存在的表,它是实际存储数据的逻辑表示。

2. 视图表

视图表是由基本表或其他视图表导出的表。视图表是为数据查询方便、数据处理简便及数据安全要求而设计的虚表,只有定义,不对应实际存储的数据。由于视图表依附于基本表,我们可以利用视图表进行数据查询,或利用视图表对基本表进行数据维护,但视图本身不需要进行数据维护。

3. 查询表

查询表是指查询结果表或查询中生成的临时表。由于关系运算是集合运算,在关系操作过程中会产生一些临时表,称为查询表,可以认为它们是关系数据库的派生表。

2.1.5 关系模式的定义

在数据库中要区分型和值,关系数据库中,关系模式是型,关系是值。关系模式是对关系的描述,那么一个关系需要描述哪些方面呢?

首先,应该知道,关系实质上是一张二维表,表中的每一行为一个元组,每一列为一个属性。一个元组就是该关系所涉及的属性集的笛卡儿积的一个元素。关系是元组的集合,因此关系模式必须指出这个元组集合的结构,即它由哪些属性构成,这些属性来自哪些域,以及属性与域之间的映像关系。

其次,一个关系通常是由赋予它的元组语义来确定的。元组语义实质上是一个 n 目谓词(n 是属性集中属性的个数)。凡使该 n 目谓词为真的笛卡儿积中的元素(或者说凡符合元组语义的那部分元素)的全体就构成了该关系模式的关系。

现实世界随着时间在不断地变化,因而在不同的时刻,关系模式的关系也会有所变化。但是,现实世界的许多已成事实限定了关系模式所有可能的关系必须满足一定的完整性约束条件。这些约束或者通过对属性取值范围的限定,如职工年龄小于 65 岁(65 岁以后必须退休),或者通过属性值间的相互关联(主要体现于值的相等与否)反映出来。关系模式应当刻画出这些完整性约束条件。

因此一个关系模式应当是一个五元组。

定义 2.4 关系的描述称为关系模式(relation schema)。它可以形式化地表示为

R(U,D,dom,F)

其中,R 为关系名;U 为组成该关系的属性名集合;D 为属性组 U 中属性所来自的域;dom 为属性向域的映像集合;F 为属性间数据的依赖关系集合。

属性间的数据依赖将在第 4 章讨论,本章中关系模式仅涉及关系名、各属性名、域名、属性向域的映像四部分,即 $R(U,D,\text{dom})$。

例如,在例 2.2 中,由于教师和学生出自同一个域——人名,所以要取不同的属性名,

并在模式中定义属性向域的映像,即说明它们分别出自哪个域。如:

dom(Sname)=dom(Tname)=P

关系模式通常可以简记为 $R(U)$,或 $R(A_1,A_2,\cdots,A_n)$,其中 R 为关系名,$A_1,A_2,\cdots,A_n$ 为属性名。而域名及属性向域的映像常常直接说明属性的类型、长度。

关系是关系模式在某一时刻的状态或内容。关系模式是静态的、稳定的,而关系是动态的、随时间不断变化的,因为关系操作在不断地更新着数据库中的数据。但在实际当中,人们常常把关系模式和关系都称为关系,这不难从上下文中加以区别。

2.1.6　关系数据库

在关系模型中,实体及实体间的联系都是用关系来表示的。例如,学生实体、课程实体、学生与课程之间的多对多联系都可以分别用一个关系来表示。在一个给定的应用领域中,所有实体及实体之间联系的关系的集合构成一个关系数据库。

关系数据库也有型和值之分。关系数据库的型也称为关系数据库模式,是对关系数据库的描述,它包括若干域的定义以及在这些域上定义的若干关系模式。关系数据库的值是这些关系模式在某一时刻对应关系的集合,通常称为关系数据库。

2.2　关系操作

关系模型由关系数据结构、关系操作集合和关系完整性约束三部分组成。2.1 节讲解了关系数据结构,本节将讲解关系操作的一般概念和分类。

2.2.1　关系操作的基本内容

关系模型中常用的关系操作包括查询(query)和插入(insert)、删除(delete)、修改(update)操作两大部分。

关系的查询表达能力很强,是关系操作中最主要的部分。查询操作又可分为选择(select)、投影(project)、连接(join)、除(divide),并(union)、交(intersection)、差(difference)、笛卡儿积等。

其中,选择、投影、并、差和笛卡儿积是五种基本操作,其他操作可以用基本操作来定义和导出。

关系操作的特点是集合操作方式,即操作的对象和结果都是集合。这种操作方式也称为一次一个集合(set-at-a-time)的方式。相应地,非关系数据模型的数据操作方式则为一次一个记录(record-at-a-time)的方式。

非关系数据模型的数据操作主要体现在各种面向过程的高级程序设计语言中,如

Basic 语言、C 语言、PASCAL 语言等。它们的操作对象是整型数变量、实型数变量和字符型变量等。虽然它们也对所谓的结构化数据进行操作,但一个操作只能产生对一个数据变量值的存取。而关系的每一个操作将实现一个数据集合(多个数据值)的存取,这不能不认为是在数据操作方式上的一个巨大的改变,它也引发了传统的计算机语言向新的语言类型过渡,第四代语言随后诞生了。

2.2.2 关系数据语言的分类

早期的关系操作能力通常用代数方式或逻辑方式来表示,分别称为关系代数和关系演算。关系代数是用对关系的运算来表达查询要求的方式。关系演算是用谓词来表达查询要求的方式,它又可按谓词变元的基本对象是元组变量还是域变量分为元组关系演算和域关系演算。关系代数、元组关系演算和域关系演算三种语言在表达能力上是完全等价的。

关系代数、元组关系演算和域关系演算均是抽象的查询语言,这些抽象的语言与具体的 DBMS 中实现的实际语言并不完全一样,但它们能用作评估实际系统中查询语言能力的标准或基础。实际的查询语言除了提供关系代数或关系演算的功能外,还提供许多附加功能,如集函数、关系赋值和算术运算等。

另外,还有一种介于关系代数和关系演算之间的结构化查询语言 SQL(structured query language)。SQL 不仅具有丰富的查询功能,而且具有数据定义和数据控制功能,是集查询、DDL(数据定义语言)、DML(数据操纵语言)、DCL(数据控制语言)于一体的关系数据语言,是关系数据库的标准语言。

因此,关系数据语言可以分为以下三类:

(1) 关系代数语言,即用对关系的运算来表达查询要求的语言。ISBL(information system base language)为关系语言的代表。

(2) 关系演算语言,即用查询得到的元组应满足谓词条件来表达查询要求的语言。关系演算语言又可分为元组关系演算语言和域关系演算语言两种:元组关系演算语言谓词变元的基本对象是元组变量,如 APLHA、QUEL 语言;域关系演算语言谓词变元的基本对象是域变量,QBE(query by example)是典型的域关系演算语言。

(3) 具有关系代数和关系演算双重特点的语言。其典型代表是结构化查询语言 SQL。SQL 包括数据定义、数据操作和数据控制功能,具有语言简洁、易学易用的特点,是关系数据库的标准语言和主流语言。

这些关系数据语言的共同特点是,语言具有完备的表达能力,是非过程化的集合操作语言,功能强,能够嵌入高级语言中使用。

关系语言是一种高度非过程化的语言,用户不必请求 DBA 为其建立特殊的存取路径,存取路径的选择由 DBMS 的优化机制来完成。此外,用户不必求助于循环结构就可以完成数据操作。

2.3　关系的完整性

关系数据模型的基本理论不但对关系模型的结构进行了严格的定义,而且还有一组完整的数据约束规则,它规定了数据模型中的数据必须符合的某种约束条件。在定义关系数据模型和进行数据操作时都必须保证符合约束。关系模型中可以有三类完整性约束:实体完整性、参照完整性和用户定义的完整性。其中,实体完整性(entity integrity)和参照完整性(referential integrity)是关系模型必须满足的完整性约束条件,被称作关系的两个不变性,应该由关系系统自动支持。

2.3.1　实体完整性

实体完整性规则:若属性 A 是基本关系 R 的主属性,则属性 A 不能取空值。

实体完整性规则规定基本关系的所有主属性都不能取空值,而不仅是主码整体不能取空值。例如,学生选课关系"选修(学号,课程号,成绩)"中,"学号、课程号"为主码,则"学号"和"课程号"两个属性都不能取空值。对于实体完整性规则,说明如下:

(1) 实体完整性能够保证实体的唯一性。实体完整性规则是针对基本表而言的。一个基本表通常对应现实世界中一个实体集(或联系集),如学生关系对应于学生的集合。而现实世界中的实体是可区分的,即它们具有某种唯一性标识,主属性不能取空值,就能保证实体的唯一性。

(2) 实体完整性能够保证实体的可区分性。所谓空值就是"不知道"或"无意义"的值,空值不是 0,也不是空字符串,是没有值,或是不确定的值,用 NULL 表示。如果主属性取空值,就说明存在某个不可标识的实体,即存在不可区分的实体,这不符合现实世界的情况。

例如,图 2.1 所示研究生表的主键是学号,不包含空的数据项;导师表的主键是导师编号,也不包含空的数据项,所以,这两个表都满足实体完整性规则。

2.3.2　参照完整性

现实世界中的实体之间往往存在某种联系,在关系模型中实体及实体间的联系都是用关系来描述的。这样就自然存在着关系与关系间的引用。

【例 2.3】　学生实体、专业实体以及专业与学生间的一对多联系。

学生(学号,姓名,性别,专业号,年龄)
专业(专业号,专业名)

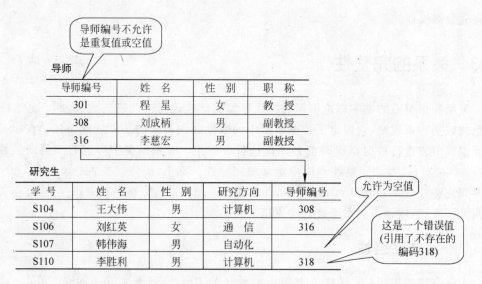

图 2.1 实体完整性与参照完整性规则示例

学生关系中每个元组的"专业号"属性只能取下面两类值:

(1) 空值,表示尚未给该学生分配专业;

(2) 非空值,这时该值必须是专业关系中某个元组的"专业号"值,表示该学生不可能分配到一个不存在的专业中。

也就是说,学生关系中某个属性的取值需要参考专业关系的属性取值。

同样,图 2.1 中研究生表中的导师编号必须是导师表中导师编号的有效值,或者"空值",否则,就是非法的数据。

上述例子说明,关系与关系之间存在着相互引用、相互约束的情况。下面先引入外码的概念,然后给出表达关系之间相互引用约束的参照完整性定义。

1. 外码和参照关系

设 F 是基本关系 R 的一个或一组属性,但不是关系 R 的码。如果 F 与基本关系 S 的主码 Ks 相对应,则称 F 是基本关系 R 的外码,并称关系 R 为参照关系(referencing relation),关系 S 为被参照关系(referenced relation)或目标关系(target relation)。

需要指出的是:

(1) 目标关系 S 的主码 Ks 和参照关系的外码 F 必须定义在同一个(或一组)域上。

(2) 外码并不一定要与相应的主码同名,当外码与相应的主码属于不同关系时,往往取相同的名字,以便于识别。

(3) 关系 R 和关系 S 不一定是不同的关系。

【例 2.4】 学生实体及其内部的一对多联系。

学生(学号,姓名,性别,专业号,年龄,班长)

学号	姓名	性别	专业号	年龄/岁	班长
801	张三	女	01	19	802
802	李四	男	01	20	
803	王五	男	01	20	802
804	赵六	女	02	20	805
805	钱七	男	02	19	

这里,"学号"是主码,"班长"是外码,它引用了本关系的"学号","班长"必须是确实存在的学生的学号。学生关系既是参照关系也是被参照关系。

例 2.3 中学生关系的"专业号"与专业关系的主码"专业号"相对应,"专业号"属性是学生关系的外码,专业关系是被参照关系,学生关系为参照关系。

2. 参照完整性

参照完整性规则就是定义外码与主码之间的引用规则。

参照完整性规则:若属性(或属性组)F 是基本关系 R 的外码,它与基本关系 S 的主码 Ks 相对应(基本关系 R 和关系 S 不一定是不同的关系),则对于 R 中每个元组在 F 上的值必须为:

(1) 或者取空值(F 的每个属性值均为空值)

(2) 或者等于 S 中某个元组的主码值

例 2.3 中学生关系的"专业号"引用专业关系的主码"专业号","专业号"属性是学生关系的外码,它的取值必须取专业关系表中实际存在的专业号或者去空值。

不仅两个或两个以上的关系间存在参照完整性,同一关系内部属性间也可能存在参照完整性。

【例 2.5】 课程关系表(课程号,课程名,学分,先修课课程号),其中,属性"课程号"是主关键字,"先修课课程号"表示开设这门课时必须先要开设的课程编号。显然,它应该来自本关系属性"课程号"的取值。如果它取空值,则表示当前的这门课程没有先修课。

【**例 2.6**】 例如,在学生选课关系中,学号只能取学生关系表中实际存在的一个学号,课程号也只能取课程关系表中实际存在的一个课程号。在这个例子中,学号和课程号都不能取空值,因为它们既分别是外部关键字又是该关系的主关键字,所以必须要满足该关系的实体完整性约束。

2.3.3　用户自定义完整性

任何关系数据库系统都应该支持实体完整性和参照完整性。除此之外,不同的关系数据库系统根据其应用环境的不同,往往还需要一些特殊的约束条件,用户自定义的完整性(user defined integrity)就是针对某一具体关系数据库的约束条件。它反映某一具体应用所涉及的数据必须满足的语义要求,例如,某个属性必须取唯一值、某个非主属性也不能取空值、某个属性的取值范围为 0～100 等。关系模型应提供定义和检验这类完整性的机制,以便用统一的、系统的方法处理它们,而不要由应用程序承担这一功能。

2.4　关系代数

关系代数是一种抽象的查询语言,它是用对关系的运算来表达查询的。

关系代数的运算对象是关系,运算结果亦为关系。关系代数用到的运算符包括四类:集合运算符、专门的关系运算符、比较运算符和逻辑运算符,如表 2.5 所示。

表 2.5　关系代数运算符

运　算　符		含　义
集合运算符	$\cup$ $-$ $\cap$ $\times$	并 差 交 笛卡儿积
专门的关系运算符	σ Π $\bowtie$ $\div$	选择 投影 连接 除
比较运算符	$>$ $\geqslant$ $<$ $\leqslant$ $\neq$ $=$	大于 大于或等于 小于 小于或等于 不等于 等于
逻辑运算符	$\neg$ $\wedge$ $\vee$	非 与 或

关系代数的运算按运算符的不同可分为传统的集合运算和专门的关系运算两类。其中,传统的集合运算将关系看成元组的集合,其运算是从关系的"水平"方向即行的角度来进行。而专门的关系运算不仅涉及行而且涉及列。比较运算符和逻辑运算符是用来辅助专门的关系运算符进行操作的。

2.4.1　传统的集合运算

传统的集合运算是二目运算,包括并、交、差、笛卡儿积四种运算。

设关系 R 和关系 S 具有相同的元数 n(即两个关系都有 n 个属性),且相应的属性取自同一个域,t 是元组变量,$t \in R$ 表示 t 是 R 的一个元组。

1. 并(union)

关系 R 和关系 S 的并是由属于 R 或属于 S 的元组组成的集合,其结果仍为 n 元的关系。记作

$$R \cup S = \{t \mid t \in R \lor t \in S\}$$

如果 R 和 S 有重复的元组,则只保留一个。

2. 差(difference)

关系 R 和 S 的差是由属于 R 但不属于 S 的元组组成的集合,其结果仍为 n 元的关系。记作

$$R - S = \{t \mid t \in R \land t \notin S\}$$

3. 交(intersection)

关系 R 和 S 的交是由属于 R 又属于 S 的元组组成的集合,其结果仍为 n 元的关系。记作

$$R \cap S = \{t \mid t \in R \land t \in S\}$$

交和差运算之间存在如下关系:$R \cap S = R - (R - S) = S - (S - R)$。

4. 笛卡儿积

这里,笛卡儿积严格地讲应该是广义笛卡儿积(extended Cartesian product)。因为这里笛卡儿积的元素是元组。

设关系 R 为 m 元关系,i 个元组;关系 S 为 n 元关系,j 个元组,则关系 R 和 S 的广义笛卡儿积为 $m+n$ 元的元组集合。每个元组的前 m 个分量来自关系 R 的一个元组,后 n 个分量来自 S 的一个元组,且元组的数目有 $i \times j$ 个。记作

$$R \times S = \{t \mid t = <t^m, t^n> \land t^m \in R \land t^n \in S\}$$

$$R \times S = \{\widehat{t_r t_s} \mid t_r \in R \land t_s \in S\}$$

其中,$\widehat{t_r t_s}$ 称为元组的连接(concatenation)或元组的串接,它是一个 $m+n$ 列的元组,前 m 个分量来自关系 R 的一个元组,后 n 个分量来自 S 的一个元组。这里说明几点:

(1) 虽然在表示上,我们把关系 R 的属性放在前面,把关系 S 的属性放在后面,连接

成一个有序结构的元组,但在实际的关系操作中,属性间的前后交换次序是无关的。

（2）做笛卡儿积运算时,可从 R 的第一个元组开始,一次与 S 的每一个元组组合,然后,对 R 的下一个元组进行同样的操作,直至 R 的最后一个元组也进行完同样的操作为止,即可得到 $R \times S$ 的全部元组。

（3）笛卡儿积运算在理论上要求参加运算的关系没有同名属性。通常我们在结果关系的属性名前加上＜表名＞. 来区分,这样即使当 R 和 S 中有相同的属性名时,也能保证结果关系具有唯一的属性名（为了书写方便,当某个属性名没有同名时,也可以直接使用属性名）。当然,当需要得到一个关系 R 和其值上的乘积时,表达式 $R \times R$ 是非法的,因为它将导致非唯一的属性名。为此必须引入 R 的别名,如 G,从而把关系 R 作为另一个关系 S 来使用,这样就能把表达式写为 $R \times G$,以便产生需要的唯一的属性名。

【例 2.7】 关系 R 和 S 如图 2.2(a)、(b)所示,则 R 和 S 的并运算 $R \cup S$ 如图 2.2(c)所示,R 和 S 的差运算 $R - S$ 如图 2.2(d)所示,R 和 S 的交运算 $R \cap S$ 如图 2.2(e)所示,R 和 S 的笛卡儿积运算 $R \times S$ 如图 2.2(f)所示。

A	B	C
b	2	d
b	3	b
c	2	d
d	3	b

(a) R

A	B	C
a	3	c
b	2	d
e	5	f

(b) S

A	B	C
b	2	d
b	3	b
c	2	d
d	3	b
a	3	c
e	5	f

(c) R∪S

A	B	C
b	3	b
d	3	b
c	2	d

(d) R−S

A	B	C
b	2	d

(e) R∩S

R.A	R.B	R.C	S.A	S.B	S.C
b	2	d	a	3	c
b	2	d	b	2	d
b	2	d	e	5	f
b	3	b	a	3	c
b	3	b	b	2	d
b	3	b	e	5	f
c	2	d	a	3	c
c	2	d	b	2	d
c	2	d	e	5	f
d	3	b	a	3	c
d	3	b	b	2	d
d	3	b	e	5	f

(f) R×S

图 2.2 关系 R、S 及它们的传统集合运算

2.4.2 专门的关系运算

在关系的运算中,由于关系数据结构的特殊性,在关系代数中除了需要一般的集合运算外,还需要一些专门的关系运算,包括选择、投影、连接和除等。

1. 选择运算

选择运算(select)是一个单目运算,它是从一个关系 R 中选择满足给定条件的所有元组组成的一个关系。记作

$$\sigma_F(R) = \{t \mid t \in R \land F(t) = \text{true}\}$$

其中,σ 为选择运算符;F 为选择条件,它是一个逻辑表达式,取值为"true"或"false"。

逻辑表达式 F 的基本形式为:$X_1 \theta Y_1 [\Phi X_2 \theta Y_2] \cdots$

θ 表示比较运算符,它可以是 $>$、$\geqslant$、$<$、$\leqslant$、$=$ 和 $\neq$。X_1、Y_1 等是属性名或简单函数。属性名也可以用它在关系中从左到右的序号来代替。Φ 表示逻辑运算符,它可以是 $\rightarrow$、$\land$、$\lor$。[ ]表示任选项,即[ ]中的部分可以要也可以不要,$\cdots$表示上述格式可以重复下去。

选择运算是单目运算符,即运算的对象仅有一个关系。选择运算不会改变参与运算关系的关系模式,它只是根据给定的条件从所给的关系中找出符合条件的元组。实际上,选择是从行的角度进行的水平运算,是一种将大关系分割为较小关系的工具。

【例 2.8】 设关系 R 和关系 S 如图 2.2(a)、(b)所示,计算或 $\sigma_{[1]='b' \land [2]<3}(R)$ 的结果如图 2.3(a)所示,$\sigma_{B>3 \lor C \neq 'c'}(S)$ 或 $\sigma_{[2]>3 \lor [3] \neq 'c'}(S)$ 的结果如图 2.3(b)所示。

A	B	C
b	2	d

(a) $\sigma_{A='b' \land B<3}(R)$

A	B	C
b	2	d
e	5	f

(b) $\sigma_{B>3 \lor C \neq 'c'}(S)$

图 2.3 选择结果关系

2. 投影运算

投影运算(projection)是从一个关系中,选取某些属性(列),并对这些属性重新排列,最后从得出的结果中删除重复的行,从而得到一个新的关系。

设 R 是 n 元关系,R 在其分量 $A_{i_1}, A_{i_2}, \cdots, A_{i_m}$($m \leqslant n$; $i_1, i_2, \cdots, i_m$ 为 1 到 m 之间的整数,可不连续)上的投影操作定义为

$$\pi_{i_1, i_2, \cdots, i_m} = \{t \mid t = <t_{i_1}, t_{i_2}, \cdots t_{i_m}> \land <t_1, \cdots, t_{i1}, t_{i_2}, \cdots, t_{i_m}, \cdots, t_n> \in R\}$$

即取出所有元组在特定分量 $A_{i_1}, A_{i_2}, \cdots, A_{i_m}$ 上的值,其中 Π 是投影运算符。

投影操作也是单目运算,它是从列的角度进行的垂直分解运算,可以改变关系中列的顺序,与选择一样也是一种分割关系的工具。

【例 2.9】 设关系 R 和 S 如图 2.2(a)、(b)所示,计算 $\pi_{A,C}(R)$ 和 $\pi_{C,B}(S)$ 的结果如图 2.4(a)、(b)所示。

A	C
b	d
b	b
c	d
d	b

(a) $\pi_{A,C}(R)$

C	B
c	3
d	2
f	5

(b) $\pi_{C,B}(S)$

图 2.4 投影结果关系

3. 连接运算

连接运算(join)是一个双目运算,它是从两个关系的广义笛卡儿积中选取属性间满足一定条件的元组。连接又称 θ 连接,记作

$$R \underset{A\theta B}{\bowtie} S = \{t \mid t = <t_r, t_s> \wedge t_r \in R \wedge t_s \in S \wedge t_r[A]\theta t_s[B]\} = \sigma_{A\theta B}(R \times S)$$

其中,A 和 B 分别为 R 和 S 上个数相等且可比的属性组(名称可不相同)。$A\theta B$ 作为比较公式 F,F 的一般形式为 $F_1 \wedge F_2 \wedge \cdots \wedge F_n$,每个 F_i 是形为 $t_r[A_i]\theta t_s[B_j]$ 的公式。对于连接条件的重要限制是条件表达式中所包含的对应属性必须来自同一个属性域,否则是非法的。

若 R 有 m 个元组,此运算就是用 R 的第 p 个元组的 A 属性集的各个值与 S 的 B 属性集从头至尾依次作 θ 比较。每当满足这一比较运算时,就把 S 中该属性值的元组接在 R 的第 p 个元组的右边,构成新关系的一个元组;反之,当不满足这一比较运算时,就继续作 S 关系 B 属性集的下一次比较。这样,当 p 从 1 遍历到 m 时,就得到了新关系的全部元组。新关系的属性集取名方法同笛卡儿积运算一样。

【例 2.10】 设关系 R 和关系 S 如图 2.2(a)、(b)所示,计算 $R \underset{B<B}{\bowtie} S$ 的结果如图 2.5所示。

R.A	R.B	R.C	S.A	S.B	S.C
b	2	d	a	3	c
b	2	d	e	5	f
b	3	b	e	5	f
c	2	d	a	3	c
c	2	d	e	5	f
d	3	b	e	5	f

图 2.5 $R \underset{B<B}{\bowtie} S$

连接运算中有两种最为重要也是最为常用的连接：等值连接和自然连接。

1）等值连接

当一个连接表达式中所有运算符 θ 取"="时的连接就是等值连接，这是从两个关系的广义笛卡儿乘积中选取 A、B 属性集间相等的元组。记作

$$R \underset{A=B}{\bowtie} S = \{t \mid t = <t_r, t_s> \wedge t_r \in R \wedge t_s \in S \wedge t_r[A]\theta t_s[B]\} = \sigma_{A=B}(R \times S)$$

若 A 和 B 的属性个数为 n，A 和 B 中属性相同的个数为 $k(n \geqslant k \geqslant 0)$，则等值连接结果将出现 k 个完全相同的列，即数据冗余，这是它的不足。

【例 2.11】 设关系 R 和关系 S 如图 2.2(a)、(b)所示，计算 $R \underset{A=A}{\bowtie} S$ 的结果如图 2.6 所示。

R.A	R.B	R.C	S.A	S.B	S.C
b	2	d	b	2	d
b	3	b	b	2	d

图 2.6 $R \underset{A<A}{\bowtie} S$

2）自然连接

等值连接可能出现数据冗余，而自然连接将去掉重复的列。

自然连接是一种特殊的等值连接，它是在两个关系的相同属性上作等值连接。因此，它要求两个关系中进行比较的分量必须是相同的属性组，并且将去掉结果中重复的属性列。

如果 R 和 S 有相同的属性组 B，$Att(R)$ 和 $Att(S)$ 分别表示 R 和 S 的属性集，则自然连接记作：

$$R \bowtie S = \{\pi Att(R) \bigcup (Att(S) - \{B\}) \mid \sigma_{t[B]=t[B]}(R \times S))\}$$

其中，t 表示：$\{t \mid t \in R \times S\}$。

自然连接与等值连接的区别是：

（1）等值连接相等的属性可以是相同属性，也可以是不同属性；自然连接相等的属性必须是相同的属性。

（2）自然连接必须去掉重复的属性，特指相等比较的属性，而等值连接无此要求。

（3）自然连接一般用于有公共属性的情况。如果两个关系没有公共属性，那么它们的自然连接就退化为广义笛卡儿乘积。如果是两个关系模式完全相同的关系自然连接运算，则变为交运算。

【例 2.12】 设关系 R、S 和 Q 如图 2.7(a)、(b)、(c)所示，计算 $R \bowtie S$ 的结果如图 2.7(d)所示，$R \bowtie Q$ 的结果如图 2.7(e)所示。

4. 除运算

除法运算（division）也是一个双目运算。给定关系 $R(X,Y)$ 和 $S(Y,Z)$，其中 X、Y、Z

A	B	C
a	3	c
b	2	d
c	2	d
e	5	f
g	6	f

（a）R

B	C
2	d
3	b

（b）S

A	B
b	2
g	6

（c）Q

A	B	C
b	2	d
c	2	d

（d）R ⋈ S

A	B	C
b	2	d
g	6	f

（e）R ⋈ Q

图 2.7　自然连接

为属性或属性集。R 中的 Y 和 S 中的 Y 可以有不同的属性名，但必须出自相同的域集。R 与 S 的除运算得到一个新的关系 $P(X)$，P 是 R 中满足下列条件的元组在 X 属性列上的投影：

元组在 X 上分量值 x 的象集 Y_x 包含 S 在 Y 上投影的集合。

$$R \div S = \{t_r[X] \mid t_r \in R \wedge \pi_r(S) \subseteq Y_x\}$$

$Y_x = \{t[Y] \mid t (R, t[X] = x)\}$，它表示 R 中属性组 X 上值为 x 的诸元组在 Y 上分量的集合。

$R \div S$ 的具体计算过程如下：

ⅰ. $H = \pi_X(R)$

ⅱ. $W = (H \times S) - R$；

ⅲ. $K = \pi_X(W)$；

ⅳ. $R \div S = H - K$；

即 $R \div S = \pi_X(R) - \pi_X((\pi_X(R) \times S) - R) = \{t \mid t \in \pi_X(R), \forall s \in S, <t, s> \in R\}$

【**例 2.13**】　设关系 R、S 和 Q 如图 2.8(a)、(b)、(c)所示，计算 $R \div S$ 的结果如图 2.8 (d)所示，$R \div Q$ 的结果如图 2.8(e)所示。

A	B	C
a	3	e
a	2	d
g	2	d
g	3	e
c	6	f

（a）R

B	C
2	d
3	e

（b）S

A	B
a	2
g	2

（c）Q

A
a
g

（d）R÷S

A	C
a	d
g	

（e）R÷Q

图 2.8　除运算

【例 2.14】 设有科研参与关系 EP 和项目关系 P,其中 Eno 代表员工编号、Pno 代表项目编号,如图 2.9(a)、(b)所示,计算 EP÷P 的结果如图 2.9(c)所示。

Eno	Pno
430425	P001
430211	P002
430127	P003
430211	P001
430127	P001
430127	P002
430248	P003

(a) EP

Pno
P001
P002
P003

(b) P

Eno
430127

(c) EP÷P

图 2.9 除运算

根据除运算的定义,该例子的运算结果的实际意义应该是参与了所有项目的员工有哪些。只有员工号为"430127"的员工是参与了所有三个项目的。

可以证明,关系代数操作集{∪,−,π,σ,×}是完备的操作集,任何其他关系代数操作都可以用这五种操作的组合来表示。任何一个 DBMS,只要它能完成这五种操作,则它是关系完备的。当然,完备的操作集并不只有这一个。

2.4.3 关系代数运算实例

使用关系代数运算可以对关系数据库进行各种有目的的运算。利用图 2.10 中所示的学生选课数据库以及某一时刻的值,根据要求对数据库的各关系进行运算。

学生选课库的关系模式如下:

(1) 学生表:Student(Sno, Sname , Ssex, Sdept)。

(2) 课程表:Course(Cno,Cname,Pre_Cno,Credits)。

(3) 学生选课表:SC(Sno, Cno, Grade)。

【例 2.15】 查询所有女生的基本情况。

分析:关系 Student 的属性已包含了查询所需的数据,现要查询女生情况,只要对关系表作水平分解的条件运算即可。

$$\pi_{\text{Student}}(\sigma_{\text{Ssex}='女'}(\text{Student}))$$

当投影运算所牵涉的属性是关系的所有属性时,投影的属性可简写成关系的名字。计算结果如图 2.11(a)所示。

学生

学号 Sno	姓名 Sname	性别 Ssex	年龄 Sage	所在系 Sdept
S01	王建平	男	21	自动化
S02	刘华	女	19	自动化
S03	范林军	女	18	计算机
S04	李伟	男	19	数学
S05	黄河	男	18	数学
S06	长江	男	20	数学

课程

课程号 Cno	课程名 Cname	先行课 Pre_Cno	学分 Credit
C01	英语		4
C02	数据结构	C05	2
C03	数据库	C02	2
C04	DB_设计	C03	3
C05	C++		3
C06	网络原理	C07	3
C07	操作系统	C05	3

SC

学号 Sno	课程号 Cno	成绩 Grade
S01	C01	92
S01	C03	84
S02	C01	90
S02	C02	94
S02	C03	82
S03	C01	72
S03	C02	90
S04	C03	75

图 2.10 学生选课数据库的数据示例

Sno	Sname	Ssex	Sage	Sdept
S02	刘华	女	19	自动化
S03	范林军	女	18	计算机

（a）

Sno	Sname	Ssex	Sage	Sdept
S01	王建平	男	21	自动化

（b）

图 2.11 查询结果

【例 2.16】 查询年龄大于 20 岁的男生的基本情况。

分析：本例和例 2.15 的求解思路一样，应先作关系的水平选择分解运算，再作投影运算。

$$\pi_{\text{Student}}(\sigma_{\text{Ssex}='男' \land \text{Sage}>20}(\text{Student}))$$

计算结果如图 2.11(b)所示。

【例 2.17】 查询王建平同学所选修的课程号和相应的成绩。

分析：题设中所包含的数据信息有"王建平"、"课程号"和"成绩"。其中，"王建平"是包含在 Student 关系表中的姓名属性,"课程号"和"成绩"是 SC 关系表中的属性。因此,本例中所包含的信息分布在两个不同的关系表中。在 SC 关系表中又存在外键"Sno"与 Student 关系表相联系,所以可以使用自然连接运算将连个关系表连接在一起形成一个新的关系。然后,用选择运算水平分解这个关系得出"王建平"的所有信息,再用投影运算得出最终需要的列。

$$\pi_{Cno,Grade}(\sigma_{Sname='王建平'}(Student \bowtie SC))$$

计算结果如图 2.12(a)所示。

Cno	grade
C01	92
C03	84

(a)

Sno	Sname
S01	王建平
S02	刘华
S04	李伟

(b)

图 2.12　查询结果

【例 2.18】　查询选修了数据库的学生的学号和姓名。

分析:题设中所包含的信息有"数据库"、"学号"和"姓名"。其中,"数据库"是 Course 关系表中的属性,"学号"和"姓名"是 Student 关系表中的属性。这两个关系表虽然没有直接的外键联系,但它们分别与 SC 关系表有外键联系。因此,要进行这样的查询必须将三个关系表都自然连接在一起,才能具备题设中的所有信息。

$$\pi_{Sno,Sname}(\sigma_{Cname='数据库'}(Student \bowtie SC \bowtie Course))$$

计算结果如图 2.12(b)所示。

【例 2.19】　查询选修了全部所开课程的学生的学号。

分析:题设中要查询的是选课信息表中选修了全部所开课程的学号,使用除法可以达到这个目的。但 SC 关系表有三个属性"Sno"、"Cno"、"Grade",直接用 SC÷Course 得出的关系模式会包含"Sno"和"Grade"属性而且达不到题设的目的。因此,在进行除法运算之前先要对 SC 关系表进行投影操作,使得除运算之后只含有一个属性"Sno"。

$$\pi_{Sno,Cno}(SC) \div Course$$

计算结果如图 2.13(a)所示。

【例 2.20】　查询所有没选 C01 号课程的学生的学号。

分析:要想达到题设的查询目的,可以先查询选了 C01 号课程的学生有哪些,再用总的学生集合减去选了 C01 号课程的学生集合。

$$\pi_{Sno}(student) - \pi_{Sno}(\sigma_{Cno='C01'}(Grade))$$

本例的计算结果如图 2.13(b)所示。

Sno

(a)

Sno
S04

(b)

图 2.13　查询结果

2.5 关系演算

关系演算是以数理逻辑中的谓词演算为基础的关系数据语言。按谓词变量的不同，关系演算又分为两种：一种是元组关系演算，以元组为变量，简称元组演算；另一种是域关系演算，以域为变量，简称域演算。

2.5.1 元组关系演算

元组关系演算是利用基于元组变量的关系演算表达式来表示查询要求的，其中的元组变量表示关系中的元组，其取值范围是整个关系。

1. 原子公式和公式的定义

元组演算中，元组关系演算表达式的一般形式为 $\{t \mid \varphi(t)\}$。其中，t 为元组变量，它表示一个定长的元组；$\varphi(t)$ 为元组演算公式，简称公式，它由原子公式和运算符组成。因此，$\{t \mid \varphi(t)\}$ 是使 $\varphi(t)$ 为真的所有元组 t 的集合。

定义 2.5 原子公式（atoms）有下列三种形式：

(1) $R(t)$，其中 R 是关系名，t 是元组变量。$R(t)$ 表示：t 是关系 R 的一个元组。因此，关系 R 可表示为 $\{t \mid R(t)\}$。

(2) $t[i]\theta u[j]$，其中 t 和 u 是元组变量，θ 是比较运算符。该原子公式表示：元组 t 的第 i 个分量与元组 u 的第 j 个分量之间满足 θ 关系。例如，$t[2] > u[3]$ 表示元组 t 的第 2 个分量必须大于元组 u 的第 3 个分量。

(3) $t[i]\theta c$ 或 $c\theta t[i]$，其中 t 是元组变量，c 是一个常量。该原子公式表示：元组 t 的第 i 个分量与常量 c 之间满足 θ 关系。例如，$t[2] > 4$ 表示元组 t 的第 2 个分量必须大约 4。

在定义关系演算操作时，要用到"自由"(free) 和"约束"(bound) 变量概念。若公式中的一个元组变量前有存在量词∃或全称量词∀等符号，则该元组变量称为"约束元组变量"，否则称为"自由元组变量"。在元组关系演算表达式 $\{t \mid \varphi(t)\}$ 中，t 是唯一的自由元组变量。

定义 2.6 公式（formulas）、公式中的自由元组变量、约束元组变量按下列方式递归定义：

(1) 任何原子公式都是公式。

(2) 若 φ 是公式，则 $\neg\varphi$ 也是公式。当 φ 为真时，$\neg\varphi$ 为假。

(3) 若 φ_1、φ_2 是公式，则 $\varphi_1 \wedge \varphi_2$、$\varphi_1 \vee \varphi_2$ 也是公式。只有当 φ_1、φ_2 同为真时，$\varphi_1 \wedge \varphi_2$ 为真，否则为假。当 φ_1、φ_2 至少有一个为真时，$\varphi_1 \vee \varphi_2$ 为真。

(4) 若 φ 是公式，则 $(\exists t)(\varphi)$ 也是公式。当存在一个 t 使得 φ 为真时，$(\exists t)(\varphi)$ 为真，

否则为假。

（5）若 φ 是公式，则 $(\forall t)(\varphi)$ 也是公式。当所有 t 都使 φ 为真时，$(\forall t)(\varphi)$ 为真，否则为假。

（6）所有公式都是通过以上五条规则对原子公式进行有限次复合运算求得。各种运算符的优先次序为：

- 算术比较运算符的优先级最高。
- 存在量词 $\exists$ 和全称量词 $\forall$ 的优先级次之，而存在量词 $\exists$ 的优先级又高于全称量词 $\forall$。
- 逻辑运算符优先级最低，并且按 $\rightarrow$、$\land$、$\lor$ 优先级从高到低。
- 若有括号，括号的优先级最高。

2. 元组关系演算与关系代数的等价性

在上一节中已经提到，如果一个关系运算体系至少能具有五种基本的关系代数运算功能，则该关系运算体系是完备的。因此，只要五种基本的关系代数运算能等价地用元组演算表达式表示，则元组关系演算体系也是完备的。

（1）并：

$$R \cup S = \{t \mid R(t) \lor S(t)\}$$

（2）差：

$$R - S = \{t \mid R(t) \land \rightarrow S(t)\}$$

（3）广义笛卡儿积 $t(m+n)$：

$$R \times S = \{t^{(m+n)} \mid (\exists u^m)(\exists v^n)(R(u) \land S(v) \land t[1] = u[1] \land \cdots$$
$$\land t[m] = u[m] \land t[m+1] = v[1] \land \cdots \land t[m+n] = v[n])\}$$

（4）选择：

$$\sigma_F(R) = \{t \mid R(t) \land F'\}$$

F' 是 F 在元组演算中等价的表示形式。

（5）投影：

$$\pi(R) = \{t^{(m)} \mid (\exists u)(R(u) \land t[1] = u[i_i] \land \cdots \land t[m] = u[i_m])\}$$

3. 元组演算实例

下面通过不同的方式列举几个元组关系演算的示例，以加深对元组关系演算的理解。

【例 2.21】 设有如图 2.14 所示的关系 R、S、Q，计算下面元组表达式的值。

（1）$R_1 = \{t \mid R(t) \land t[B] \geqslant 3 \land t[C] = f\}$。

（2）$R_2 = \{t \mid (\exists u)(S(t) \land Q(u) \land t[B] \leqslant u[E])\}$。

（3）$R_3 = \{t \mid (\exists u)(\exists v)(S(u) \land Q(v) \land u[C] = h \land t[1] = u[B] \land t[2] = u[C] \land t[3] = v[D])\}$。

元组关系运算的结果如图 2.14 所示。

A	B	C
a	2	f
d	5	h
g	3	f
b	7	f

R

A	B	C
b	6	e
d	5	h
b	4	f
g	8	e

S

D	E
e	7
k	6

Q

A	B	C
g	3	f
b	7	f

R₁

A	B	C
b	6	e
d	5	h
b	4	f

R₂

B	C	D
5	h	e
5	h	k

R₃

图 2.14　元组关系运算示例

【例 2.22】　利用图 2.10 中所示的学生选课数据库,进行下列运算。

(1) 所有女学生的学生信息:
$$\{x[\text{student}]\mid \text{student}(x) \wedge x[\text{Ssex}]='女'\}$$

(2) 男生的学号、年龄:
$$\{x[\text{Sno},\text{Sage}]\mid (\exists y)(\text{Student}(y) \wedge y[\text{Ssex}]$$
$$='男' \wedge x[\text{Sno}]=y[\text{Sno}] \wedge x[\text{Sage}]=y[\text{Sage}])\}$$

(3) 所有年龄小于 22 的男生的姓名、课程号、成绩:
$$\{x[\text{Sname},\text{Cno},\text{Grade}]\mid (\exists y)(\text{Student}(y) \wedge y[\text{Ssex}]$$
$$='男' \wedge y[\text{Sage}]<22 \wedge (\exists z)(SC(z) \wedge z[\text{Sno}]$$
$$=y[\text{Sno}] \wedge x[\text{Cno}]=z[\text{Cno}] \wedge x[\text{Grade}]$$
$$=z[\text{Grade}]) \wedge x[\text{Sname}]=y[\text{Sname}])\}$$

(4) 所有选修了数据库的学生的学号、姓名:
$$\{x[\text{Sno},\text{Sname}]\mid (\exists y)(\exists z)(\text{Student}(y) \wedge SC(z) \wedge y[\text{Sno}]$$
$$=z[\text{Sno}] \wedge (\exists t)(\text{Course}(t) \wedge t[\text{Cno}]$$
$$=z[\text{Cno}] \wedge t[\text{Cname}]='数据库' \wedge x[\text{Sno}]$$
$$=y[\text{Sno}] \wedge x[\text{Sname}]=y[\text{Sname}])\}$$

2.5.2　域关系演算

在关系演算表达式中,如果不用元组作为变量,而是用元组的分量作为变量,则称为域关系演算。元组的分量变量简称域变量。与元组变量不同,域变量的变化范围是某个域而不是整个关系。

1. 域关系演算表达式

与元组关系演算表达式类似,域关系演算表达式的一般形式为

$$\{(t_1, t_2, \cdots, t_k) \mid \varphi(t_1, t_2, \cdots, t_k)\}$$

其中,t_1, t_2, $\cdots$, t_k 分别为元组变量 t 的各个分量的域变量;φ 为由原子公式和运算符组成的公式。$\{(t_1, t_2, \cdots, t_k) \mid \varphi(t_1, t_2, \cdots, t_k)\}$ 表示使 φ 为真的那些 $t_1, t_2, \cdots, t_k$ 组成的元组之集合。

域关系演算表达式中的原子公式有以下两种:

(1) $R(t_1, t_2, \cdots, t_k)$。R 是一个 k 元关系,每个 t_i 是域变量或者常量。

(2) $x\theta y$。其中,x 为域变量,y 为域变量或者为常量。θ 是算术比较符,$x\theta y$ 表示 x 与 y 满足 θ 关系。

域关系演算表达式中的运算符与元组关系演算表达式中的运算符一样,φ 是由以上两种原子公式和运算符经有限次复合组成的公式。

2. 元组表达式到域表达式的转换

我们可以很容易地把元组表达式转换成域表达式,转换规则如下:

(1) 对于 k 元的元组变量 t,引入 k 个域变量 $t_1, t_2, \cdots, t_k$。在公式中 t 用 $t_1, t_2, \cdots, t_k$ 替换,元组分量 $t[i]$ 用 t_i 替换。

(2) 对于每个量词 $(\exists u)$ 或 $(\forall u)$,若 u 是 m 元的元组变量,则引入 m 个新的域变量 $u_1, u_2, \cdots, u_m$。在量词的辖域内,u 用 $u_1, u_2, \cdots, u_m$ 替换,$u[i]$ 用 u_i 替换,$(\exists u)$ 用 $(\exists u_1) \cdots (\exists u_m)$ 替换,$(\forall u)$ 用 $(\forall u_1) \cdots (\forall u_m)$ 替换。

3. 域关系演算实例

【例 2.23】　设有如图 2.15 所示的关系 R、S、Q,计算下面域表达式的值。

(1) $R_1 = \{xyz \mid R(xyz) \wedge x < 5 \wedge y > 3\}$。

(2) $R_2 = \{xyz \mid R(xyz) \vee (S(xyz) \wedge y = 4)\}$。

(3) $R_3 = \{xyz \mid (\exists u)(\exists v)(R(zxu) \wedge Q(yv) \wedge u > v)\}$。

域关系运算的结果如图 2.15 所示。

【例 2.24】　利用图 2.10 中所示的学生选课数据库,将下列查询用域关系演算表达式表示。

(1) 检索选修课程号为 C02 课程的学生的学号和成绩:

$$\{t_1 t_2 \mid (\exists u_1)(\exists u_2)(\exists u_3)(SC(u_1 u_2 u_3) \wedge u_2 = 'C02' \wedge t_1 = u_1 \wedge t_2 = u_3)\}$$

(2) 检索选修课程号为 C02 课程的学生的学号和姓名:

$$\{t_1 t_2 \mid (\exists u_1)(\exists u_2)(\exists u_3)(\exists u_4)(\exists u_5)(\exists v_1)(\exists v_2)(\exists v_3)$$
$$(Student(u_1 u_2 u_3 u_4 u_5) \wedge SC(v_1 v_2 v_3) \wedge v_2 = 'C02' \wedge u_1 = v_1 \wedge$$
$$t_1 = u_1 \wedge t_2 = u_2)\}$$

A	B	C
1	2	3
4	5	6
7	8	9

R

A	B	C
1	2	3
3	4	6
5	6	9

S

D	E
7	5
4	8

Q

A	B	C
4	5	6

R_1

A	B	C
1	2	3
4	5	6
7	8	9
3	4	6

R_2

B	D	A
5	7	4
8	7	7
8	4	7

R_3

图 2.15 域关系演算示例

2.5.3 关系运算的安全限制

1. 关系运算的安全性

从关系代数操作的定义可以看出,任何一个有限关系上的关系代数操作结果都不会导致无限关系和无穷验证。所以,关系代数总是安全的。然而,元组关系演算和域关系演算系统可能产生无限关系和无穷验证。例如,$\{t | \neg R(t)\}$表示所有不在关系 R 中的元组的集合,是一个无限关系。无限关系的演算需要具有无限存储容量的计算机。另外,若判断公式$(\forall u)(w(u))$为'T'或$(\exists u)(w(u))$为'F',需对所有的元组 u 验证,这将导致无穷验证。显然,这是毫无意义的。为此,必须对关系演算进行安全限制。通常的方法是定义一个安全约束集 $\mathrm{DOM}(\varphi)$,简称 φ 的符号集。由于 $\mathrm{DOM}(\varphi)$ 不必是最小集合,因此,通常定义 $\mathrm{DOM}(\varphi)$ 是由下面两类符号构成的集合:

(1) φ 中的常量符号。

(2) φ 中出现的关系的所有元组的所有分量值。

显然,集合 $\mathrm{DOM}(\varphi)$ 是一个有限集合,因此在 $\mathrm{DOM}(\varphi)$ 限制下的关系演算是安全的,不会出现无限关系和无穷验证过程。

定义 2.7 一个元组关系演算表达式$\{t | \varphi(t)\}$是安全的,如果

(1) 如果 $\varphi(t)$ 为真,则元组 t 的每个分量都属于 $\mathrm{DOM}(\varphi)$。

(2) 对于 φ 中的每个形如$(\exists u)(w(u))$的子表达式,如果元组 u 使 $w(u)$ 为真,则元组 u 的每个分量都属于 $\mathrm{DOM}(\varphi)$,

(3) 对于 φ 中的每个形如$(\forall u)(w(u))$的子表达式,如果元组 u 使 $w(u)$ 为假,则元组 u 的每个分量都属于 $\mathrm{DOM}(\varphi)$。

域演算安全表达式可用同元组演算安全表达式类似的三个条件定义,这里不予赘述。

【例 2.25】 设关系 R 如表 2.6 所示。元组演算表达式为 $S=\{t\,|\,\neg R(t)\}$。

在关系 R 中，由于属性 B 和属性 C 的域是整数集，如不进行限制，该表达式是一个无限关系。因此，根据安全表达式的条件和 $\text{DOM}(\varphi)$ 的构造方法，我们令 $\text{DOM}(\varphi)=\Pi A(R)\bigcup\Pi B(R)\bigcup\Pi C(R)=[a,b,3,4,6,8]$，则 $S=\text{DOM}(\varphi)\times\text{DOM}(\varphi)\times\text{DOM}(\varphi)-R$。此时，关系 S 中有 $6\times6\times6-2=214$ 个元组，故是有限的。

表 2.6 关系 R

A	B	C
a	3	6
b	4	8

2. 关系运算的等价性

并、差、笛卡儿积、投影和选择是关系代数最基本的操作，并构成了关系代数运算的最小完备集。在这个基本上，可以证明：

(1) 每一个关系代数表达式都有一个等价的、安全的元组演算表达式。

(2) 每一个安全的元组演算表达式都有一个等价的、安全的域演算表达式。

(3) 每一个安全的域演算表达式都有一个等价的关系代数表达式。

因此，关系代数、安全的元组关系演算和安全的域关系演算的表达能力是等价的，可以互相转换。

2.6 查询优化

数据查询是关系数据库系统中最基本、最常用和最复杂的操作，查询速度的快慢直接影响系统效率。所以，查询优化在关系数据库系统中有着非常重要的地位。关系数据库系统和非过程化的 SQL 语言之所以能够取得巨大的成功，关键是得益于查询优化技术的发展。关系查询优化是影响 RDBMS 性能的关键因素。

优化对关系系统来说既是挑战又是机遇。所谓挑战，是指关系系统为了达到用户可接受的性能必须进行查询优化。由于关系表达式的语义级别很高，关系系统可以从关系表达式中分析查询语义，提供了执行查询优化的可能性。这就为关系系统在性能上接近甚至超过非关系系统提供了机遇。

2.6.1 关系代数表达式的优化问题

在关系代数表达式中需要指出若干关系的操作步骤。那么，系统应该以什么样的操作顺序，才能做到既省时间，又省空间，而且效率也比较高呢？这个问题称为查询优化问题。

在关系代数运算中，笛卡儿积和连接运算是最费时间的。若关系 R 有 m 个元组，关系 S 有 n 个元组，那么 $R\times S$ 就有 $m\times n$ 个元组。当关系很大时，R 和 S 本身就要占较大的外存空间，由于内存的容量有限，只能把 R 和 S 的一部分元组读进内存。如何有效地执行笛卡儿积操作,花费较少的时间和空间,就是一个查询优化的策略问题。

查询优化的总目标是:选择有效的策略,求得给定关系代数表达式的值,使得查询代价最小(实际上是较小),达到提高 DBMS 系统效率的目标。

首先来看下列问题,说明为什么要进行查询优化。

利用图 2.10 中所示的学生选课数据库,求选修了 C02 号课程的学生的姓名。假定学生选课数据库中有 1 000 个学生记录,10 000 个学生选课记录,其中选修了 C02 号课程的选课记录为 50 个。

根据要求,系统可以采用多种等价的关系代数表达式来完成这一查询。

$$Q_1 = \pi_{Sname}(\sigma_{Student.\,Sno=SC.\,Sno \wedge SC.\,Cno='C02'}(Student \times SC))$$

$$Q_2 = \pi_{Sname}(\sigma_{SC.\,Cno='C02'}(Student \bowtie SC))$$

$$Q_3 = \pi_{Sname}(Student \bowtie \sigma_{SC.\,Cno='C02'}(SC))$$

接下来我们分析这三种关系代数表达式就可知由于查询执行的策略不同,查询时间相差很大。

1. 分析按照 Q_1 表达式执行查询的时间耗费

其查询的执行过程是:先计算广义笛卡儿积,再作选择操作,最后执行投影操作。

1) 计算广义笛卡儿积

把 Student 表和 SC 表的每个元组连接起来。一般的做法是:在内存中开辟尽可能多的若干内存块装入某一个表(如 Student 表)的元组,留出一块存放另一个表(如 SC 表)的元组。然后把 SC 表中的每个元组和 Student 表中的每个元组连接,连接后的元组装满一块后就写到中间文件上,再从 SC 中读入一块数据与内存中的 Student 元组连接,直到 SC 表处理完。这时再一次读入若干块 Student 元组、读入一块 SC 元组,重复上述处理过程,直到把 Student 表处理完为止。

设一个块能装 10 个 Student 元组或 100 个 SC 的元组,在内存中能同时存放 5 块 Student 元组和 1 块 SC 元组,则读取总块数为

$$1\,000/10 + (1\,000/(10 \times 5)) \times (10\,000/100) = 100 + 20 \times 100 = 2\,100$$

其中,读 Student 表 100 块,读 SC 表 20 遍,每遍 100 块。若每秒读写 20 块,则总计要花 105s。

连接后的元组数为 $10^3 \times 10^4 = 10^7$。设每块能装 10 个元组,则写出这些块要用 $10^6/20 = 5 \times 10^4(s)$。

2) 作选择操作

依次读入连接后的元组,按照选择条件选取满足要求的记录。假定内存处理时间忽略。这一步读取中间文件花费的时间(同写中间文件一样)需 5×10^4s。满足条件的元组假设仅 50 个,均可放在内存。

3）作投影

把第二步的结果在 Sname 上作投影输出，得到最终结果。因此，第一种情况下执行查询的总时间＝$105 + 2 \times 5 \times 10^4 \approx 10^5$（s）。这里，所有内存处理时间均忽略不计。

2. 分析按照 Q_2 表达式执行查询的时间耗费

（1）计算自然连接。为了执行自然连接，读取 Student 表和 SC 表的策略不变，总的读取块数仍为 2 100 块花费 150s。但自然连接的结果比第一种情况大大减少，为 10^4 个。因此，写出这些元组的时间为 $10^4/10/20 = 50$s，仅为第一种情况的千分之一。

（2）读取中间文件块，执行选择运算，花费时间也为 50s。

（3）把第二步结果投影输出。

第二种情况总的执行时间 $\approx 105 + 50 + 50 \approx 205$（s）。

3. 分析按照 Q_3 表达式执行查询的时间耗费

（1）先对 SC 表作选择运算，只需读一遍 SC 表，存取 100 块花费时间为 5s，因为满足条件的元组仅 50 个，不必使用中间文件。

（2）读取 Student 表，把读入的 Student 元组和内存中的 SC 元组作连接，也只需读一遍 Student 表共 100 块花费时间为 5s。

（3）把连接结果输出。

第三种情况总的执行时间 $\approx 5 + 5 \approx 10$（s）。

假如 SC 表的 Cno 字段上有索引，第一步就不必读取所有的 SC 元组而只需读取 Cno＝'2'的那些元组（50 个），存取的索引块和 SC 表中满足条件的数据块总共为 3～4 块。若 Student 表在 Sno 上也有索引，第二步也不必读取所有的 Student 元组，因为满足条件的 SC 记录仅 50 个，涉及最多 50 个 Student 记录，读取 Student 表的块数也可大大减少，总的存取时间将进一步减少到数秒。

这个例子充分说明了查询优化的必要性，也给出了一些查询优化方法的初步概念。下面给出优化的一般策略。比如，当一个查询既有选择又有连接操作时，应当先作选择操作，这样参加连接的元组就可以大大减少，从而可减少查询操作的时间耗费，提高查询操作的效率。下一节将对查询优化的一般策略作一个简单介绍。

2.6.2　查询优化的一般策略

查询优化主要是合理安排操作的顺序，使系统效率较高。优化是相对的，变化后的表达式不一定是所有等价表达式中执行时间最少的。但下面介绍的一般策略是大家共同遵循的，查询优化的一般策略主要有：

（1）尽可能早地执行选择操作。在查询优化中，这是最基本的一条。选择运算可以水平分割关系，不仅能使中间结果显著变小，而且可使执行时间呈数量级的减少。

（2）把投影运算和选择运算同时进行。如有若干投影和选择运算，并且它们都对同一个关系操作，则可以在扫描此关系的同时完成所有的这些运算，以避免重复扫描关系。

（3）把投影同其前或其后的双目运算结合起来，而不必为投影（减少几个字段）而专门扫描一遍关系。

（4）把某些选择同在它前面要执行的笛卡儿积结合起来成为一个连接运算，连接运算特别是等值连接运算要比同样关系上的笛卡儿积要省很多时间。

（5）找出公共子表达式。如果这种重复出现的子表达式的结果不是很大的关系并且从外存中读入这个关系比计算该子表达式的时间少得多，则先计算一次公共子表达式并把结果写入中间文件是合算的。当查询的是视图时，定义视图的表达式就是公共子表达式的情况。

（6）在执行连接运算之前，可对需要连接的关系进行适当的预处理，如建立索引和分类排序，这样在执行这些属性域上的条件查询时，DBMS 就可以利用索引表和分类排序表进行折半查找和二叉排序树查找，从而大大提高查询效率。

2.6.3　关系代数表达式等价变换规则

关系代数是各种数据库查询语言的基础，各种查询语言都能够转换成关系代数表达式。所以，关系代数表达式的优化是查询优化的基本方法。所谓关系代数表达式的等价，是指用相同的关系代替两个表达式中相应的关系后，取得的结果关系是相同的。

两个关系表达式 E_1 和 E_2 等价时，可表示为：$E_1 \equiv E_2$。

常用的等价变换规则有以下几点。

1. 连接、笛卡儿积交换律

设 E_1 和 E_2 是两个关系代数表达式，F 是连接运算的条件，则

$$E_1 \times E_2 \equiv E_2 \times E_1$$

$$E_1 \bowtie E_2 \equiv E_2 \bowtie E_1$$

$$E_1 \underset{F}{\bowtie} E_2 \equiv E_2 \underset{F}{\bowtie} E_1$$

2. 连接、笛卡儿积的结合律

设 E_1、E_2 和 E_3 是三个关系代数表达式，F_1 和 F_2 是两个连接运算的限制条件，则

$$(E_1 \times E_2) \times E_3 \equiv E_1 \times (E_2 \times E_3)$$

$$(E_1 \bowtie E_2) \bowtie E_3 \equiv E_1 \bowtie (E_2 \bowtie E_3)$$

$$(E_1 \underset{F_1}{\bowtie} E_2) \underset{F_2}{\bowtie} E_3 \equiv E_1 \underset{F_1}{\bowtie} (E_2 \underset{F_2}{\bowtie} E_3)$$

3. 投影的串接定律

设 E 是一个关系代数表达式，$A_1, A_2, \cdots, A_n$ 是属性名，并且

$$B_i \in \{A_1, A_2, \cdots, A_n\}(i = 1, 2, \cdots, m)$$

则

$$\pi_{B_1, B_2, \cdots, B_m}(\pi_{A_1, A_2, \cdots, A_n}(E)) \equiv \pi_{B_1, B_2, \cdots, B_m}(E)$$

4. 选择的串接定律

设 E 是一个关系代数表达式，F_1 和 F_2 是两个选择条件，则

$$\sigma_{F_1}(\sigma_{F_2}(E)) \equiv \sigma_{F_1 \wedge F_2}(E)$$

本规则说明，选择条件可合并成一次处理。

5. 选择与投影的交换律

设 E 为一个关系代数表达式，选择条件 F 只涉及属性 $A_1, A_2, \cdots, A_n$，则

$$\sigma_F(\pi_{A_1, A_2, \cdots, A_n}(E)) \equiv \pi_{A_1, A_2, \cdots, A_n}(\sigma_F(E))$$

若上式中 F 还涉及不属于 $A_1, A_2, \cdots, A_n$ 的属性集 $B_1, B_2, \cdots, B_m$，则有

$$\pi_{A_1, A_2, \cdots, A_n}(\sigma_F(E)) \equiv \pi_{A_1, A_2, \cdots, A_n}(\sigma_F(\pi_{A_1, A_2, \cdots, A_n, B_1, B_2, \cdots, B_m}(E)))$$

6. 选择与笛卡儿积的交换律

设 E_1 和 E_2 是两个关系代数表达式，若条件 F 只涉及 E_1 的属性，则有

$$\sigma_F(E_1 \times E_2) \equiv \sigma_F(E_1) \times E_2$$

若有 $F = F_1 \wedge F_2$，并且 F_1 只涉及 E_1 中的属性，F_2 只涉及 E_2 中的属性，则

$$\sigma_F(E_1 \times E_2) \equiv \sigma_{F_1}(E_1) \times \sigma_{F_2}(E_2)$$

若 F_1 只涉及 E_1 中的属性，F_2 却涉及了 E_1 和 E_2 两者的属性，则有

$$\sigma_F(E_1 \times E_2) \equiv \sigma_{F_2}(\sigma_{F_1}(E_1) \times E_2)$$

由于选择运算是水平分割关系表，因此提前执行选择运算操作是重要的操作规则。

7. 选择与并的交换律

设 E_1 和 E_2 有相同的属性名，则

$$\sigma_F(E_1 \bigcup E_2) \equiv \sigma_F(E_1) \bigcup \sigma_F(E_2)$$

8. 选择与差运算的分配律

设 E_1 和 E_2 有相同的属性名，则

$$\sigma_F(E_1 - E_2) \equiv \sigma_F(E_1) - \sigma_F(E_2)$$

9. 选择对自然连接的分配律

$$\sigma_F(E_1 \bowtie E_2) \equiv \sigma_F(E_1) \bowtie \sigma_F(E_2)$$

F 只涉及 E_1 与 E_2 的公共属性。

10. 投影与笛卡儿积的交换律

设 E_1 和 E_2 是两个关系代数表达式，$A_1, A_2, \cdots, A_n$ 是 E_1 的属性，$B_1, B_2, \cdots, B_n$ 是 E_2 的属性，则

$$\pi_{A_1, A_2, \cdots, A_n, B_1, B_2, \cdots B_n}(E_1 \times E_2) \equiv \pi_{A_1, A_2, \cdots, A_n}(E_1) \times \pi_{B_1, B_2, \cdots, B_n}(E_2)$$

11. 投影与并的分配律

设 E_1 和 E_2 有相同的属性名,则

$$\pi_{A_1, A_2, \cdots, A_n}(E_1 \bigcup E_2) \equiv \pi_{A_1, A_2, \cdots, A_n}(E_1) \bigcup \pi_{A_1, A_2, \cdots, A_n}(E_2)$$

利用上述等价规则,我们可以对关系代数表达式进行优化,这对改善查询效率可以起很好的作用。

2.6.4 优化算法

前面介绍了查询优化的一般策略和关系代数表达式等价变换规则,将这两者结合就可以构造出关系代数表达式的优化算法。各个 RDBMS 的查询优化器中优化算法都基本遵循的一般步骤有以下四个:

(1) 把查询结果转换成内部表示形式,一般是语法树。

(2) 选择合适的等价变换规则,把语法树转换成优化形式。

(3) 选择底层的存取路径,根据第二步所得的优化语法树,在具体计算关系表达式值的时候要充分考虑索引、数据的存储分布和存取路径等情况,利用它们进一步改善查询效率。

(4) 生成多个查询计划,选择代价最小的去完成查询任务。

下面给出遵循查询优化的一般策略,利用等价变换规则来优化关系表达式的算法。

算法:关系代数表达式的优化。

输入:一个关系代数表达式的查询树。

输出:优化的查询树。

优化的基本方法如下:

(1) 利用关系代数等价变换规则 4 把形如 $\sigma_{F_1 \wedge F_2 \wedge \cdots \wedge F_n}(E)$ 的式子变换为

$$\sigma_{F_1}(\sigma_{F_2}(\cdots \sigma_F(E) \cdots))$$

(2) 对每一个选择,利用等价变换规则 4~9,尽可能地把它移到树叶的叶端。

(3) 对每一个投影,利用等价变换规则 3、5、10、11 中的一般形式尽可能地把它移向树叶的叶端。

> 注意:等价变换规则 3 使一些投影消失,而规则 5 把一个投影分裂为两个,其中一个有可能被移向树叶的叶端。

(4) 利用等价变换规则 3~5 把选择和投影串接合并成单个选择、单个投影或一个选择后跟一个投影,使多个选择或投影能同时执行或在一次扫描中全部完成。

(5) 将上述得到的语法树的内结点分组,每个二目运算($\times$、$\bigcap$、$\bigcup$、$-$)结点与和它所有的直接祖先为一组(这些直接祖先是 σ、Π 运算)。如果其后代直到叶子全是单目运算,

则也将它们并入该组。但当二目运算是笛卡儿积（×），而且后面不是与它组成等值连接的选择时，则不能把选择与这个双目运算组成为同一组，把这些单目运算单独分为一组。

（6）每一组的计算必须在其后代组计算后，才能进行。根据此限制，生成求表达式的程序。

下面举例说明关系代数表达式优化的方法。

【例 2.26】　考虑由以下关系组成的图书馆数据库：

BOOKS(TITLE,AUTHOR,PNAME,LC_NO)
READERS(NAME, ADDR,CITY,CARD_NO)
LOANS(CARD_NO,LC_NO,DATE)

其中，各表名和属性的含义如下：

BOOKS 是书籍关系表：TITLE——书名、AUTHOR——作者姓名、PNAME——出版社名、LC_NO——图书编号；READERS 是读者关系表：NAME——读者姓名、ADDR——读者街道地址、CITY——读者所在城市；LOANS 是借阅关系表：CARD_NO——借书证编号、DATA——书籍借阅日期。

现在需查询"找出 2005 年元旦以前借出书籍的书名和读者姓名"。显然，这个问题可以写成如下的关系代数运算表达式：

$$\pi_{\text{TITLE, NAME}}(\sigma_{\text{BOOKS. LC\_NO=LOANS. LC\_NO}\wedge\text{READERS. CARD\_NO=LOANS. CARD\_NO}\wedge\text{DATE}<20050101}$$

$$(\text{BOOKS}\times\text{READERS}\times\text{LOANS}))$$

（1）生成初始查询树，如图 2.16 所示。

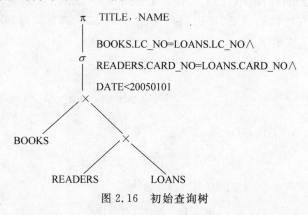

图 2.16　初始查询树

（2）将关系代数表达式中的多条件选择运算分为三个选择运算：

$$\sigma_{\text{BOOKS. LC\_NO=LOANS. LC\_NO}}(\text{BOOKS}\times\text{READERS}\times\text{LOANS})$$

$$\sigma_{\text{READERS. CARD\_NO=LOANS. CARD\_NO}}(\text{READERS}\times\text{LOANS})$$

$$\sigma_{\text{DATE}<20050101}(\text{LOANS})$$

把三个选择运算尽可能地移近树叶一端后,原来的查询树变成图 2.17 的形式。

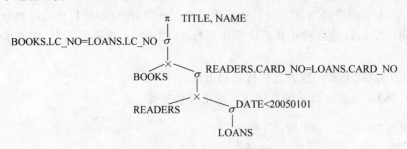

图 2.17　尽可能地提前选择运算后的查询树

(3) 合并乘积与其后的选择为连接运算,得到如图 2.18 所示的形式。

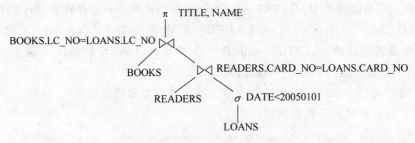

图 2.18　合并乘积与其后的选择

(4) 此例中因经选择操作后的 LOANS 关系与 READERS 关系的连接结果明显小于 LOANS 与 BOOKS 连接的结果,所以仍然按图 2.18 所示运算次序操作,否则亦可选择如图 2.19 所示的运算顺序。

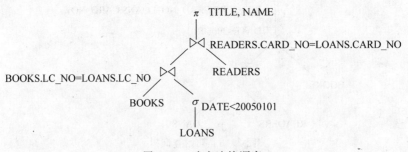

图 2.19　改变连接顺序

(5) 在整个运算过程中 BOOKS 关系仅用到 TITLE 和 LC_NO 两个属性,因此在叶结点 BOOKS 上增加一个投影运算。同样处理 READERS 和 LOANS 两个关系。READERS、LOANS 两关系连接后,只有 NAME 和 LC_NO 两属性参加后续运算,故增加一个投影运算,最终得到如图 2.20 所示的查询树。

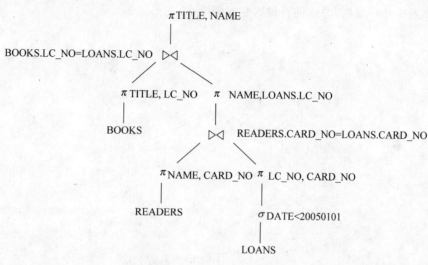

图 2.20 增加必要的投影

【例 2.27】 利用图 2.10 中所示的学生选课数据库,检索选修了数据库这门课程的女学生的学号和姓名。

用关系代数表达式表示:$\pi Sno,Sname(\sigma Cname ＝'数据库' \wedge Ssex ＝ 'F'(Student \bowtie SC \bowtie Course))$。

(1)生成初始查询树,如图 2.21 所示。

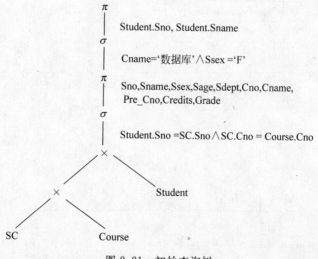

图 2.21 初始查询树

（2）将关系代数表达式中的多条件选择运算分为三个选择运算，把三个选择运算尽可能地放近树叶一端后，原来的查询树变成图 2.22 的形式。

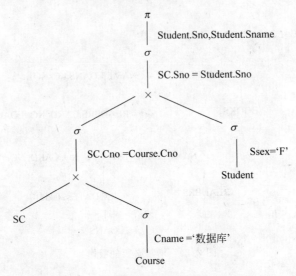

图 2.22　尽可能提前选择运算后的查询树

（3）在整个运算过程中 Student 关系仅用到 Sno 和 Sname 两个属性，SC 关系仅用到 Sno，因此在两关系连接上增加一个投影运算，得到如图 2.23 所示的查询树。

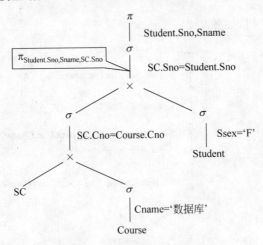

图 2.23　增加必要的投影

（4）把 $\pi_{Student.Sno,Sname,SC.Sno}$ 分成 $\pi_{SC.Sno}$ 和 $\pi_{Sno,Sname}$，
使它们分别对 $\sigma_{SC.Cno=C.Cno}(\cdots)$ 和 $\sigma_{Ssex='F'}(Student)$ 作投影操作。

再据规则 5,将投影 πSC. Sno 和 πSno,Sname 分别与前面的选择运算形成两个串接运算,如图 2.24 所示。

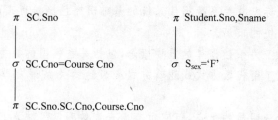

图 2.24 两个串接运算

（5）最终得到如图 2.25 所示的查询树。

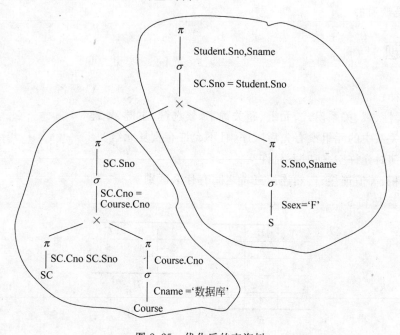

图 2.25 优化后的查询树

本章小结

关系数据库系统是本书的重点。因为关系数据库系统是目前使用最广泛的数据库系统。20 世纪 70 年代以后开发的数据库管理系统产品几乎都是基于关系的。更进一步,数据库领域近 30 年来的研究工作也主要是关系的。在数据库发展的历史上,最重要的成就是关系模型。

关系数据库系统与非关系数据库系统的区别是：关系系统只有"表"这一种数据结构；而非关系数据库系统还有其他数据结构，对这些数据结构还有其他的操作。

关系理论的确立标志着关系数据库系统的基础研究已经接近顶峰。关系数据库系统已经占据了数据库系统的市场。

本章系统地讲解了关系数据库的重要概念，包括关系模型的数据结构、关系的完整性以及关系操作。介绍了用代数方式或逻辑方式来表达的关系语言即关系代数、元组关系演算和域关系演算。

关系模型有着十分明显的优点，但它也有着查询效率低等缺点。因此，查询优化是关系数据库管理系统实现的一项基本技术。其中的代数优化是指 DBMS 将用户的查询表达式进行变换，得到与原来查询等价的并且较优的查询表达式，以提高检索效率。查询优化对用户是透明的。

 习题

1. 名词解释：

   关系、属性、域、关系模式、元组、超关键字、候选键、主键、外键

2. 为什么关系中的元组没有先后顺序，且不允许有重复元组？

3. 外键值何时允许空，何时不允许空？

4. 笛卡儿积、等值连接、自然连接三者之间有什么区别？

5. 设有关系 R 和 S：

A	B	C
3	6	7
2	5	7
7	2	3
4	4	3

R

A	B	C
3	4	5
7	2	3

S

计算 $R \cup S$、$R - S$、$R \cap S$、$R \times S$、$\pi_{3,2}(S)$、$\sigma_{B < '5'}(R)$、$R \underset{2<2}{\bowtie} S$、$R \bowtie S$。

6. 设有关系 R 和 S：

A	B
a	b
c	b
d	e

R

B	C
b	c
e	a
b	d

S

计算 $R \bowtie S$、$R \underset{B<C}{\bowtie} S$、$\sigma_{A=C}(R \times S)$。

7. 设关系 U 和 V 分别有 m 个元组和 n 个元组，给出下列表达式中可能的最小和最大的元组数量：

(1) $U \cap V$；　　　(2) $U \cup V$；　　　(3) $U \bowtie V$；　　　(4) $\sigma_F(U) \times V$（F 为某个条件）

8. 假设 R 和 S 分别是三元关系和二元关系，试把表达式 $\pi_{1,5}(\sigma_{2=4 \vee 3=4}(R \times S))$ 转换成等价的：(1)汉语查询句子；(2)元组表达式。

9. 有两个关系 $R(A, B, C)$ 和是 $S(D, E, F)$，试把下列关系代数表达式转换成等价的元组表达式：

(1) $\pi_A(R)$；　　　(2) $\sigma_{B='17'}(R)$；(3) $R \times S$；　　　(4) $\pi_{A,F}(\sigma_{C=D}(R \times S))$

10. 设有三个关系：

$S(\text{SNO}, \text{SNAME}, \text{AGE}, \text{SEX})$

$SC(\text{SNO}, \text{CNO}, \text{CNAME})$

$C(\text{CNO}, \text{CNAME}, \text{TEACHER})$

试用关系代数表达式和域表达式表示下列查询语句：

(1) 检索 Shu 老师所授课程的课程号和课程名。

(2) 检索年龄大于 20 岁的女学生的学号和姓名。

(3) 检索学号为 S001 学生所学课程的课程名与任课教师名。

(4) 检索至少选修 LI 老师所授课程中一门课的男学生姓名。

(5) 检索 WANG 同学不学的课程的课程号。

(6) 检索至少选修两门课的学生学号。

(7) 检索全部学生都选修的课程的课程号与课程名。

(8) 检索选修课程包含 LIU 老师所授全部课程的学生学号。

11. 在教学数据库的关系 S、SC、C 中，用户有一查询语句：检索男同学选修课程的课程名和任课教师名。

(1) 试写出该查询的关系代数表达式。

(2) 画出查询表达式的语法树。

(3) 使用关系代数优化算法，对语法树进行优化，并画出优化后的语法树。

第 3 章
关系数据库的标准语言 SQL

基本表(base table) 　　　　视图(view) 　　　　存储文件(stored file)

本章主要介绍 SQL 语言的发展过程、基本特点、数据库定义语言(DLL)、数据操纵语言(DML)和数据控制语言(DCL)。

SQL 即结构化查询语言,是关系数据库的标准语言,SQL 不仅具有丰富的查询功能,还具有数据定义和数据控制功能,是集查询、DDL(数据定义语言)、DML(数据操纵语言)、DCL(数据控制语言)于一体的关系数据语言。当前,几乎所有的关系数据库管理系统都支持 SQL,许多软件厂商对 SQL 基本命令集还进行了不同程度的扩充和修改。

3.1　SQL 概述

SQL 最早是 1974 年由 Boyce 和 Chamberlin 提出,1975 年在 IBM 公司的 RDBMS 原型 System R 中实现。1986 年 10 月美国国家标准局(ANSI)的数据库委员会批准 SQL 作为关系数据库语言的美国标准。同年公布了 SQL 标准文本(SQL86)。1987 年 6 月国际标准化组织(ISO)把该标准文本采纳为国际标准。ISO 在 1989 年 4 月公布了增强完整性特征的 SQL89 标准,在 1992 年又公布了 SQL92 标准(亦称 SQL2)。1999 年 ISO 正式公布了包括面向对象和许多新的数据库概念的 SQL 语言新标准 SQL99 标准(亦称 SQL3)。

3.1.1　SQL 的特点

SQL 语言之所以能够为用户和业界所接受,并成为国际标准,是因为它是一个综合的、功能极强且又简洁易学的语言。SQL 语言集数据查询(data query)、数据操纵(data manipulation)、数据定义(data definition)和数据控制(data control)功能于一体,主要特点包括以下几个方面。

1. 综合统一

数据库系统的主要功能是通过数据库支持的数据语言来实现的。

非关系模型（层次模型、网状模型）的数据语言一般都分为模式数据定义语言（schema data definition language，模式 DDL）、外模式数据定义语言（subschema data definition language，外模式 DDL 或子模式 DDL）、与数据存储有关的描述语言（data storage description language，DSDL）及数据操纵语言（data manipulation language，DML），分别用于定义模式、外模式、内模式和进行数据的存取与处置。当用户数据库投入运行后，如果需要修改模式，必须停止现有数据库的运行，转储数据，修改模式并编译后再重装数据库，十分麻烦。

SQL 语言则集数据定义语言 DDL、数据操纵语言 DML、数据控制语言 DCL 的功能于一体，语言风格统一，可以独立完成数据库生命周期中的全部活动，包括定义关系模式、插入数据建立数据库、查询、更新、维护、数据库重构、数据库安全性控制等一系列操作要求，这就为数据库应用系统的开发提供了良好的环境。用户在数据库系统投入运行后，还可根据需要随时地、逐步地修改模式，且不影响数据库的运行，从而使系统具有良好的可扩展性。

另外，在关系模型中实体和实体间的联系均用关系表示，这种数据结构的单一性带来了数据操作符的统一，查找、插入、删除和更新等操作都只需一种操作符，从而克服了非关系系统由于信息表示方式的多样性而带来的操作复杂性。例如，在 DBTG 中，需要两种插入操作符：STORE 用来把记录存入数据库，CONNECT 用来把记录插入系值（系值是网状数据库中记录之间的一种联系方式），以建立数据之间的联系。

2. 高度非过程化

非关系数据模型的数据操纵语言是面向过程的语言，用其完成某项请求，必须指定存取路径。而用 SQL 语言进行数据操作，只要提出“做什么”，而无须指明“怎么做”，因此无须了解存取路径，存取路径的选择以及 SQL 语句的操作过程由系统自动完成。这不但可大大减轻用户负担，而且有利于提高数据独立性。

3. 面向集合的操作方式

非关系数据模型采用的是面向记录的操作方式，操作对象是一条记录。例如，查询所有平均成绩在 80 分以上的学生姓名，用户必须一条一条地把满足条件的学生记录找出来（通常要说明具体处理过程，即按照哪条路径、如何循环等）。而 SQL 语言采用集合操作方式，不仅操作对象、查找结果可以是元组的集合，而且一次插入、删除和更新操作的对象也可以是元组的集合。

4. 用同一种语法结构提供两种使用方式

SQL 语言既是自含式语言，又是嵌入式语言。作为自含式语言，它能够独立地用于联机交互的使用方式，用户可以在终端键盘上直接键入 SQL 命令对数据库进行操作。作为嵌入式语言,SQL 语句能够嵌入到高级语言(如 C、C++、Java)程序中,供程序员设计程序时使用。而在两种方式下,SQL 语言的语法结构基本上是一致的。这种统一的语法结构提供两种不同的使用方式的方法,为用户提供了极大的灵活性与方便性。

5. 语言简洁,易学易用

SQL 语言功能极强,但其语言十分简洁,完成数据定义、数据操纵和数据控制的核心功能只用了 9 个动词:CREATE、DROP、ALTER、SELECT、INSERT、UPDATE、DELETE、GRANT 和 REVOKE。而且 SQL 语言语法简单,接近英语口语,因此易学易用。

3.1.2 SQL 语言的基本概念

数据库的体系结构分为三级,SQL 也支持这三级模式结构,如图 3.1 所示。其中,外模式对应于视图(view)和部分基本表(base table),模式对应于基本表,内模式对应于存储文件(stored file)。

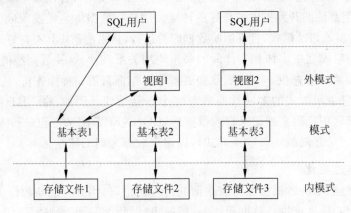

图 3.1 SQL 支持的数据库体系结构

1. 基本表

基本表是本身独立存在的表,在 SQL 中一个关系就对应一个表。一个(或多个)基本表对应一个存储文件,一个表可以带若干索引,索引也存放在存储文件中。

2. 视图

视图是从一个或几个基本表导出的表。它本身不独立存储在数据库中,即数据库中只存放视图的定义而不存放视图对应的数据,这些数据仍存放在导出视图的基本表中,因此视图是一个虚表。视图在概念上与基本表等同,用户可以在视图上再定义视图。

3. 存储文件

存储模式是内模式的基本单位。一个基本表对应一个或多个存储文件,一个存储文件可以存放在一个或多个基本表中,一个基本表可以有若干个索引,索引同样存放在存储文件中。存储文件的存储结构对用户来说是透明的。

下面将介绍 SQL 的基本语句。各厂商的 DBMS 实际使用的 SQL 语言,为保持其竞争力,与标准 SQL 都有所差异及进行了扩充。因此,具体使用时,应参阅实际系统的参考手册。

3.2　学生-课程数据库

在本章中用学生-课程数据库作为一个例子来讲解 SQL 的数据定义、数据操纵、数据查询和数据控制语句的具体应用。学生-课程数据库中包括如图 3.2 所示的三个表,它们的定义见 3.3.2 中例 3.1、例 3.2 和例 3.3。

(1) 学生表:Student(Sno, Sname , Ssex, Sage, Sdept)。

(1) 课程表:Course(Cno,Cname,Pre_Cno,Credits)。

(2) 学生选课表:SC(Sno, Cno, Grade)。

学生

学号 Sno	姓名 Sname	性别 Ssex	年龄 Sage	所在系 Sdept
S01	王建平	男	21	自动化
S02	刘华	女	19	自动化
S03	范林军	女	18	计算机
S04	李伟	男	19	数学
S05	黄河	男	18	数学
S06	长江	男	20	数学

课程

课程号 Cno	课程名 Cname	先行课 Pre_Cno	学分 Credit
C01	英语		4
C02	数据结构	C05	2
C03	数据库	C02	2
C04	DB_设计	C03	3
C05	C++		3
C06	网络原理	C07	3
C07	操作系统	C05	3

SC

学号 Sno	课程号 Cno	成绩 Grade
S01	C01	92
S01	C03	84
S02	C01	90
S02	C02	94
S02	C03	82
S03	C01	72
S03	C02	90
S04	C03	75

图 3.2　学生-课程数据库的数据示例

3.3 SQL 的数据定义

通过 SQL 语言的数据定义功能,可以完成基本表、视图、索引的创建和修改。由于视图的定义与查询操作有关,本节只介绍基本表和索引的数据定义。

3.3.1 基本数据类型

由于基本表的每个属性都有自己的数据类型,所以首先要讨论一下 SQL 所支持的数据类型。由于各个厂家的 SQL 所支持的数据类型不完全一致,为了满足数据库在各方面应用的要求,本书介绍 SQL-99 规定的主要数据类型(也称为"域类型")。

1. 数值型

(1) INTEGER 定义的数据类型为长整数类型(可简写成 INT),它的精度(总有效位)由执行机构确定。

(2) SMALLINT 定义的数据类型为短整数类型,它的精度由执行机构确定。

(3) NUMERIC(p,d)定义的数据类型为定点数值型,由 p 位数字(不包括符号、小数点)组成,小数后面有 d 位数字。

(4) FLOAT(n)定义的数据类型为浮点数值型,其精度至少 n 位数字。

(5) REAL 定义的数据类型为浮点数值型,它的精度由执行机构确定。

(6) DOUBLE PRECISION 定义的数据类型为双精度浮点类型,它的精度由执行机构确定。

2. 字符类型

(1) CHAR(n) 定义的数据类型为长度为 n 的定长字符串。

(2) VARCHAR(n) 定义的数据类型为最大长度为 n 的变长字符串。

3. 位串型

(1) BIT(n) 定义的数据类型为二进制位串,其长度为 n。

(2) BIT VARYING(n) 定义可变长的二进制位串,其最大长度为 n。

4. 时间型

(1) DATE 日期,包含年、月、日,形为 YYYY-MM-DD。

(2) TIME 时间,包含一日的时、分、秒,格式为 HH:MM:SS。

对于数值型数据,其可以执行算术运算和比较运算,但对其他类型数据,只可以执行比较运算,不能执行算术运算。这里只介绍了常用的一些数据类型,许多 SQL 产品还扩充了其他一些数据类型,用户在实际使用中应查阅数据库系统的参考手册。

3.3.2　基本表的定义、删除与修改

1. 基本表的定义

SQL 语言使用 CREATE TABLE 语句定义基本表。其一般格式如下：

CREATE TABLE <基本表名>（<列名>　<列数据类型> ［列完整性约束］

［,<列名><列数据类型>［列完整性约束］］

…

［,<表级完整性约束>］）；

说明：

（1）"<>"中的内容是必选项，"[ ]"中的内容是可选项。本书以下各章节也遵循这个约定。

（2）<基本表名>规定了所定义的基本表的名字，在一个数据库中不允许有两个基本表同名。

（3）<列名>规定了该列（属性）的名称，一个表中不能有两列同名。

（4）<列数据类型>规定了该列的数据类型，即前面介绍的数据类型。

（5）<列完整性约束>是指对某一列设置的约束条件，该列上的数据必须满足。最常见的有

```
NOT NULL                     该列值不能为空
NULL                         该列值可以为空
UNIQUE                       该列值不能存在相同
DEFAULT                      该列某值在未定义时的默认值
```

（6）<表级完整性约束>规定了关系主键、外键和用户自定义完整性约束，主要有三种子句：主键子句（PRIMARY KEY）、外键子句（FOREIGN KEY）和检查子句（CHECK）。如果完整性约束条件涉及该表的多个属性列，则必须定义在表级上，否则既可以定义在列级也可以定义在表级。下面举例说明。

【例 3.1】　建立一个学生表 Student。

```
CREATE TABLE Student
    (Sno   CHAR(5) PRIMARY KEY,       /* 列级完整性约束条件,Sno 是主码 */
    Sname  CHAR(20) NOT NULL UNIQUE,  /* Sname 不为空值且取值唯一 */
    Ssex   CHAR(2),
    Sage   INT,
    Sdept  CHAR(15)
);
```

系统执行上面的 CREATE TABLE 语句后，就在数据库中建立一个名为 Student

的、空的基本表(其中没有元组),并将与 Student 有关的定义及约束条件存放在数据字典中。

【例 3.2】 建立一个课程表 Course。

```
CREATE TABLE Course
    (CNO CHAR(4) PRIMARY KEY,                    /* 列级完整性约束条件,Cno 是主码 * /,
    CNAME CHAR(20),
    Pre_Cno CHAR(4),
    Credit SMALLINT,
    FOREIGN KEY Pre_Cno REFERENCES Course (CNO)
/* 列级完整性约束条件,Pre_Cno 是外码,被参照表是 Course,被参照列是 Cno * /
);
```

本例说明参照表和被参照表可以是同一个表。

【例 3.3】 建立学生选课表 SC。

```
CREATE TABLE SC
    (SNO CHAR(5),
    CNO CHAR(4),
    GRADE SMALLINT,
    PRIMARY KEY(SNO,CNO),
    /* 主码由两个属性构成,必须作为表级完整性进行定义* /
    FOREIGN KEY(SNO)REFERENCES Student(Sno),
    /表级完整性约束条件,Sno 是外码,被参照表是 Student* /
    FOREIGN KEY(CNO)REFERENCES Course(CNO),
    /表级完整性约束条件,Cno 是外码,被参照表是 Course* /
    CHECK(GRADE BETWEEN 0 AND 100)
    /表级完整性约束条件,检查子句,0≤GRADE≤100* /
);
```

在上例中,每个语句结束时都加了分号";"。但读者应注意,在 SQL 标准中,分号不是语句的组成部分。在具体 DBMS 中,有的系统规定必须加分号,表示语句结束;有的系统则规定不加。本书为了醒目,特在每个语句结束处加上分号。

2. 基本表的修改

在数据库的实际应用中,随着应用环境和需求的变化,经常要修改基本表的结构,包括修改属性列的类型精度、增加新的属性列或删除属性列、增加新的约束条件或删除原有的约束条件。SQL 通过 ALTER TABLE 命令对基本表进行修改,其一般格式如下:

```
ALTER TABLE <基本表名>
[ADD <新列名><列数据类型>[列完整性约束]]
```

［DROP COLUMN <列名>］
［MODIFY <列名><新的数据类型>］
［ADD CONSTRAINT <表级完整性约束>］
［DROP CONSTRAINT <表级完整性约束>］

说明：

（1）ADD：为一个基本表增加新列，但新列的值必须允许为空（除非有默认值）。

（2）DROP COLUMN：删除表中原有的一列。

（3）MODIFY：修改表中原有列的数据类型。通常，当该列上有列完整性约束时，不能修改该列。

（4）ADD CONSTRAINT 和 DROP CONSTRAINT 分别表示添加表级完整性约束和删除表级完整性约束。

（5）以上的命令格式在实际的 DBMS 中可能有所不同，用户在使用时应参阅实际系统的参考手册。

【例 3.4】 向基本表 Student 中增加"入学时间"属性列，其属性名为 Sentrancedate，数据类型为 DATETIME 型。

```
ALTER TABLE Student ADD Sentrancedate DATETIME;
```

注意：不论基本表中原来是否已有元组，新增加的属性列值一律为空值。

【例 3.5】 将 Sage(年龄)的数据类型改为 SMALLINT 型。

```
ALTER TABLE Student MODIFY Sage SMALLINT;
```

注意：修改原有的列定义有可能会破坏已有数据。

【例 3.6】 删除 Sname(姓名)必须取唯一值的约束。

```
ALTER TABLE Student DROP UNIQUE(Sname);
```

说明：SQL 没有提供删除属性列的语句，用户只能间接实现这一功能，即先把表中要保留的列及其内容复制到一个新表中，然后删除原表，再将新表重命名为原表名。但 SQLServer2000 增加了删除属性的命令。比如，删除属性列 Sage 的命令为

```
ALTER TABLE Student DROP COLUMN Sage;
```

3. 基本表的删除

当数据库某个基本表不再使用时，可以将其删除。其基本格式如下：

```
DROP TABLE <基本表名>
```

【例 3.7】 删除 Student 表。

```
DROP TABLE Student;
```

💡**注意**：基本表一旦被删除，表中的数据以及建立在该表上的索引和视图都将自动被删除掉。因此，执行删除基本表的操作一定要格外小心。

3.3.3 索引的建立和维护

索引是根据表中一列或若干列按照一定顺序建立的列值与记录行之间的对应关系表。为了改善查询性能，可以建立索引。

1. 创建索引

在 SQL 语言中，建立索引使用 CREATE INDEX 语句，其一般格式如下：

```
CREATE [UNIQUE] [CLUSTER] INDEX <索引名>
ON <基本表名>(<列名>[<次序>],[,<列名>[<次序>]]…);
```

说明：

(1) UNIQUE 规定索引的每一个索引值只对应于表中唯一的记录。

(2) CLUSTER 规定此索引为聚集索引。所谓聚集索引是指索引项的顺序与表中记录的物理顺序一致的。聚集索引对于那些经常要搜索范围值的列特别有效。使用聚集索引找到包含第一个值的行后，便可以确保包含后续索引值的行在物理相邻。使用聚集索引能极大地提高查询性能。省略 CLUSTER 则表示创建的索引为非聚集索引，非聚集索引与书本中的索引类似。数据存储在一个地方，索引存储在另一个地方，索引带有指针指向数据的存储位置。索引中的项目按索引键值的顺序存储，而表中的信息按另一种顺序存储(这可以由聚集索引规定)。

(3) <次序>：建立索引时指定列名的索引表是 ASC(升序)或 DESC(降序)。若不指定，默认为升序。

(4) 本语句建立的索引的排列方式为：先以第一个列名值排序；该列值相同的记录，则按下一列名排序。

【例 3.8】 在 Student 表的属性列 Sno 上创建一个非聚集索引。

```
CREATE INDEX IDX_DNO_SNO
ON Student(Sno ASC);
```

【例 3.9】 在 Student 表的属性列 Sname 上创建一个聚集索引。

```
CREATE CLUSTER INDEX IDX_SNAME
ON Student(Sname ASC);
```

2. 删除索引

虽然索引能提高查询效率,但过多或不当的索引会导致系统低效。用户在表中每加进一个索引,数据库就要做更多的工作。过多的索引甚至会导致索引碎片,降低系统效率。因此,不必要的索引应及时删除,删除索引的格式如下:

```
DROP INDEX <索引名>
```

说明:本语句将删除定义的索引,该索引在数据字典中的描述也将被删除。

【例 3.10】　删除 Student 表的索引 IDX_DNO_SNO。

```
DROP INDEX IDX_DNO_SNO;
```

3.4　SQL 的数据操纵

SQL 语言的数据操纵功能主要包括查询(SELECT)、插入(INSERT)、删除(DELETE)和更新(UPDATE)等四个方面。

3.4.1　SQL 数据查询

SQL 数据查询是 SQL 语言中最重要、最丰富也是最灵活的内容。建立数据库的目的就是为了查询数据。关系代数的运算在关系数据库中主要由 SQL 数据查询来体现,SQL 语言提供 SELECT 语句进行数据库的查询,其基本格式如下:

```
SELECT <列名或表达式 A₁>,<列名或表达式 A₂>,…,<列名或表达式 Aₙ>
FROM <表名或视图名 R₁>,<表名或视图名 R₂>,…,<表名或视图名 Rₘ>
WHERE  P;
```

查询基本结构包括三个子句:SELECT、FROM、WHERE。

(1) SELECT 子句,对应关系代数中的投影运算,用于列出查询结果的各属性。

(2) FROM 子句,对应关系代数中的广义笛卡儿乘积,用于列出被查询的关系:基本表或视图。

(3) WHERE 子句,对应关系代数中的选择谓词,这些谓词涉及 FROM 子句中的关系的属性,用于指出连接、选择等运算要满足的查询条件。

SQL 数据查询的基本结构在关系代数中等价于

$$\pi_{A_1, A_2, \cdots, A_n}(\sigma_P(R_1 \times R_2 \times \cdots \times R_m))$$

其运算的过程是:首先构造 FROM 子句中的关系的广义笛卡儿乘积,然后根据 WHERE 子句中的谓词进行关系代数中的选择运算,最后把结果投影到 SELECT 子句中的属性上。

另外,SQL 数据查询除了三个子句,还有 ORDER BY 子句和 GROUP BY 子句,以及 DISTINCT、HAVING 等短语。

SQL 数据查询的一般格式如下:

```
SELECT[ALL | DISTINCT] <列名或表达式>[别名1][,<列名或表达式>[别名2]]…
FROM <表名或视图名>[表别名1][,<表名或视图名>[表别名2]]…
[WHERE <条件表达式>]
[GROUP  BY  <列名1>][HAVING  <条件表达式>]
[ORDER  BY  <列名2>][ASC | DESC]
```

说明:

一般格式的含义是,从 FROM 子句指定的关系(基本表或视图)中,取出满足 WHERE 子句条件的元组,最后按 SELECT 的查询项形成结果表。若有 ORDER BY 子句,则结果按指定的列的次序排列;若有 GROUP BY 子句,则将指定的列中相同值的元组都分在一组,并且若有 HAVING 子句,则将分组结果中去掉不满足 HAVING 条件的元组。

由于 SELECT 语句的成分多样,可以组合成非常复杂的查询语句。对于初学者来说,想要熟练地掌握和运用 SELECT 语句必须要下一番工夫。下面将通过大量的例子来介绍 SELECT 语句的功能。

1. 单表无条件查询

单表无条件查询是指只含有 SELECT 子句和 FOM 子句的查询。由于这种查询不包含查询条件,所以它不会对所查询的关系进行水平分割,适合于记录很少的查询。它的基本格式如下:

```
SELECT[ALL | DISTINCT] <列名或表达式>[别名1][,<列名或表达式>[别名2]]…
FROM <表名或视图名>[表别名1][,<表名或视图名>[表别名2]]…
```

说明:

(1) [DISTINCT|ALL]:若从一个关系中查询出符合条件的元组,结果关系中就可能有重复元组存在。DISTINCT 表示每组重复的元组只输出一条元组,ALL 表示将所有查询结果都输出。默认为 ALL。

(2) 每个目标列表达式本身将作为结果关系列名,表达式的值作为结果关系中该列的值。

1) 查询关系中的指定列。

【例 3.11】 查询所有学生的学号、姓名、年龄。

```
SELECT Sno, Sname, Sage
FROM Student;
```

【例 3.12】 查询所有课程的基本情况。

```
SELECT cno, cname, credit
FROM course
```

说明：

当所查询的列是关系的所有属性时,可以使用 * 来表示所显示的列,因此等价于

```
SELECT *
FROM course
```

这两种方法的区别是前者的列顺序可根据 SELECT 的列名显示查询结果,而后者只能按表中的顺序显示。

2) DISTINCT 保留字的使用

当查询的结果只包含元表中的部分列时,结果中可能会出现重复行,使用 DISTINCT 保留字可以使重复行值只保留一个。

【例 3.13】 查询学生所在系。

结果如下：   结果如下：

SELECT Sdept   SELECT DISTINCT Sdept
FROM Student   FROM Student

Sdept
自动化
自动化
计算机
数学
数学
数学

Sdept
自动化
计算机
数学

3) 查询列中含有运算的表达式

SELECT 子句的目标列中可以包含带有＋、－、×、/的算术运算表达式,其运算对象为常量或元组的属性。

【例 3.14】 查询所有学生的学号、姓名和出生年份。

```
SELECT Sno, Sname, 2011-Sage
FROM student
```

结果如表 3.1 所示。

此例中的“2011-Sage”不是列名,而是一个计算表达式,是用给定年份 2011 减去学生的年龄(Sage)。

表 3.1

S01	王建平	1990
S02	刘华	1992
S03	范林军	1993
S04	李伟	1992
S05	黄河	1993
S06	长江	1991

SQL 显示查询结果时,使用属性名作为列标题。用户通常不容易理解属性名的含义。要使这些列标题能更好地便于用户理解,可以为列标题设置别名。将例 3.13 中的 SELECT 语句改为

SELECT sno 学号, sname 姓名, 2011- sage 出生年份 FROM student

结果如表 3.2 所示。

表 3.2

S01	王建平	1990
S02	刘华	1992
S03	范林军	1993
S04	李伟	1992
S05	黄河	1993
S06	长江	1991

<目标列表达式>不仅可以是算术表达式,还可以是字符串常量、函数等。

4) 查询列中含有字符串常量

【例 3.15】 查询每门课程的课程名和学分。

SELECT Cname, '学分', Credits
FROM Course

结果如表 3.3 所示。

表 3.3

Cname	学分	Credits
英语	学分	4
数据结构	学分	2
数据库	学分	2
DB_设计	学分	3
C++	学分	3
网络原理	学分	3
操作系统	学分	3

这种书写方式可以使查询结果增加一个原关系里不存在的字符串常量列,元组在该列上的每个值就是字符串常量。

【例 3.16】 查询全体学生的姓名、出生年份和学号,要求用小写字母表示学号中的字母。

```
SELECT Sname,'Birth:' Title,2011- Sage BirthYear,LOWER(Sno) Lsno
FROM Student;
```

结果如表 3.4 所示。

表 3.4

Sname	Title	BithYear	Lsno
王建平	Birth:	1990	s01
刘华	Birth:	1992	s02
范林军	Birth:	1993	s03
李伟	Birth:	1992	s04
黄河	Birth:	1993	s05
长江	Birth:	1991	s06

说明:在本例中,我们通过指定别名来改变查询结果的列标题,这对于含算术表达式、常量、函数名的目标列表达式尤为有用。

5) 查询列中含有集函数(或称聚合函数)

为了增强查询功能,SQL 提供了许多集函数,各实际 DBMS 提供的集函数不尽相同,但基本都提供以下几个:

COUNT(＊)	统计查询结果中的元组个数
COUNT(<列名>)	统计查询结果中一个列上值的个数
MAX(<列名>)	计算查询结果中一个列上的最大值
MIN(<列名>)	计算查询结果中一个列上的最小值
SUM(<列名>)	计算查询结果中一个数值列上的总和
AVG(<列名>)	计算查询结果中一个数值列上的平均值

说明:

(1) 除 COUNT(＊)外,其他集函数都会先去掉空值再计算。

(2) 在<列名>前加入 DISTINCT 保留字,会将查询结果的列去掉重复值再计算。

【例 3.17】 COUNT 函数的使用。

```
SELECT  COUNT(＊) FROM  Student          统计学生表中的记录数。
SELECT  COUNT(DISTINCT Sdept) FROM  Student     统计学生所在系种类数。
```

【例 3.18】 求学生的平均成绩、最高分、最低分。

SELECT AVG(Grade)平均成绩, MAX(Grade)最高分, MIN(Grade) 最低分 FROM SC

结果如表 3.5 所示。

表 3.5 分

平均成绩	最高分	最低分
84.9	94	72

【例 3.19】 查询选修了课程的学生人数。其命令如下：

```
SELECT  COUNT(DISTINCT Sno)
FROM  SC;
```

学生每选修一门课，在 SC 中都有一条相应的记录。一个学生要选修多门课程，为避免重复计算学生人数，必须在 COUNT 函数中用 DISTINCT 短语。

【例 3.20】 计算选修 C01 号课程的学生平均成绩。其命令如下：

```
SELECT  AVG(Grade)
FROM  SC
WHERE  Cno= 'C01';
```

💡注意：成绩为空值的学生不参与计算。

2. 单表带条件查询

查询满足指定条件的元组可以使用 WHERE 子句实现。WHERE 子句常用的查询条件如表 3.6 所示，但 WHERE 子句中不能用聚集函数作为条件表达式。如果查询条件是索引字段，则查询效率会大大提高，因此在查询条件中应尽可能地利用索引字段。

表 3.6 SQL 中常用的查询条件

查询条件	谓 词	注 释
比较	=,>,<,>=,<=,! =,<>,! >,! <；NOT＋上述比较运算符	等于、小于、大于、…
确定范围	BETWEEN AND, NOT BETWEEN AND	介于两者之间,介于两者之外
确定集合	IN, NOT IN	在其中,不在其中
字符匹配	LIKE, NOT LIKE	匹配,不匹配
空值	IS NULL, IS NOT NULL	是空值,不是空值
多重条件(逻辑运算)	AND, OR, NOT	非、与、或

根据查询条件的不同,单表带条件查询又可分为以下几种。

1) 比较大小

【例 3.21】 查询数学系全体学生的学号(Sno)和姓名(Sname)。其命令如下：

```
SELECT   Sno, Sname
FROM   Student
WHERE   Sdept='数学';
```

结果如表 3.7 所示。

表　3.7

Sno	Sname	Ssex	Sage	Sdept
S04	李伟	男	19	数学
S05	黄河	男	18	数学
S06	长江	男	20	数学

【例 3.22】　查询选修了 C01 号课程且考试及格的学生的学号和成绩。

```
SELECT Sno, Grade
FROM SC
WHERE Cno='C01' AND Grade> =60
```

结果如表 3.8 所示。

2）确定范围

【例 3.23】　查询年龄为 20～23 岁（包括 20 岁和 23 岁）的学生的姓名、系别和年龄。

表　3.8

Sno	Grade
S01	92
S02	90
S03	72

```
SELECT Sname,Sdept,Sage
FROM     Student
WHERE     Sage BETWEEN 20 AND 23
```

【例 3.24】　查询年龄不在 20～23 之间的学生的姓名、系别和年龄。

```
SELECT Sname,Sdept,Sage
FROM     Student
WHERE Sage NOT BETWEEN 20 AND 23;
```

【例 3.25】　从 SC 表中查询考试成绩为 85～95 之间的学生的学号。

```
SELECT Sno
FROM   SC
WHERE Grade BETWEEN 85 AND 95
```

相当于

```
SELECT Sno
FROM   SC
WHERE Grade >=85 AND Grade < =95
```

结果如表 3.9 所示。

表 3.9

Sno	Grade	Sno	Grade
S01	92	S02	94
S02	90	S03	90

3) 确定集合

【例 3.26】 查询所在系为计算机和自动化的学生信息。

```
SELECT *
FROM Student
WHERE Sdept in ('计算机','自动化')
```
  相当于
```
SELECT *
FROM Student
WHERE Sdept ='计算机' OR Sdept ='自动化')
```

结果如表 3.10 所示。

表 3.10

Sno	Sname	Ssex	Sage	Sdept
S01	王建平	男	21	自动化
S02	刘华	女	19	自动化
S03	范林军	女	18	计算机

【例 3.27】 查询既不是数学系,也不是计算机系的学生的姓名和性别。

```
SELECT Sname,Ssex
FROM Student
WHERE Sdept NOT IN ( '数学系','计算机' );
```

4) 字符匹配

在例 3.21 中我们使用了'='来比较字符串,其实在 SQL 中我们可以使用表 3.1 中介绍的关系运算符来进行字符串比较。实际上比较的是它们的词典顺序(如字典顺序或字母表顺序)。如果 $a_1 a_2 \cdots a_n$ 和 $b_1 b_2 \cdots b_m$ 是两个字符串,若 $a_1 < b_1$ 或 $a_1 = b_1$ 且 $a_2 < b_2$ 或 $a_1 = b_1$, $a_2 = b_2$ 且 $a_3 < b_3$,如此下去,则前者小于后者。当 $n < m$ 并且 $a_1 a_2 \cdots a_n = b_1 b_2 \cdots b_n$ 时,字符串 $a_1 a_2 \cdots a_n < b_1 b_2 \cdots b_m$,也就是第一个字符串正好是第二个字符串的前缀。例如,'fodder'<'foo',因为每个字符串的头两个字符相同都是 fo,而且 fodder 中的第三个字符在字母表中顺序是在 foo 的第三个字符之前。同样,'bar'<'bargain'因为前者正好

是后者的一个前缀。对于字符串的等值比较,有时需要对不同类型的字符串进行类型转换。

SQL 也提供了一种简单的模式匹配功能用于字符串比较,可以使用 LIKE 和 NOT LIKE 来实现'='和'<>'的比较功能,但前者还可以支持模糊查询条件。例如,不知道学生的全名,但知道学生姓王,因此就能查询出所有姓王的学生情况。SQL 中使用 LIKE 和 NOT LIKE 来实现模糊匹配。基本格式如下:

```
[NOT] LIKE '<匹配串>' [ESCAPE '<换码字符>']
```

其含义表示查找指定的属性列值与<匹配串>相匹配的元组。<匹配串>可以是一个完整的字符串,也可以含有通配符 % 和 _,其意义如下:

(1) %(百分号)代表一个任意长度的字符串。例如,a%b 表示以 a 开头、以 b 结尾的任意长度的字符串。如 acb、abcdb、ab 等都满足该匹配串。

(2) _(下横线)代表任意单个字符。例如,a_b 表示以 a 开头、以 b 结尾的长度为 3 的任意字符串。如 acb、adb 等都满足该匹配串。

通配符可以出现在字符串的任何位置,但通配符出现在字符串首时查询效率会变慢。

【例 3.28】　查询姓王的学生的学号、姓名、年龄。

```
SELECT Sno, Sname, Sage
FROM Student
WHERE Sname LIKE '王%'
```

【例 3.29】　查询姓"王"且全名为三个汉字的学生的姓名(Sname)和所在系(Sdept)。其命令如下:

```
SELECT Sname,Sdept
FROM Student
WHERE Sname LIKE '王____';
```

💡注意:一个汉字要占两个西文字符的位置,所以匹配串"王"字后面需要跟四个"_"(下画线)。

【例 3.30】　查询所有不姓王的学生的姓名(Sname)和年龄(Sage)。

```
SELECT Sname, Sage
FROM   Student
WHERE Sname NOT LIKE '王%';
```

如果用户要查询的字符串本身就含有%或_,这时必须使用 ESCAPE '<换码字符>' 短语对通配符进行转义。

【例3.31】 查询课程名为"DB_设计"的课程号(Cno)和学分(Credits)。其命令如下:

```
SELECT  Cno,Credits
FROM  Courses
WHERE  Cname LIKE 'DB\_设计' ESCAPE '\';
```

ESCAPE'\'短语表示\为换码字符,这样匹配串中紧跟在\后面的字符"_"不再具有通配符的含义,转义为普通的"_"字符。

【例3.32】 查询以"DB_"开头,且倒数第二个汉字字符为"设"的课程的详细情况。其命令如下:

```
SELECT  *
FROM  Course
WHERE  Cname LIKE 'DB\_% 设_ _'ESCAPE'\';
```

这里的匹配串为"DB_%设_ _"。第一个_前面有换码字符\,所以它被转义为普通的_字符。由于%后、第二个和第三个下画线_前面均没有换码字符\,所以它们仍作为通配符。

5) 涉及空值的查询

【例3.33】 假设某些学生选修课程后没有参加考试,所以有选课记录,但没有考试成绩。试查询缺少成绩的学生的学号(Sno)和相应的课程号(Cno)。其命令如下:

```
SELECT  Sno,Cno
FROM  SC
WHERE  Grade IS NULL;                        /*  "IS"不能用等号"= "代替* /
```

【例3.34】 查询所有有成绩的学生学号(Sno)和课程号(Cno)。其命令如下:

```
SELECT Sno,Cno
FROM  SC
WHERE  Grade IS NOT NULL;
```

3. 分组查询和排序查询

前面介绍 SQL 的一般格式时,我们已经知道 GROUP BY 子句和 ORDER BY 子句是分别用于分组和排序操作的。下面将详细介绍如何使用 SQL 的分组和排序功能。

1) GROUP BY 与 HAVING

含有 GROUP BY 的查询称为分组查询。GROUP BY 子句把一个表按某一指定列(或一些列)上的值相等的原则分组,然后再对每组数据进行规定的操作。分组查询一般和查询列的集函数一起使用,当使用 GROUP BY 子句后所有的集函数都将是对每一个组进行运算,而不是对整个查询结构进行运算。

【例 3.35】 查询每一门课程的平均得分。

在 SC 关系表中记录着学生选修的每门课程和相应的考试成绩。由于一门课程可以有若干个学生学习,SELECT 语句执行时首先把表 SC 的全部数据行按相同课程号划分成组,即每一门课程有一组学生和相应的成绩。然后再对各组执行 AVG(Grade)。因此,查询的结果就是分组检索的结果。

```
SELECT Cno, AVG(Grade)
FROM SC
GROUP BY Cno
```

结果如表 3.11 所示。

在分组查询中 HAVING 子句用于分完组后,对每一组进行条件判断。这种条件判断一般与 GROUP BY 子句有关。HAVING 是分组条件,只有满足条件的分组才被选出来。

表 3.11

Cno	AVG(Grade)
C01	84.7
C02	92
C03	80.3

【例 3.36】 查询被 3 人以上选修的每一门课程的平均成绩、最高分和最低分。

```
SELECT Cno, AVG(Grade), MAX(Grade), MIN(Grade)
FROM  SC
GROUP BY Cno
HAVING  COUNT(*)>=3
```

本例中 SELECT 语句执行时首先按 Cno 把表 SC 分组,然后对各组的记录执行 AVG(Grade)、MAX(Grade)、MIN(Grade)等集函数,最后根据 HAVING 子句的条件表达式 COUNT(*)>=3 过滤出组中记录数在 3 条以上的分组。结果如表 3.12 所示。

表 3.12

Cno	AVG(Grade)	MAX(Grade)	MIN(Grade)
C01	84.75	92	72
C03	80.3	84	75

GROUP BY 是写在 WHERE 子句后面的,当 WHERE 子句缺省时,它跟在 FROM 子句后面。上面两个例子都是 WHERE 子句缺省的情况。此外,一旦使用 GROUP BY 子句,则 SELECT 子句中只能包含两种目标列表达式:要么是集函数,要么是出现在 GROUP BY 后面的分组字段。

同样是设置查询条件,但 WHERE 与 HAVING 的功用是不同的,不要混淆。

WHERE 所设置的查询条件是检索的每一个记录必须满足的,而 HAVING 设置的查询条件是针对成组记录的,而不是针对单个记录的。也就是说,WHERE 用在集函数计算之前对记录进行条件判断,而 HAVING 用在计算集函数之后对组记录进行条件判断。

2) 排序查询

SELECT 子句的 ORDER BY 子句可使输出的查询结果按照要求的顺序排列。由于是控制输出结果,因此 ORDER BY 子句只能用于最终的查询结果。基本格式如下:

```
ORDER  BY  <列名>[ASC | DESC]
```

有了 ORDER BY 子句后,SELECT 语句的查询结果表中各元组将按照要求的顺序排列:首先按第一个<列名>值排列;前一个<列名>之相同者,再按下一个<列名>值排列,以此类推。列名后面有 ASC,则表示该列名值以升序排列;列句后面有 DESC,则表示该列名值以降序排列。省略不写,默认为升序排列。

【例 3.37】 查询所有学生的基本信息,并按年龄升序排列,年龄相同按学号降序排列。

```
SELECT *
FROM  Student
ORDER BY  Sage, Sno DESC
```

说明:对于空值,若按升序排,则含空值的元组将最先显示;若按降序排,则空值的元组将最后显示。

如果排序字段在索引字段内,并且排序字段的顺序和定义索引的顺序一致,则会大大提高查询效率;反之,则会降低查询效率。

4. 多表查询

在数据库中通常存在着多个相互关联的表,用户常常需要同时从多个表中找出自己想要的数据,这就要涉及多个数据表的查询。SQL 提供了关系代数中五种运算功能:投影、选择、乘积、并、差。下面分别介绍这五种运算功能的使用方法。

1) 连接查询

连接查询是指通过两个或两个以上的关系表或视图的连接操作来实现的查询。这种查询是关系数据库中最主要的查询,包括等值连接查询、自然连接查询、非等值连接查询、自身连接查询、外连接查询和复合条件连接查询。

Ⅰ. 不同表之间的连接查询

不同表之间的连接查询,主要是 WHERE 子句中的连接条件涉及两个表的属性列名。其连接条件格式通常为

[<表名 1>.]<列名 1><比较运算符>[<表名 2>.]<列名 2>

此外,连接条件还可以使用下面形式:

[<表名 1>.]<列名 1>BETWEEN [<表名 2>.]<列名 2>AND [<表名 2>.]<列名 3>

当连接运算符为"="时,称为等值连接;使用其他运算符,则称为非等值连接。连接条件中列名对应属性的类型必须是可比的,但列名不必是相同的。

一般来讲,RDBMS 执行连接操作的一种可能过程是:

(1) 首先在表 1 中找到第一个元组,然后从头开始扫描表 2,逐一查找满足连接件的元组,找到后就将表 1 中的第一个元组与该元组拼接起来,形成结果表中一个元组。

(2) 表 2 全部查找完后,再找表 1 中第二个元组,然后再从头开始扫描表 2,逐一查找满足连接条件的元组,找到后就将表 1 中的第二个元组与该元组拼接起来,形成结果表中一个元组。

(3) 重复上述操作,直到表 1 中的全部元组都处理完毕。

【例 3.38】 查询所在系为自动化的学生的学号、选修的课程号和相应的考试成绩。

该查询需要同时从 Student 表和 SC 表中找出所需的数据,因此使用连接查询实现。

```
SELECT Student.sno, Cno, Grade
FROM   Student, SC
WHERE   Student.Sno =SC.Sno AND Sdept LIKE '自动化'
```

结果如表 3.13 所示。

表 3.13

Sno	Cno	Grade
S01	C01	92
S01	C03	84
S02	C01	90
S02	C02	94
S02	C03	82

说明:

(1) Student. Sno =SC. Sno 是两个关系的连接条件,Student 表和 SC 表中的记录只有满足这个条件才连接。Sdept LIKE '自动化'是连接以后关系的查询条件,它和连接条件必须同时成立。

(2) 使用运算符"="的连接称为等值连接,若用其他比较运算符(如>、<、>=、<=、<>)连接,则称为非等值连接。

(3) 二义性问题:注意 SELECT 和 WHERE 后面的 Sno 前的"Student ."和"SC.",

由于两个表中有相同的属性名,存在属性的二义性问题。SQL 通过在属性前面加上关系名及一个小圆点来解决这个问题,表示该属性来自这个关系。而 Cno 和 Grade 来自 SC 没有二义性,DBMS 会自动判断,因此关系名及一个小圆点可省略。

(4) 在等值连接中,目标列可能出现重复的列。例如,

```
SELECT Student .* , SC . *
FROM   Student, SC
WHERE   Student.Sno =SC.Sno AND Sdept LIKE '自动化'
```

这里 Student . Sno 和 SC. Sno 是两个重复列,而在例 3.38 中去掉了重复属性列,这种去掉重复属性列的等值连接称为自然连接。自然连接是连接查询中最常见的。

(5) 上面连接查询中,WHERE 子句中可以有多个连接条件,称为复合条件连接。

(6) 还有一种特殊的连接运算,它不带连接条件,称为乘积运算。例如,

```
SELECT Student.Sno, Cno, Grade
FROM   Student, SC
```

两个关系的乘积会产生大量没有意义的元组,并且这种操作要消耗大量的系统资源,一般很少使用。而例 3.38 中的查询在理论上就是经过一个乘积运算的扫描过程,同时进行投影和选择。它相当于关系代数运算:

$$\pi_{Sno,Cno,Grade}(\sigma_{Sdept\ like\ '自动化'}(Student) \bowtie SC)$$

SQL 语句使用非常灵活、方便,一条 SELECT 语句可同时完成选择、投影和连接操作。在以上语义中可以是先选择后连接,也可以是先连接候选择,它们在语义上是等价的。但查询按哪种次序执行取决于 DBMS 的优化策略。

以上的例子是两个表的连接,同样可以进行两个以上表的连接。若有 m 个关系进行连接,则一定会有 $m-1$ 个连接条件。

【例 3.39】 查询所在系为自动化的学生的姓名、选修的课程名称和相应的考试成绩。

该查询需要同时从 Student、SC 和 Course 三个表中找出所需的数据,因此用三个关系的连接查询。

```
SELECT Sname, Cname, Grade
FROM Student, SC, Course
WHERE Student.Sno =SC.Sno
AND SC.Cno=Course.Cno
AND Sdept LIKE '自动化'
```

结果如表 3.14 所示。

表 3.14

Sname	Cname	Grade
王建平	英语	92
王建平	数据库	84
刘华	英语	90
刘华	数据结构	94
刘华	数据库	82

Ⅱ. 自身连接查询

有一种连接,是一个关系与自身进行的连接,这种连接称作自身连接。SQL 允许为 FROM 子句中关系 R 的每一次出现定义一个别名。这样在 SELECT 子句和 WHERE 子句中的属性前面就可以加上"别名.<属性名>"。

【例 3.40】　查询所在系相同的学生基本信息。

```
SELECT A.*
FROM   Student A, Student B
WHERE  A. Sdept =B. Sdept
```

结果如表 3.15 所示。

表 3.15

Sno	Sname	Ssex	Sage	Sdept
S01	王建平	男	21	自动化
S02	刘华	女	19	自动化
S04	李伟	男	19	数学
S05	黄河	男	18	数学
S06	长江	男	20	数学

该列中要查询的内容属于表 Student。上面的语句将表 Student 分别取两个别名 A、B。这样 A、B 相当于内容相同的两个表。将 A 和 B 中籍贯相同的元组进行连接,经过投影就得到了满足要求的结果。

【例 3.41】　查询每一门课的间接先修课(即先修课的先修课)。

在 Course 表关系中,只有每门课的直接先修课信息,而没有先修课的先修课。要想得到这个信息,必须先对一门课找到其先修课,再按此先修课的课程号,查找它的先修课程。这就需要将 Course 表与其自身连接。为此,要为 Course 表取两个别名,一个是 A,另一个是 B,完成该查询的 SQL 语句如下:

```
SELECT A.Cno,A.Cname,B.Pre_Cno
```

```
FROM Course A, Course B
WHERE A.Pre_Cno =B.Cno;
```

查询结果如表 3.16 所示：结果表中有 NULL 的行表示该课程有先修课，但没有间接先修课。

表 3.16 查询结果

Cno	Cname	Pre_Cno
C02	数据结构	NULL
C03	数据库	C05
C04	DB_设计	C02
C06	网络原理	C05
C07	操作系统	NULL

Ⅲ. 外连接查询

在通常的连接操作中，只有满足连接条件的元组才能作为结果输出。若想以 Student 表为主体列出每个学生的基本情况及选课情况，且没有选课的学生也希望输出其基本信息，这时就需要使用外连接（outer join）。外连接分为左连接和右连接两种类型。标准 SQL 规定的外连接的表示方法为，在连接条件的左（右）边加上符号 *（有的数据库系统中用＋），就分别表示右（左）连接。

【例 3.42】 写出下面查询的执行结果。

```
SELECT Student.Sno,Sname,Ssex,Sage,Sdept,Cno,Grade
FROM  Student LEFT OUT JOIN SC ON (Student.Sno=SC.Sno);
```

执行结果如表 3.17 所示。

表 3.17

Student. Sno	Sname	Ssex	Sage	Sdept	Cno	Grade
S01	王建平	男	21	自动化	C01	92
S01	王建平	男	21	自动化	C03	84
S02	刘华	女	19	自动化	C01	90
S02	刘华	女	19	自动化	C02	94
S02	刘华	女	19	自动化	C03	82
S03	范林军	女	18	计算机	C01	72
S03	范林军	女	18	计算机	C02	90
S04	李伟	男	19	数学	C03	75
S05	黄河	男	18	数学	NULL	NULL
S06	长江	男	20	数学	NULL	NULL

左外连接列出左边关系（如本例 Student）中所有的元组，右外连接列出右边关系中所有的元组。

2）嵌套查询

一个 SELECT-FROM-WHERE 语句称为一个查询块，将一个查询块嵌套在另一个查询块的 WHERE 子句或 HAVING 短语的条件中的查询称为嵌套查询。这也是涉及多表的查询，其中外层查询称为父查询，内层查询称为子查询。子查询中还可以嵌套其他子查询，即允许多层嵌套查询，其执行过程是由里往外的，每一个子查询是在上一级查询处理之前完成的。这样上一级的查询就可以利用已完成的子查询的结果。

> 💡注意：子查询中不能使用 ORDER BY 子句。

子查询可以将一系列简单的查询组合成复杂的查询，SQL 的查询功能就变得更加丰富多彩。一些原来无法实现的查询也因有了多层嵌套的子查询而变得迎刃而解。

Ⅰ. 返回单值的子查询

在很多情况下，子查询返回的检索信息是单一的值。这类子查询看起来就像常量一样，因此我们经常把这类子查询的结果与父查询的属性用关系运算符来比较。

【例 3.43】　查询选修了数据结构的学生的学号和相应的考试成绩。

因为所要查询的信息涉及 SC 关系和 Course 关系，查询语句如下：

```
SELECT Sno, Grade
FROM   SC
WHERE  Cno =
    （SELECT Cno
    FROM Course
    WHERE Cname LIKE '数据结构'）
```

结果如表 3.18 所示。

本例括号中的 SELECT-FROM-WHERE 查询块是内层查询块（即子查询），括号外的 SELECT-FROM-WHERE 查询块是外层查询块（即父查询）。本查询的执行过程是：先执行子查询，在 Course 表中查得"数据结构"的课程号；然后执行

表　3.18

Sno	Grade
S02	94
S03	90

父查询，在 SC 表中根据课程号为"C02"查得学生的学号和成绩。显然，子查询的结果用于父查询建立查询条件。

该例也可以用连接查询来实现。

```
SELECT Sno, Grade
FROM   SC, Course
WHERE  SC.Cno = Course.Cno
AND Cname LIKE '数据结构'
```

> 💡**注意**：只有当连接查询投影列的属性来自于一个关系表时，才能用嵌套查询等效实现。若连接查询投影列的属性来自于多个关系表，则不能用嵌套查询实现。

【**例 3.44**】 查询考试成绩大于总平均分的学生学号。

```
SELECT DISTINCT Sno
FROM  SC
WHERE  Grade >
    (SELECT AVG(Grade)
    FROM SC)
```

在嵌套查询中，只有确切地知道内层查询返回的是单值，才可以直接使用关系运算符进行比较。

Ⅱ. 返回多值的子查询

实际应用的嵌套查询中，子查询返回的结果往往是一个集合，这时就不能简单地用比较运算符连接子查询和父查询，可以使用 ALL、ANY 等谓词来解决。表 3.19 给出了这些谓词的使用说明。

表 3.19 ALL 和 ANY 的使用说明

谓　　词	含　　义
> ANY	只要大于其中一个即可
> ALL	必须大于所有结果
< ANY	只要小于其中一个即可
< ALL	必须小于所有结果
>= ANY	只要大于或等于其中一个即可
>= ALL	必须大于或等于所有结果
<= ANY	只要小于或等于其中一个即可
<= ALL	必须小于或等于所有结果
= ANY	只要等于其中一个即可
<> ANY	只要与其中一个不等即可
<> ALL	必须与所有结果都不等

【**例 3.45**】 查询成绩至少比选修了 C02 号课程的一个学生成绩低的学生学号。

```
SELECT Sno
FROM SC
WHERE Grade <ANY
    (SELECT Grade
    FROM SC
    WHERE Cno = 'C02')
```

```
AND Cno <> 'C02'
```

ANY 运算符表示至少一个或某一个，因此使用＜ANY 就可表示至少比某集合其中一个少的含义。实际上，比最大的值小就等价于＜ANY，该例子可用聚合函数 MAX 来做。

```
SELECT Sno
FROM SC
WHERE Grade <
    (SELECT MAX(Grade)
    FROM SC
    WHERE Cno = 'C02')
AND Cno <> 'C02'
```

【例 3.46】 查询成绩比所有选修了 C02 号课程的学生成绩低的学生学号。

```
SELECT Sno
FROM SC
WHERE Grade <ALL
    (SELECT Grade
    FROM SC
    WHERE Cno = 'C02')
AND Cno <> 'C02'
```

ALL 运算符表示所有或者每个，因此使用＜ALL 就可表示至少比某集合所有都少的含义。实际上，比最小的值小就等价于＜ALL，该例子可用聚合函数 MIN 来做。

```
SELECT Sno
FROM SC
WHERE Grade <
    (SELECT MIN(Grade)
    FROM SC
    WHERE Cno = 'C02')
AND Cno <> 'C02'
```

前面在介绍条件查询时，曾经提到了如何使用 IN 进行查询。实际上，对于在父查询中需要判断某个属性的值与子查询结果中某个值相等的这类查询可以用 IN 进行查询，也就是说可以用 IN 来代替"＝ANY"。

【例 3.47】 查询选修了 C++的学生的基本信息。

```
SELECT *
FROM Student
```

```
WHERE Sno in
  (SELECT Sno
    FROM SC
    WHERE Cno in
  SELECT Cno
  FROM Course
  WHERE Cname LIKE 'C++')
```

本例中父查询只需要判断所给出的查询条件是不是在子查询所返回的数据集之中。因此,不论子查询返回多少记录,父查询中只需要用 IN 判断所查询的条件是否在返回集中。若在返回集中,则作为父查询的结果。

Ⅲ. 相关子查询

前面我们介绍的子查询都不是相关子查询,不相关子查询比较简单,在整个过程中只求值一次,并把结果用于父查询,即子查询不依赖于父查询。而更复杂的情况是子查询要多次求值,子查询的查询条件依赖于父查询,每次要对子查询中的外部元组变量的某一项赋值,这类子查询称为相关子查询。

在相关子查询中经常使用 EXISTS 谓词。子查询中含有 EXISTS 谓词后不返回任何结果,只得到“真”或“假”。

【例 3.48】 查询选修了 C++的学生的学号。

```
SELECT Sno
FROM SC
WHERE EXISTS
  (SELECT *
   FROM Course
   WHERE SC.Cno=Course.Cno AND Cname LIKE 'C++')
```

该查询的执行过程是,首先取外层查询中 SC 表的第一个元组,根据它与内层查询相关的属性值(即 Cno 值)处理内层查询,若 WHERE 字句返回值为真(即内层查询结果非空),则取此元组放入结果表;然后再检查 SC 表的下一个元组。重复这一过程,直至 SC 表全部检查完毕为止。本例中的查询也可使用含 IN 谓词的非相关子查询完成,读者自己可给出相应的 SQL 语句。

与 EXISTS 谓词相对应的是 NOT EXISTS 谓词。使用存在量词 NOT EXISTS 后,若内层查询结果为空,则外层的 WHERE 子句返回真值,否则返回假值。

【例 3.49】 查询所有没选 C04 号课程的学生的姓名。

```
SELECT sname
FROM student
```

```
WHERE NOT EXISTS
   (SELECT *
    FROM SC
    WHERE SC.Sno=Student.Sno AND Cno ='C04')
```

本例中的查询也可使用含 IN 谓词的非相关子查询完成，其 SQL 语句如下：

```
SELECT Sname
FROM Student
WHERE Sno NOT IN
   (SELECT Sno
    FROM SC
    WHERE Cno ='C04')
```

一些带 EXISTS 或 NOT EXISTS 的谓词的子查询不能被其他形式的子查询等价替换，但所有带 IN 谓词、比较运算符、ANY 和 ALL 谓词的子查询都能用带 EXISTS 谓词的子查询等价替换。由于带 EXISTS 量词的相关子查询只关心内层查询是否有返回值，并不需要查具体值，因此其效率并不一定低于不相关子查询，有时甚至是最高效的方法。

【例 3.50】　查询与"刘华"在同一个系学习的学生。

```
SELECT Sno,Sname,Sdept
  FROM Student
 WHERE Sdept   IN
              (SELECT Sdept
               FROM Student
               WHERE Sname='刘华');
```

此查询为不相关子查询。

用自身连接完成上例查询要求：

```
SELECT S1.Sno,S1.Sname,S1.Sdept
 FROM     Student S1,Student S2
 WHERE   S1.Sdept =S2.Sdept AND
                S2.Sname ='刘华';
```

可以用带 EXISTS 谓词的子查询替换：

```
SELECT Sno,Sname,Sdept
FROM Student S1
WHERE EXISTS
         (SELECT *
             FROM Student S2
```

```
        WHERE S2.Sdept =S1.Sdept AND
                  S2.Sname ='刘华');
```

此外,SQL 语言中没有全称量词∀,因此必须利用谓词演算将一个带有全称量词的谓词转换为等价的带有存在量词的谓词:

$$(\forall x)p\equiv\neg(\exists x(\neg p))$$

"≡"表示等价变换。

【例 3.51】 查询选修了全部课程的学生姓名。

由于没有全称量词,我们将题目的意思转换成等价的存在量词形式:查询这样的学生姓名,没有一门课程是他不选的。该查询可以形式化的表示如下:

用 p 表示谓词"该学生选课"

用 x 表示谓词"课程"

则上述查询可表示为$(\forall x)p$,即"对于任何一门课程该学生都选了",将它转换为等价的带有存在量词的谓词后则表示为$\neg(\exists x(\neg p))$,即"没有任何一门课程该学生不选"。该查询涉及三个关系表:存放学生姓名的 Student 表、存放所有课程信息的 Course 表、存放学生选课信息的 SC 关系表。其 SQL 语句如下:

```
SELECT Sname
FROM Student
WHERE NOT EXISTS
   (SELECT *
    FROM course
    WHERE NOT EXISTS
       (SELECT *
        FROM SC
        WHERE Sno=Student.Sno AND Cno=Course.Cno))
```

SQL 语言中也没有蕴涵逻辑运算,因此必须利用谓词演算将一个逻辑蕴涵的谓词转换为等价的带有存在量词的谓词:

$$p\rightarrow q\equiv\neg p\vee q$$

【例 3.52】 查询至少选修了学生 S03 选修的全部课程的学生学号。

本题的查询要求可作如下解释:查询这样的学生,凡是 S03 选修的课程,他都选了。换句话说,若有一个学号为 x 的学生,对所有的课程 y,只要学号为 S03 的学生选修了课程 y,则 x 也选修了 y,那么就将他的学号选出来。该查询可以形式化如下:

用 p 表示谓词"学生 S03 选修了课程 y"

用 q 表示谓词"学生 x 选修了课程 y"

则上述查询可表示为$(\forall y)(p\rightarrow q)$。

该查询可转换为如下等价形式：

$$(\forall y)(p \rightarrow q) \equiv \rightarrow \exists y(\rightarrow(p \rightarrow q)) \equiv \rightarrow \exists y(\rightarrow(\rightarrow p \vee q)) \equiv \rightarrow \exists y(p \wedge \rightarrow q)$$

它所表达的语义为：不存在这样的课程 y，学生 S03 选了 y，而学生 x 没有选。用 SQL 语言可表示如下：

```
SELECT DISTINCT Sno
FROM SC X
WHERE NOT EXISTS
  （SELECT *
   FROM SC Y
  WHERE Y.sno='S03' AND NOT EXIST
      （SELECT *
       FROM SC Z
       WHERE Z.Sno=X.Sno AND Z.Cno=Y.Cno))
```

3）集合查询

SELECT 语句的查询结果是元组的集合，所以多个 SELECT 语句的结果可进行集合操作。集合操作的种类主要有并操作 UNION、交操作 INTERSECT 和差操作 EXCEPT，参加集合操作的各查询结果的列数必须相同，对应项的数据类型也必须相同。

Ⅰ. 并操作

SQL 使用 UNION 把查询的结果并起来，且去掉重复的元组。如果要保留所有重复，则必须使用 UNION ALL。

【例 3.53】　查询所在系为自动化系的学生以及姓李的学生的基本信息。

```
SELECT *
FROM  Student
WHERE  Sdept LIKE '自动化'
UNION
SELECT *
FROM  Student
WHERE  Sname LIKE '李%'
```

结果如表 3.20 所示。

表　3.20

Sno	Sname	Ssex	Sage	Sdept
S01	王建平	男	21	自动化
S02	刘华	女	19	自动化
S04	李伟	男	19	数学

可以用多条件查询来实现，该查询等价于

```
SELECT *
FROM    Student
WHERE   Sdept LIKE '自动化' OR sname LIKE '李%'
```

Ⅱ. 交操作

SQL 使用 INTERSECT 把同时出现在两个查询的结果取出,实现交操作,并且也会去掉重复的元组。如果要保留所有重复,则必须使用 INTERSECT ALL。

【例 3.54】 查询年龄大于 18 岁的姓李的学生的基本信息。

```
SELECT *
FROM    Student
WHERE   Sage >18
INTERSECT
SELECT *
FROM    Student
WHERE   Sname LIKE '李%'
```

结果如表 3.21 所示。

表 3.21

Sno	Sname	Ssex	Sage	Sdept
S04	李伟	男	19	数学

可以用多条件查询来实现,该查询等价于

```
SELECT *
FROM    Student
WHERE   Sage >18   AND   Sname LIKE '李%'
```

Ⅲ. 差操作

SQL 使用 EXCEPT 把出现在第一个查询结果中,但不出现在第二个查询结果中的元组取出,实现差操作。

【例 3.55】 查询年龄大于 20 岁的学生基本信息与女生的基本信息的差集。

```
SELECT *
FROM    Student
WHERE   Sage >20
EXCEPT
SELECT *
FROM    Student
WHERE   Ssex LIKE '女'
```

结果如表 3.22 所示。

表　3.22

Sno	Sname	Ssex	Sage	Sdept
S01	王建平	男	21	自动化

可以用多条件查询来实现，该查询等价于

```
SELECT *
FROM   Student
WHERE   Sage >20  AND  Ssex NOT LIKE '女'
```

在并操作、交操作、差操作中要求参与运算的前后查询结果的关系模式完全一致。

3.4.2　插入数据

当基本表建立以后，就可以往表中插入数据了，SQL 中数据插入使用 INSERT 语句。INSERT 语句有两种插入形式：插入单个元组和插入多个元组。

1. 插入单个元组

插入元组的 INSERT 语句的格式如下：

```
INSERT INTO <基本表名>[(<列名 1>,<列名 2>,…,<列名 n>)]
VALUES(<列值 1>,<列值 2>,…,<列值 n>)
```

其中，<基本表名>指定要插入元组的表的名字；<列名 1>，<列名 2>，…，<列名 n>为要添加列值的列名序列；VALUES 后则一一对应要添加列的输入值。INTO 子句中没有出现的属性列，则新记录在这些列上取空值。但必须注意的是，在表中定义时说明了 NOT NULL 的属性列不能取空值，否则会出错。若 INTO 子句中没有指明任何属性列，则新插入的记录必须在指定表每个属性列上都有值。

【例 3.56】　在学生表中插入一个学生记录(S07,肖文,男,19,计算机)。

```
INSERT INTO student
VALUES('S07','肖文','男',19,'计算机')
```

【例 3.57】　将一个新学生元组(学号：S08；姓名：陈冬；性别：男；所在系：信管系；年龄：18 岁)插入到 Student 表中。

```
INSERT
INTO   Student (Sno,Sname,Ssex,Sdept,Sage)
VALUES ('S08','陈冬','男','信管系',18);
```

【例 3.58】 在学习表中插入一个学生选课记录(S08,C05)。

```
INSERT INTO SC(Sno , Cno)
VALUES('S08','C05')
```

本例中新插入的记录在 Grade 属性列上取空值。

2. 插入多个元组

INSERT INTO <基本表名>[(<列名 1>,<列名 2>,…,<列名 n>)] 子查询

这种形式可将子查询的结果集一次性地插入基本表中。如果列名序列省略,则子查询所得到的数据列必须和要插入数据的基本表的数据列完全一致。如果列名序列给出,则子查询结果与列名序列要一一对应。

【例 3.59】 如果已建有课程平均分表 Course_Avg(Cno,Average),其中 Average 表示每门课程的平均分,向 Course_avg 表中插入每门课程的平均分记录。

```
INSERT INTO course_avg(Cno,Average)
SELECT Cno , avg(Grade)
FROM SC
GROUP BY Cno
```

【例 3.60】 对每一个系,求学生的平均年龄,并把结果存入数据库。

第一步:建表。

```
CREATE TABLE Dept_age
    (Sdept CHAR(15)                      /* 系名* /
     Avg_age SMALLINT);                  /* 学生平均年龄* /
```

第二步:插入数据。

```
INSERT
  INTO  Dept_age(Sdept,Avg_age)
      SELECT Sdept,AVG(Sage)
      FROM Student
      GROUP BY Sdept;
```

3.4.3 删除数据

SQL 提供了 DELETE 语句用于删除每一个表中的一行或多行记录。要注意区分 DELETE 语句与 DROP 语句。DROP 是数据定义语句,作用是删除表或索引的定义。当删除表定义时,连同表所对应的数据都被删除;DELETE 是数据操纵语句,删除指定表中满足 WHERE 子句条件的元组,不能删除表的定义。DELETE 语句的一般格式如下:

```
DELETE FROM <表名>[WHERE <条件>]
```

其中,WHERE <条件>是可选的。如不选,则删除表中所有元组。

【例 3.61】　删除所在系为自动化的学生的基本信息。

```
DELETE FROM Student
WHERE Sdept LIKE '自动化'
```

此查询会将所在系列上值为"自动化"的所有记录全部删除。

WHERE 条件中同样可以使用复杂的子查询。

【例 3.62】　删除成绩不及格的学生的基本信息。

```
DELETE FROM Student
WHERE Sno IN
    (SELECT Sno
    FROM SC
    WHERE Grade < 60)
```

💡注意:DELETE 语句一次只能从一个表中删除记录,而不能从多个表中删除记录。要删除多个表的记录,就要写多个 DELETE 语句。

3.4.4　修改数据

SQL 中修改数据使用 UPDATE 语句,用以修改满足指定条件元组的指定列值。满足指定条件的元组可以是一个元组,也可以是多个元组。UPDATE 语句的一般格式如下:

```
UPDATE <基本表名>
SET <列名>=<表达式>[,<列名>=<表达式>]…
[WHERE <条件>]
```

对指定基本表中满足条件的元组,用表达式值作为对应列的新值,其中,WHERE<条件>是可选的,如不选,则更新指定表中所有元组的对应列。

【例 3.63】　将数据库的学分改为 3。

```
UPDATE Course
SET Credits = 3
WHERE Cname LIKE '数据库'
```

WHERE 条件中同样可以使用复杂的子查询。

【例 3.64】　将所有选了数据结构的学生成绩加 5 分。

```
UPDATE SC
SET Grade = Grade + 5
WHERE Cno IN
     (SELECT Cno FROM Course
     WHERE Cname LIKE '数据结构')
```

3.5 视图

本章在第一节中就已经介绍了视图是从一个或几个基本表(或视图)导出的表。它与基本表不同,是一个虚表。数据库只存放视图的定义,不存放视图对应的数据,这些数据仍存放在原来的基本表中。因此,当基本表的数据发生变化时,相应的视图数据也会随之改变。视图定义后,可以和基本表一样被用户查询、更新,但通过视图来更新基本表中的数据要有一定的限制。

3.5.1 建立视图

SQL 语言用 CREATE VIEW 命令建立视图,其一般格式如下:

```
CREATE VIEW <视图名>[(<列名>[,<列名>]…)]
AS (子查询)
[WITH CHECK OPTION]
```

其中,

(1) 列名序列为所建视图包含的列的名称序列,可省略。当列名序列省略时,直接使用子查询 SELECT 子句里的各列名作视图列名。下列情况不能省略列名序列:①视图列名中有常数、集函数或表达式;②视图列名中有从多个表中选出的同名列;③需要用更合适的新列名作视图列的列名。

(2) 子查询可以是任意复杂的 SELECT 语句,但不能使用 DISTINCT 短语和 ORDER BY 子句。

(3) WITH CHECK OPTION 是可选项,该选项表示对所建视图进行 INSERT、UPDATE 和 DELETE 操作时,让系统检查该操作的数据是否满足子查询中 WHERE 子句里限定的条件。若不满足,则系统拒绝执行。

【例 3.65】 建立一个自动化系的学生的信息视图。

```
CREATE VIEW AUTOstudent
AS
SELECT Sno , Sname , Ssex , Sage
FROM Student
```

```
WHERE Sdept LIKE '自动化'
```

本例中,视图列名及顺序与 SELECT 子句中一样,所以视图名 AUTOstudent 后列名被省略。

RDBMS 执行 CREATE VIEW 语句时只是把视图定义存入数据字典,并不执行其中的 SELECT 语句。只是在对视图进行查询时,按视图的定义从基本表中将数据查出。

【例 3.66】　建立数学系学生的视图,并要求进行修改和插入操作时仍需保证该视图只有数学系的学生,视图的属性名为 Sno、Sname、Sage、Sdept。

```
CREATE VIEW C_Student
AS
SELECT Sno,Sname,Sage,Sdept
FROM Student
WHERE Sdept='数学'
WITH CHECK OPTION;
```

由于在定义 C_Student 视图时加上了 WITH CHECK OPTION 子句,以后对该视图进行插入、修改和删除操作时,DBMS 会自动检查或加上 Sdept＝'数学'的条件。

像上述视图是从单个基本表导出,且只是去掉了基本表的某些行和某些列,但保留了主码,我们称这类视图为行列子视图。

视图不仅可以建立在一个或多个基本表上,也可以建立在一个或多个已定义好的视图上,或建立在基本表与视图上。

【例 3.67】　建立计算机系选修了 C 语言的学生视图(基于多个基表的视图)。

```
CREATE VIEW CMP_S1(Sno,Sname,Grade)
    AS
    SELECT Student.Sno,Sname,Grade
    FROM   Student,SC,Course
    WHERE  Sdept='计算机' AND
           Student.Sno=SC.Sno AND
           SC.Cno=Course . Cno AND
           Course .Cname LIKE 'C语言';
```

【例 3.68】　建立计算机系选修了 C 语言且成绩在 90 分以上的学生的视图(基于视图的视图)。

```
CREATE VIEW CMP_S2
 AS
 SELECT Sno,Sname,Grade
   FROM   CMP_S1
```

```
WHERE  Grade>=90;
```

这里的视图 CMP_S2 是建立在视图 CMP_S1 之上的。

定义基本表时,为了减少数据库中的冗余数据,表中只存放基本数据,由基本数据经过各种计算派生出的数据一般是不存储的。但由于视图中的数据并不实际存储,所以定义视图时可以根据应用的需要,设置一些派生属性列。这些派生属性由于在基本表中并不实际存在,因此也称之为虚拟列。带虚拟列的视图也称为带表达式的视图。

【例 3.69】 定义一个反映学生出生年份的视图。

```
CREATE VIEW Student_birth (Sno,Sname,Sbirth)
AS
SELECT Sno,Sname,2011-Sage
FROM Student;
```

这里的 Student_birth 是一个带表达式的视图,其中的属性列 Sbirth(出生年份)是通过计算得到的,称为虚拟列。

3.5.2 删除视图

SQL 中删除视图使用 DROP VIEW 语句,其一般格式如下:

```
DROP VIEW <视图名>[CASCADE];
```

视图删除后,其定义将从数据字典中删除。如果该视图上还导出了其他视图,则使用 CASCADE 级联删除语句,把该视图和由它导出的所有视图一起删除。

基本表删除后,由该基本表导出的所有视图定义没有被删除,但均已无法使用。删除这些视图定义需要显式地使用 DROP VIEW 语句将它们一一删除。

【例 3.70】 删除视图 AUTOstudent。

```
DROP VIEW AUTOstudent
```

本例将从数据字典中删除视图 AUTOstudent 的定义。

【例 3.71】 删除视图 CMP_S1:DROP VIEW CMP_S1。

执行此语句时由于 CMP_S1 视图还导出了 CMP_S2 视图,所以该语句被拒绝执行。如果确要删除,则使用级联删除语句:

```
DROP VIEW CMP_S1 CASCADE;                /* 删除了视图 IS_S1 和由它导出的所有视图* /
```

3.5.3 查询视图

视图已经建立,用户就可对视图进行查询操作。从用户角度来说,查询视图与查询基本表是一样的,可是视图是不实际存在于数据库当中的虚表,所以 DBMS 执行对视图的查询实际是根据视图的定义转换成等价的对基本表的查询。

【例 3.72】　在例 3.64 建立的视图 AUTOstudent 中查找年龄大于 20 岁的学生的基本信息。

```
SELECT Sno , Sname , Ssex , Sage
FROM AUTOstudent
WHERE Sage >20
```

本例在执行时 DBMS 会转化为下列执行语句:

```
SELECT Sno , Sname , Ssex , Sage
FROM Student
WHERE Sdept LIKE '自动化' AND Sage >20
```

因此,DBMS 对某 SELECT 语句进行处理时,若发现被查询对象是视图,则 DBMS 将进行下述操作:

(1) 从数据字典中取出视图的定义;

(2) 把视图定义的子查询和本 SELECT 语句定义的查询相结合,生成等价的对基本表的查询(此过程称为视图的消解);

(3) 执行对基本表的查询,把查询结果(作为本次对视图的查询结果)向用户显示。

一般情况下,对视图的查询是不会出现问题的。但有时,视图消解过程不能给出语法正确的查询条件。因此,对视图查询时,若出现语法错误,可能不是查询语句的语法错误,而是转换后的语法错误。此时,用户须自行把对视图的查询转化为对基本表的查询。

3.5.4　更新视图

视图更新是指对视图进行插入(INSERT)、删除(DELETE)和修改(UPDATE)操作。与查询视图一样,由于视图是虚表,所以对视图的更新实际是转换成对基本表的更新。此外,用户通过视图更新数据不能保证被更新的元组必定符合原来 AS<子查询>的条件。因此,在定义视图时,若加上子句 WITH CHECK OPTION,则在对视图更新时,系统将自动检查原定义时的条件是否满足。若不满足,则拒绝执行。

【例 3.73】　在自动化系的学生视图 AUTOstudent 中插入一自动化系学生的信息,该学生信息为(S09,戴敏,女,21)。

```
INSERT INTO AUTOstudent
VALUES('S09','戴敏','女',21)
```

该语句执行时将转换成对 Student 表的插入:

```
INSERT INTO Student
VALUES('S09','戴敏','女',21,'自动化')
```

系统将自动将学生所在系"自动化"放入 VALUES 子句中。

【例 3.74】 将视图 AUTOstudent 中学号为 S09 的同学的年龄改为 20 岁。

```
UPDATE AUTOstudent
SET Sage=20
WHERE Sno LIKE 'S09'
```

该语句执行时将转换成对 Student 表的修改:

```
UPDATE Student
SET Sage=20
WHERE Sno LIKE 'S09' AND Sdept LIKE '自动化'
```

视图更新实际是转换成对基本表的更新,但并非所有视图更新都能转换成有意义的对基本表的更新。为了能正确执行视图更新,各 DBMS 对视图更新都有若干规定。由于各系统实现方法上的差异,这些规定也不尽相同。一般的限制有如下几点:

(1) 通常对于由一个基本表导出的视图,如果是从基本表去掉除主码外的某些列和行,是允许更新的。

(2) 一般对于多表连接得到的视图不允许更新。

(3) 若视图的列是由库函数或计算列构成,则不能更新。

(4) 若视图定义中含有 DISTINCT、GROUP BY 等子句,不允许更新。

3.5.5 视图的作用

视图最终是定义在基本表上的,对视图的一切操作最终也要转换为对基本表的操作。既然如此,为什么还要定义视图呢? 这是因为合理使用视图能够带来许多好处。

1. 视图简化了用户的操作

视图机制是用户把注意力集中在自己所关心的数据上。这种视图所表达的数据逻辑结构相比基本表而言,更易被用户所理解。而对视图的操作实际上是把对基本表(尤其是多个基本表)的操作隐藏起来,大大简化了用户的操作。

2. 视图使用户能以多种角度看待同一数据

视图机制能使不同的用户以不同的方式看待同一数据,当许多不同种类的用户共享同一个数据库时,这种灵活性是非常必要的。

3. 视图为重构数据库提供了一定程度的逻辑独立性

数据的物理独立性是指用户的应用程序不依赖于数据库的物理结构;数据的逻辑独

立性是指当数据库重构造时,如增加新的关系或对原有的关系增加新的字段,用户的应用程序不会受影响。层次数据库和网状数据库一般能较好地支持数据的物理独立性,而对于逻辑独立性则不能完全地支持。

在关系数据库中,数据库的重构造往往是不可避免的。重构数据库最常见的是将一个基本表"垂直"地分成多个基本表。例如,将学生关系 Student(Sno,Sname,Ssex,Sage,Sdept)分为 SX(Sno,Sname,Sage)和 SY(Sno,Ssex,Sdept)两个关系。这时,原表 Student 为 SX 表和 SY 表自然连接的结果。如果建立一个视图 Student:

```
CREATE VIEW Student(Sno,Sname,Ssex,Sage,Sdept)
    AS
    SELECT SX.Sno,SX.Sname,SY.Ssex,SX.Sage,SY.Sdept
    FROM SX,SY
    WHERE SX.Sno=SY.Sno;
```

这样尽管数据库的逻辑结构改变了(变为 SX 和 SY 两个表),但应用程序不必修改。因为新建立的视图定义为用户原来的关系,使用户的外模式保持不变,用户的应用程序通过视图仍然能够查找数据。

当然,视图只能在一定程度上提供数据的逻辑独立,如由于视图的更新是有条件的,因此应用程序中修改数据的语句可能仍会因为基本表构造的改变而改变。

4. 视图能够对机密数据提供安全保护

有了视图机制,就可以在设计数据库应用系统时,对于不同的用户定义不同的视图,而只授予用户访问自己视图的权限,这样用户就只能看到与自己有关的数据,而无法看到其他用户数据。

5. 适当地利用视图可以更清晰地表达查询

例如,经常需要执行这样的查询"对每个学生找出他获得最高成绩的课程号"。可以先定义一个视图,求出每个同学获得的最高成绩:

```
CREATE VIEW VMGRADE
  AS
  SELECT Sno,MAX(Grade) Mgrade
  FROM SC
  GROUP BY Sno;
```

然后用如下的查询语句完成查询:

```
SELECT SC.Sno, Cno FROM SC, VMGRADE WHERE SC.Sno = VMGRADE.Sno AND SC.Grade =
VMGRADE.Mgrade;
```

3.6　SQL 的数据控制功能

SQL 数据控制功能包括事务管理功能和数据保护功能,即控制用户对数据的存取能力,维护数据库的安全性和完整性,数据库的并发控制与恢复等。本节主要讨论 SQL 语言的安全性控制功能——SQL 如何控制用户对数据的存取权限问题,其他概念和技术将在后面章节详细讨论。

3.6.1　授权

为切实保证数据库的安全,对用户设定权限是必要的,即进行授权。SQL 语言用 GRANT 语句向用户授予操作权限,授权命令格式如下:

```
GRANT <权限>[,<权限>]…
[ON<对象类型><对象名>]
TO <用户>[,<用户>]…
[WITH GRANT OPTION];
```

其语义为:将对指定操作对象的指定操作权限授予指定的用户。

不同类型的操作对象有不同的操作权限,常见的操作权限如表 3.23 所示。

表 3.23　不同类型的操作对象的不同操作权限

对　象	对象类型	操作权限
属性列视图	TABLE	SELECT,INSERT,UPDATE,DELETE,ALL PRIVILEGES
基本表	TABLE	SELECT, INSERT, UPDATE, DELETE, ALTER, INDEX, ALL PRIVILEGES
数据库	DATABASE	CREATETAB

对属性列和视图的操作权限有查询(SELECT)、插入(INSERT)、修改(UPDATE)、删除(DELETE)以及这四种权限的总和(ALL PRIVILEGES)。

对基本表的操作权限有查询(SELECT)、插入(INSERT)、修改(UPDATE)、删除(DELETE)、修改表(ALTER)和建立索引(INDEX)以及这六种权限的总和(ALL PRIVILEGES)。

对数据库可以有建立表(CREATETAB)的权限,该权限属于 DBA,可由 DBA 授予普通用户,普通用户拥有此权限后可以建立基本表,并成为该表的属主(owner)。基本表的属主拥有对该表的一切操作权限。

接受权限的用户可以是一个或多个具体用户,也可以是 PUBLIC,即全体用户。

如果指定了 WITH GRANT OPTION 子句,则获得某种权限的用户还可以把这种权限再授予其他的用户。否则,该用户只能使用所获得的权限,而不能将该权限传播给其它用户。在下面的例子中,假设 DBA 已通过企业管理器(7.4.1 节)等 SQL Server 工具在数据库上创建了 User1、User2、User3、User4、User5、User6 等用户。

【例 3.75】 把对 Student 表和 Course 表的全部操作权限授予用户 User1 和 User2。

```
GRANT ALL PRIVILIGES
ON TABLE Student,Course
TO User1,User2;
```

【例 3.76】 把对基本表 SC 的查询权限授予所有用户。

```
GRANT SELECT
ON TABLE SC
TO PUBLIC;
```

【例 3.77】 把查询 Student 表和修改学生学号(Sno)的权限授给用户 User3。

```
GRANT UPDATE(Sno),SELECT ON TABLE Student TO User3;
```

说明:这实际上是授予 User3 用户对基本表 Student 的 SELECT 权限和对属性列 Sno 的 UPDATE 权限,授予关于属性列的权限时必须明确指出相应属性列名。

【例 3.78】 把对表 SC 的 INSERT 权限授予 User4 用户,并允许他将此权限授予其他用户。

```
GRANT INSERT ON TABLE SC TO User4 WITH GRANT OPTION;
```

执行此 SQL 语句后,User4 不仅拥有了对表 Reports 的 INSERT 权限,还可以传播此权限,即由 User4 用户使用上述 GRANT 命令给其他用户授权。例如,User4 可以将此权限授予 User5:

```
GRANT INSERT ON TABLE SC TO User5;
```

因为 User4 未给 User5 传播授权的权限,因此 User5 不能再传播此权限。

【例 3.79】 DBA 把在数据库 SUES_MIS 中建立表的权限授予用户 User6。

```
GRANT CREATETAB ON DATABASE SUES_MIS TO Uers6;
```

从上面例子可以看到,GRANT 语句可以一次向一个用户授权,也可以一次向多个用户授权,还可以一次传播多个同类对象的权限,甚至一次可以完成对基本表、视图和属性列这些不同对象的授权,但授予关于 DATABASE 的权限必须与授予关于 TABLE 的权限分开,因为它们的对象类型不同。

3.6.2 收回权限

授予用户的权限可以由 DBA 或其他授权者用 REVOKE 收回。REVOKE 语句的一般格式如下：

```
REVOKE <权限 1>[,<权限 2>]…|ALL
[ON<对象类型><对象名>]
FROM<用户 1>[,<用户 2>]… | PUBLIC [CASCADE|RESTRICT];
```

其中，任选项"CASCADE"表示连锁回收，即在回收一个用户的特权时，同时也撤销由该用户转授给其他用户的该项权限。"RESTRICT"说明当不存在连锁回收现象时(即特权未被转授)才能进行回收，否则拒绝执行回收。

【例 3.80】 把用户 User3 修改学生学号(Sno)的权限收回。

```
REVOKE UPDATE(Sno) ON TABLE Student FROM User3;
```

【例 3.81】 收回所有用户对基本表 SC 的查询权限。

```
REVOKE SELECT ON TABLE Reports FROM PUBLIC;
```

【例 3.82】 把用户 User4 对 SC 表的 INSERT 权限收回。

```
REVOKE INSERT ON TABLE SC FROM User4;
```

在本列中，由于 User4 已将对 SC 表的 INSERT 权限授予了 User5，执行例 3.82 的 REVOKE 语句后，DBMS 在收回 User4 对 SC 表的 INSERT 权限的同时，还会自动收回 User5 的相应权限，即收回权限的操作会级联下去。但如果 User5 从其他用户处获得对 SC 表的 INSERT 权限，则他仍具有此权限，系统只收回直接或间接从 User4 处获得的权限。

可见，SQL 提供了非常灵活的授权机制。DBA 拥有对数据库中所有对象的所有权限，并可以根据应用的需要将不同的权限授予不同的用户。

本章小结

SQL 是关系数据库标准语言，已在众多的 DBMS 产品中得到支持。SQL 的主要功能包括数据查询、数据定义、数据操纵和数据控制。

SQL 数据查询可以分为单表查询和多表查询。多表查询的实现方式有连接查询和子查询，其中子查询可分为相关子查询和非相关子查询。在查询语句中可以利用表达式、函数，以及分组操作 GROUP BY、HAVING、排序操作 ORDER BY 等进行处理。查询语句是 SQL 的重要语句,它内容复杂、功能丰富,读者要通过上机实践才能逐步掌握。

　　SQL 数据定义包括对基本表、视图、索引的创建和删除。SQL 数据操纵包括数据的插入、删除、修改等操作。SQL 还提供了完整性约束机制。

　　SQL 数据控制主要包括授权和权限回收等操作。

习题

1. 名词解释:

　　基本表、视图、相关子查询、联接查询、嵌套查询。

2. 对于教学数据库的三个基本表:

　　　　S(SNO,SNAME,AGE,SEX)

　　　　SC(SNO,CNO,GRADE)

　　　　C(CNO,CNAME,TEACHER)

　　试用 SQL 的查询语句表达下列查询:

　　(1) 检索 Liu 老师所授课程的课程号和课程名。

　　(2) 检索年龄大于 23 岁的男学生的学号和姓名。

　　(3) 检索学号为 S3 学生所学课程的课程名与任课教师名。

　　(4) 检索至少选修 Liu 老师所授课程中一门课程的女学生的姓名。

　　(5) 检索 Wang 同学不学的课程的课程号。

　　(6) 检索至少选修两门课程的学生学号。

　　(7) 检索全部学生都选修的课程的课程号与课程名。

　　(8) 检索选修课程包含 Liu 老师所授课程的学生学号。

3. 试用 SQL 查询语句表达下列对 2 题中三个基本表 S、SC、C 的查询:

　　(1) 在表 C 中统计开设课程的教师人数。

　　(2) 求选修 C4 课程的女学生的平均年龄。

　　(3) 求 Shu 老师所授课程的每门课程的平均成绩。

　　(4) 统计每个学生选修课程的门数(超过 5 门的学生才统计)。要求输出学生学号和选修门数,查询结果按门数降序排列,若门数相同,按学号升序排列。

　　(5) 检索学号比 Liu 同学大,而年龄比他小的学生姓名。

　　(6) 在表 SC 中检索成绩为空值的学生的学号和课程号。

　　(7) 检索姓名以 L 打头的所有学生的姓名和年龄。

　　(8) 求年龄大于男同学平均年龄的女学生的姓名和年龄。

　　(9) 求年龄大于所有女同学年龄的男学生的姓名和年龄。

4. 试用 SQL 更新语句表达对 2 题教学数据库中关系 S、SC、C 的更新操作：

(1) 往关系 C 中插一个课程元组（'C8'，'VC++'，'BAO'）。

(2) 检索所授每门课程平均成绩均大于 80 分的教师姓名，并把检索到的值送往另一个已存在的表 FACULTY(TNAME)。

(3) 在 SC 中删除尚无成绩的选课元组。

(4) 把选修 LIU 老师课程的女同学选课元组全部删去。

(5) 把 MATHS 课不及格的成绩全改为 60 分。

(6) 把低于所有课程总平均成绩的男同学成绩提高 5%。

(7) 在表 SC 中修改 C4 课程的成绩，若成绩小于等于 70 分时提高 5%，若成绩大于 70 分时提高 4%（用两种方法实现：一种方法是用两个 UPDATE 语句实现；另一种方法是用带 CASE 操作的一个 UPDATE 语句实现）。

(8) 在表 SC 中，当某个成绩低于全部课程的平均成绩时，提高 5%。

5. 设数据库中有三个关系：

职工表 EMP(ENO，ENAME，AGE，SEX，ECITY)，其属性分别表示职工工号、姓名、年龄、性别和籍贯。

工作表 WORKS(ENO，CNO，SALARY)，其属性分别表示职工工号、工作的公司编号和工资。

公司表 COMP(CNO，CNAME，CITY)，其属性分别表示公司编号、公司名称和公司所在城市。

试用 SQL 语句写出下列操作：

(1) 用 CREATE TABLE 语句创建上述三个表，需指出主键和外键。

(2) 检索超过 35 岁的男职工的工号和姓名。

(3) 假设每个职工只能在一个公司工作，检索工资超过 1000 元的男性职工的工号和姓名。

(4) 假设每个职工可在多个公司工作，检索在编号为 C4 和 C8 公司兼职的职工的工号和姓名。

(5) 检索在"联华公司"工作、工资超过 1000 元的男性职工的工号和姓名。

(6) 假设每个职工可在多个公司工作，检索每个职工的兼职公司数目和工资总数，显示(ENO，NUM，SUM_SALARY)，分别表示工号、公司数目和工资总数。

(7) 工号为 E6 的职工在多个公司工作，试检索至少在 E6 职工兼职的所有公司工作的职工工号。

(8) 检索华联公司中低于本公司平均工资的职工的工号和姓名。

(9) 在每一公司中为 50 岁以上职工加薪 100 元（若职工为多个公司工作，可重复加）。

(10) 在 EMP 表和 WORKS 表中删除年龄大于 60 岁的职工有关元组。

6. 在仓库管理数据库中有五个基本表：

零件　PART(PNO,PNAME,COLOR,WEIGHT)

项目　PROJECT(JNO,JNAME,DATE)

供应商　SUPPLIER(SNO,SNAME,SADDR)

供应　P_P(JNO,PNO,TOTAL)

采购　P_S(PNO,SNO,QUANTITY)

(1) 试用 SQL DDL 语句定义上述五个基本表,需说明主键和外键。

(2) 试将 PROJECT、P_P、PART 三个基本表的连接定义为一个视图 VIEW1,将 PART、P_S、SUPPLIER 三个基本表的连接定义为一个视图 VIEW2。

(3) 试在上述两个视图的基础上进行查询操作：

a) 检索上海的供应商所供应的零件的编号和名称。

b) 检索项目 J4 所用零件的供应商的编号和名称。

7. 对于 2 题的教学数据库中基本表 SC,建立一个视图：

```
CREATE VIEW S_GRADE(SNO,C_NUM,AVG_GRADE)
    AS SELECT SNO,COUNT(CNO),AVG(GRADE)
        FROM SC
        GROUP BY SNO;
```

试判断下列查询和更新操作是否允许执行。如允许,写出转换到基本表 SC 上的相应操作。

第 4 章

关系数据库规范化理论

本章关键词

数据冗余(data redundancy)　　　　更新异常(update anomalies)

插入异常(insert anomalies)　　　　删除异常(deletion anomalies)

第一范式(1NF)　　　　　　　　　第二范式(2NF)

第三范式(3NF)　　　　　　　　　第四范式(4NF)

第五范式(5NF)　　　　　　　　　BC 范式(BCNF)

本章要点

关系数据库的规范化设计理论主要包括三方面的内容：函数依赖、范式(normal form)和模式设计方法。其中，函数依赖起着核心作用，是模式分解和模式设计的基础，范式是模式分解的标准。

数据库设计的一个最基本的问题是怎样建立一个合理的数据库模式，使数据库系统无论是在数据存储方面还是在数据操作方面都具有较好的性能。什么样的模型是合理的模型？什么样的模型是不合理的模型？应该通过什么标准去鉴别和采取什么方法来改进？这些都是在进行数据库设计之前必须明确的问题。

为使数据库设计合理可靠、简单实用，长期以来，形成了关系数据库设计理论，即规范化理论。它是根据现实世界中存在的数据依赖而进行的关系模式的规范化处理，从而得到一个合理的数据库设计效果。

4.1　关系规范化的作用

4.1.1　问题的提出

在解决"如何设计一个合理的数据库模式"问题之前，让我们先看看什么样的模式是一个"不好"的数据库模式。为了说明的方便，我们先看一个实例。

【例 4.1】　设有一个关于教学管理的关系模式 $R(U)$，其中 U 是由属性 Sno、Sname、

Ssex、Dname、DeptHead、Cno、Grade 组成的属性集合，其中 Sno 的含义为学生学号，Sname 的含义为学生姓名，Ssex 的含义为学生性别，Dname 的含义为学生所在系别，DeptHead 的含义为系主任姓名，Cno 的含义为学生所选的课程号，Grade 的含义为学生选修该门课程的成绩。若将这些信息设计成一个关系，则关系模式为

教学(Sno,Sname,Ssex,Dname,DeptHead,Cno,Grade)

选定此关系的主键为(Sno,Cno)。由该关系的部分数据(表 4.1)，我们不难看出，该关系存在着如下问题。

表 4.1　教学关系部分数据

Sno	Sname	Ssex	Dname	DeptHead	Cno	Grade
0450301	李华	男	自动化系	李杰	C01	83
0450301	李华	男	自动化系	李杰	C02	71
0450301	李华	男	自动化系	李杰	C03	92
0450301	李华	男	自动化系	李杰	C04	86
0450302	王薇	女	计算机系	刘刚	C01	79
0450302	王薇	女	计算机系	刘刚	C06	94
0450302	王薇	女	计算机系	刘刚	C07	74
0450302	王薇	女	计算机系	刘刚	C10	68
⋮	⋮	⋮	⋮	⋮	⋮	⋮
0620131	陈杰	男	数学系	吴相	C03	97
0620131	陈杰	男	数学系	吴相	C11	79
0620131	陈杰	男	数学系	吴相	C12	93
0620131	陈杰	男	数学系	吴相	C13	88

1. 数据冗余（data redundancy）

(1) 每一个系名对该系的学生人数乘以每个学生选修的课程门数重复存储。

(2) 每一个系主任都对其所在系的学生重复存储。

2. 更新异常（update anomalies）

由于存在数据冗余，当更新数据库中的数据时，系统要付出很大的代价来维护数据库的完整性，否则会面临数据不一致的危险。比如，更改一个系的系主任，则需要修改多个元组。如果仅部分修改，部分不修改，就会造成数据的不一致。同样的情形，如果一个学生转系，则对应此学生的所有元组都必须修改，否则也会出现数据的不一致性。

3. 插入异常（insert anomalies）

由于主键中元素的属性值不能取空值，如果新成立一个系，尚无学生，则因为属性

Sno 的取值为空,导致新系名就无法插入;如果一门新开的课程无人选修或一门课程列入计划但目前不开课,也无法插入。

4. 删除异常(deletion anomalies)

如果某系的所有学生全部毕业,又没有在读生及新生,当从表中删除毕业学生的选课信息时,则连同此系的信息全部丢失。同样地,如果所有学生都退选一门课程,则该课程的相关信息也将同样丢失。

由此可知,上述的教学管理关系尽管看起来能满足一定的需求,但存在的问题太多,因此它并不是一个合理的关系模式。

4.1.2 异常原因分析

从上例可发现:一个"好"的模式不应当发生插入异常和删除异常,且数据冗余应尽可能地少。因此,关系模式"教学"是一个"不好"的关系模式。

关系模式"教学"出现异常问题原因:关系模式的结构中,属性之间存在过多的"数据依赖"。"数据依赖"的精确定义下节介绍,现在先非形式地讨论一下数据依赖的概念。

数据依赖(data dependency)是指关系中属性值之间的相互联系,它是现实世界属性间相互联系的体现,是数据之间的内在性质,是语义的体现。现在人们已经提出了许多种类型的数据依赖,其中最重要的是函数依赖(functional dependency,FD)和多值依赖(multivalued dependency,MVD)。

函数依赖极为普遍地存在于现实生活中。对关系"教学"来说,由于一个学号 Sno 只对应一个学生名,一个学生只在一个系注册学习。因此,当学号 Sno 的值确定之后,姓名 Sname 和其所在系 Dname 的值也就被唯一地确定了。就像自变量 x 的值确定之后,相应函数 $f(x)$ 的值也就唯一地确定一样,我们说 Sno 决定 Sname 和 Dname,或者说 Sname,Dname 函数依赖于 Sno,记为:Sno→Sname,Sno→Dname。

对关系模式"教学",其属性集 $U = \{$ Sno,Sname,Ssex,Dname,DeptHead,Cno,Grade $\}$。根据学校管理运行的实际情况,我们还知道:

(1) 一个学生只有一个学号,即 Sno→Sname。

(2) 一个系有若干学生,但一个学生只属于一个系,即 Sno→Dname。

(3) 每个学生学习每一门课程有一个成绩,即{Sno,Cno}→Grade。

(4) 一个系只有一名系主任,即 Dname→DeptHead。

于是可得到关系模式"教学"的属性集 U 上的一个函数依赖组成的集合 F,简称函数依赖集。

F={Sno→Sname, Sno→Dname, {Sno, Cno}→Grade, Dname→DeptHead }

所谓关系模式"教学"中的数据依赖过多,是指它存在多种类型的函数依赖。比如,既有由候选键{Sno，Cno}确定的函数依赖{Sno，Cno}→Grade，又有{Sno，Cno}中部分属性 Sno 确定的函数依赖 Sno→Sname，还有非主键属性 Dname 确定的函数依赖 Dname→DeptHead 等。

4.1.3　异常问题的解决

既然已经知道关系模式"教学"出现异常问题是因为属性之间存在过多的"数据依赖"造成，那么，有什么办法可减少属性之间存在过多的"数据依赖"，从而消除关系模式中出现的异常问题呢？其解决办法就是关系模式分解。

在例 4.1 中，我们将教学关系分解为三个关系模式来表达：学生基本信息（Sno，Sname，Ssex，Dname）、系基本信息（Dname，DeptHead）及学生成绩（Sno，Cno，Grade）。分解后的部分数据如表 4.2～表 4.4 所示。

表 4.2　学生基本信息

Sno	Sname	Ssex	Dname
0450301	李华	男	自动化系
0450302	王薇	女	计算机系
⋮	⋮	⋮	⋮
0620131	陈杰	男	数学系

表 4.3　系基本信息

Dname	DeptHead
自动化系	李杰
⋮	⋮
数学系	吴相

表 4.4　学生成绩

Sno	Cno	Grade
0450301	C01	83
0450301	C02	71
0450301	C03	92
0450301	C04	86
0450302	C01	79
0450302	C06	94
0450302	C07	74
0450302	C10	68
⋮	⋮	⋮

Sno	Cno	Grade
0420131	C03	97
0420131	C11	79
0420131	C12	93
0420131	C13	88

分解后的每个关系模式,其属性之间的函数依赖都大大减少且比较单一。比如,学生基本信息的函数依赖是 Sno→Sname, Sno→Dname,学生成绩的函数依赖是{Sno,Cno}→Grade,系基本信息的函数依赖是 Dname→DeptHead。

用若干属性较少的关系模式代替原有关系模式的过程,就称为关系模式的分解。如学生基本信息、学生成绩和系基本信息就是关系模式"教学"的一个分解。这样,表4.1所示的关系就可以用表4.2～表4.4对应的关系来表示。对教学关系进行分解后,我们再来考察一下:

(1) 数据存储量减少。设有 n 个学生,每个学生平均选修 m 门课程,则表4.1中学生信息就有 $4nm$ 之多。经过改进后的学生信息及成绩表中,学生的信息仅为 $3n+mn$。学生信息的存储量减少了 $3(m-1)n$。显然,学生选课数绝不会是1。因而,经过分解后数据量要少得多。

(2) 更新方便。

① 插入问题部分解决。新成立的系,即使尚无学生,新系名可以插入。

② 修改方便。原关系中对数据修改所造成的数据不一致性,在分解后得到了很好的解决,改进后,只需要修改一处。

③ 删除问题也部分解决。如果某系的所有学生全部毕业,又没有在读生及新生,当从表中删除毕业学生的信息时,此系的信息依然存在。

虽然改进后的模式部分地解决了不合理的关系模式所带来的问题,但同时,改进后的关系模式也会带来新的问题。如当查询某个系的学生成绩时,就需要将两个关系连接后进行查询,增加了查询时关系的连接开销,而关系的连接代价却又是很大的。

此外,必须说明的是,不是任何分解都是有效的。若将表4.1分解为(Sno,Sname,Ssex,Cno,Grade)、(Dname,DeptHead),不但解决不了实际问题,反而会带来更多的问题。

那么,如何确定关系的分解是否有益?分解后是否存在数据冗余和更新异常等问题?分解后能完全消除上述问题吗?分解关系模式的理论依据又是什么?什么样的关系模式才算是一个好的关系模式?回答这些问题需要理论的指导,下面几节将加以讨论。

4.2　函数依赖

在数据库技术中,把数据之间的联系称为数据依赖(data dependency)。在数据库规范化的设计中,数据依赖起着关键的作用,数据冗余的产生和数据依赖有着密切的联系。在数据依赖中,函数依赖是最重要的一种依赖,它是关系规范化的理论基础。本节将讨论关系模式的函数依赖、候选键、主键、函数依赖的推理规则等问题。

4.2.1　关系模式的简化表示

一个关系模式可形式化表示为一个五元组:

R(U,D,Dom,F)

其中,R 为关系名;U 为关系的属性集合;D 为属性集 U 中属性的数据域;Dom 为属性到域的映射;F 为属性集 U 的数据依赖集。

由于 D 和 Dom 对设计关系模式的作用不大,在讨论关系规范化理论时可以把它们简化掉,从而关系模式可以用三元组来表示为:

R(U,F)

从上式可以看出,数据依赖是关系模式的重要要素。数据依赖是同一关系中属性间的相互依赖和相互制约。数据依赖包括函数依赖(FD)、多值依赖(MVD)和连接依赖(JD),由于函数依赖存在较普遍、应用较广,所以只讨论数据的函数依赖。

4.2.2　函数依赖的基本概念

1. 函数依赖

定义 4.1　设 $R(U)$ 是一个关系模式,U 是 R 的属性集合,X 和 Y 是 U 的子集。对于 $R(U)$ 的任意一个可能的关系 r,如果 r 中不存在两个元组,它们在 X 上的属性值相同,而在 Y 上的属性值不同,则称"X 函数确定 Y"或"Y 函数依赖于 X",记作 $X \rightarrow Y$。

函数依赖和其他数据依赖一样,是语义范畴的概念,我们只能根据数据的语义来确定函数依赖。例如,知道了学生的学号,可以唯一地查询到其对应的姓名、性别等,因而,可以说"学号函数确定了姓名或性别",记作"学号→姓名"、"性别"等。这里的唯一性并非只有一个元组,而是指任何元组,只要它在 X(学号)上相同,则在 Y(姓名或性别)上的值也相同。如果满足不了这个条件,就不能说它们是函数依赖。例如,学生姓名与年龄的关系,当只有在没有同名人的情况下可以说函数依赖"姓名→年龄"成立。如果允许有相同的名字,则"年龄"就不再依赖于"姓名"了。

当 $X \rightarrow Y$ 成立时,则称 X 为决定因素(determinant),称 Y 为依赖因素(dependent)。

当 Y 不函数依赖于 X 时,记为 $X \nrightarrow Y$。

如果 $X \rightarrow Y$,且 $Y \rightarrow X$,则记其为 $X \leftarrow \rightarrow Y$。

特别需要注意的是,函数依赖不是指关系模式 R 中某个或某些关系满足的约束条件,而是指 R 的一切关系均要满足的约束条件。

函数依赖概念实际是候选键(或称为候选码)概念的推广。事实上,每个关系模式 R 都存在候选键,每个候选键 K 都是一个属性子集,由候选键定义,对于 R 的任何一个属性子集 Y,在 R 上都有函数依赖 $K \rightarrow Y$ 成立。一般而言,给定 R 的一个属性子集 X,在 R 上另取一个属性子集 Y,不一定有 $X \rightarrow Y$ 成立,但是对于 R 中候选键 K,R 的任何一个属性子集都与 K 有函数依赖关系,K 是 R 中任意属性子集的决定因素。

2. 函数依赖的三种基本情形

函数依赖可以分为以下三种基本情形。

1) 平凡函数依赖与非平凡函数依赖

定义 4.2 在关系模式 $R(U)$ 中,对于 U 的子集 X 和 Y,如果 $X \rightarrow Y$,但 Y 不是 X 的子集,则称 $X \rightarrow Y$ 是非平凡函数依赖(nontrivial function dependency)。若 Y 是 X 的子集,则称 $X \rightarrow Y$ 是平凡函数依赖(trivial function dependency)。

对于任一关系模式,平凡函数依赖都是必然成立的。它不反映新的语义,因此,若不特别声明,本书总是讨论非平凡函数依赖。

【**例 4.2**】 在关系 SC(Sno,Cno,Grade)中,

非平凡函数依赖:(Sno,Cno)→ Grade

平凡函数依赖: (Sno,Cno)→ Sno

(Sno,Cno)→ Cno

2) 完全函数依赖与部分函数依赖

定义 4.3 在关系模式 $R(U)$ 中,如果 $X \rightarrow Y$,并且对于 X 的任何一个真子集 X',都有 $X' \nrightarrow Y$,则称 Y 完全函数依赖(full functional dependency)于 X,记作 $X \xrightarrow{F} Y$。若 $X \rightarrow Y$,但 Y 不完全函数依赖于 X,则称 Y 部分函数依赖(partial functional dependency)于 X,记作 $X \xrightarrow{P} Y$。

如果 Y 对 X 部分函数依赖,X 中的"部分"就可以确定对 Y 的关联,从数据依赖的观点来看,X 中存在"冗余"属性。例 4.2 中(Sno,Cno)→Grade 是完全函数依赖,(Sno,Cno)→Sdept 是部分函数依赖,因为 Sno →Sdept 成立,且 Sno 是(Sno,Cno)的真子集。

3) 传递函数依赖

定义 4.4 在关系模式 $R(U)$ 中,如果 $X \rightarrow Y$,$Y \rightarrow Z$,且 $Y \nrightarrow X$,则称 Z 传递函数依赖(transitive functional dependency)于 X,记作 $Z \xrightarrow{T} X$。

传递函数依赖定义中之所以要加上条件 $Y \nrightarrow X$，是因为如果 $Y \rightarrow X$，则 $X \leftarrow \rightarrow Y$。这实际上是 Z 直接依赖于 X，而不是传递函数了。

按照函数依赖的定义，可以知道，如果 Z 传递依赖于 X，则 Z 必然函数依赖于 X，如果 Z 传递依赖于 X，说明 Z 是"间接"依赖于 X，从而表明 X 和 Z 之间的关联较弱，表现出间接的弱数据依赖。因此，亦是产生数据冗余的原因之一。

【例 4.3】 在教学关系 (Sno, Sname, Ssex, Dname, DeptHead, Cno, Grade) 中有

Sno → Dname, Dname → DeptHead
DeptHead 传递函数依赖于 Sno

4.2.3 码的函数依赖表示

前面章节中给出了关系模式的码的非形式化定义，这里使用函数依赖的概念来严格定义关系模式的码。

定义 4.5 设 K 为关系模式 $R(U, F)$ 中的属性或属性集合。若 $K \xrightarrow{F} U$，则 K 称为 R 的一个候选码 (candidate key)，候选码有时也称为"候选键"或"码"。候选键是能够唯一确定关系中任何一个元组 (实体) 的最小属性集合。

若关系模式 R 有多个候选码，则选定其中一个作为主码 (primary key)。

包含在任何一个候选码中的属性称为主属性 (prime attribute)，不包含在任何候选码的属性称为非主属性 (non-key attribute)。

在教学关系 (Sno, Sname, Ssex, Dname, DeptHead, Cno, Grade) 中，{Sno, Cno} 是其唯一候选键。因此，Sno 和 Cno 都是主属性，而 Sname, Ssex, Dname, DeptHead, Grade 都是非主属性。

在关系模式中，最简单的情况，单个属性是码，称为单码 (single key)；最极端的情况，整个属性组都是码，称为全码 (all key)。

【例 4.4】 关系模式 Student(Sno, Sname, Ssex, Sage, Sdept)，单个属性 Sno 是码，SC(Sno, Cno, Grade) 中，(Sno, Cno) 是码。

【例 4.5】 关系模式 $R(P, W, A)$：

P: 演奏者   W: 作品   A: 听众
一个演奏者可以演奏多个作品
某一作品可被多个演奏者演奏
听众可以欣赏不同演奏者的不同作品
码为 (P, W, A)，即 All-Key

【例 4.6】 设有关系模式 R(Teacher, Course, Sname)，其属性 Teacher, Course, Sname 分别表示教师，课程和学生。由于一个教师可以讲授多门课程，某一课程可由多

个教师讲授,学生也可以选修不同教师讲授的不同课程。因此,这个关系模式的候选键只有一个,就是关系模式的全部属性(Teacher,Course,Sname),即全键,它也是该关系模式的主键。

定义 4.6 关系模式 R 中属性或属性组 X 并非 R 的码,但 X 是另一个关系模式的码,则称 X 是 R 的外部码(foreign key),也称为外码或外键。

如在 SC(Sno,Cno,Grade)中,Sno 不是码,但 Sno 是关系模式 Student(Sno, Sname, Ssex, Sage, Sdept)的码,则 Sno 是关系模式 SC 的外部码,主码与外部码一起提供了表示关系间联系的手段。在数据设计中,经常人为地增加外键来表示两个关系中元组之间的联系。当两个关系进行连接操作时就是因为有外键在起作用。

4.2.4 函数依赖和码的唯一性

码是由一个或多个属性组成的可唯一标识元组的最小属性组。码在关系中总是唯一的,即码函数决定关系中的其他属性。因此,一个关系,码值总是唯一的(如果码的值重复,则整个元组都会重复),否则,违反实体完整性规则。

与码的唯一性不同,在关系中,一个函数依赖的决定因素可能是唯一的,也可能不是唯一的。如果我们知道 A 决定 B,且 A 和 B 在同一关系中,但我们仍无法知道 A 是否能决定除 B 以外的其他所有属性,所以无法知道 A 在关系中是否是唯一的。

【例 4.7】 设有关系模式:学生成绩(学生号,课程号,成绩,教师,教师办公室)此关系中包含的四种函数依赖为

(学生号,课程号)→成绩
课程号→教师
课程号→教师办公室
教师→教师办公室

其中,课程号是决定因素,但它不是唯一的。因为它能决定教师和教师办公室,但不能决定属性成绩。但决定因素(学生号,课程号)除了能决定成绩外,当然也能决定教师和教师办公室,所以它是唯一的。关系的码应取(学生号,课程号)。

函数依赖性是一个与数据有关的事物规则的概念。如果属性 B 函数依赖于属性 A,那么,若知道了 A 的值,则完全可以找到 B 的值。这并不是说可以导算出 B 的值,而是逻辑上只能存在一个 B 的值。

例如,在人这个实体中,如果知道某人的唯一标识符,如身份证号,则可以得到此人的性别、身高、职业等信息,所有这些信息都依赖于确认此人的唯一的标识符。通过非主属性如年龄,无法确定此人的身高,从关系数据库的角度来看,身高不依赖于年龄。事实上,这也就意味着码是实体实例的唯一标识符。因此,在以人为实体来讨论依赖性时,如果已经知道是哪个人,则身高、体重等就都知道了。码指示了实体中的某个具体实例。

4.2.5　函数依赖的推理规则

为了从关系模式 R 上已知的函数依赖 F 推导出新的函数依赖，W. W. Armstrong 于 1974 年提出了一套推理规则，后来又经过不断完善，形成了著名的"Armstrong 公理系统"。

（1）Armstrong 公理系统有以下三条基本公理：

一是 A1（自反律，reflexivity）：如果 $Y \subseteq X \subseteq U$，则 $X \rightarrow Y$ 在 R 上成立。

二是 A2（增广律，augmentation）：如果 $X \rightarrow Y$ 在 R 上成立，且 $Z \subseteq U$，则 $XZ \rightarrow YZ$。

三是 A3（传递律，transitivity）：如果 $X \rightarrow Y$ 和 $Y \rightarrow Z$ 在 R 上成立，则 $X \rightarrow Z$ 在 R 上也成立。

（2）由 Armstrong 基本公理，可以导出下面四条有用的推理规则。

一是 A4（合并性规则，union）：若 $X \rightarrow Y$，$X \rightarrow Z$，则 $X \rightarrow YZ$。

二是 A5（分解性规则，decomposition）：若 $X \rightarrow Y$，$Z \subseteq Y$，则 $X \rightarrow Z$。

三是 A6（伪传递性规则，pseudotransivity）：若 $X \rightarrow Y$，$WY \rightarrow Z$，则 $WX \rightarrow Z$。

四是 A7（复合性规则，compositon rule）：若 $X \rightarrow Y$，$W \rightarrow Z$，则 $WX \rightarrow YZ$。

五是 A8（通用一致性规则，general unification rule）：若 $X \rightarrow Y$，$W \rightarrow Z$，则 $X(W-Y) \rightarrow YZ$。

4.3　关系模式的规范化

在关系数据库模式的设计中，为了避免或减少由函数依赖引起的过多数据冗余和更新异常等问题，必须对关系模式进行合理分解。合理的标准就是规范化理论中的范式。从 1971 年 E. F. Codd 提出关系模式规范化理论开始，人们对数据库模式的规范化问题进行了长期的研究，且已经有了很大进展。本节将介绍关系模式的范式及其类型等相关知识。

4.3.1　范式及其类型

关系数据库中的关系必须满足一定的规范化要求，对于不同的规范化程度可用范式来衡量。范式是符合某一种级别的关系模式的集合，是衡量关系模式规范化程度的标准，达到的关系才是规范化的。目前主要有六种范式：第一范式、第二范式、第三范式、BC 范式、第四范式和第五范式。满足最低要求的叫第一范式，简称为 1NF；在第一范式的基础上进一步满足一些要求的为第二范式，简称为 2NF；其余以此类推。显然，各种范式之间存在如下包含联系，如图 4.1 所示。

$$1NF \supset 2NF \supset 3NF \supset BCNF \supset 4NF \supset 5NF$$

通常把某一关系模式 R 为第 n 范式简记为 $R \in n\text{NF}$。

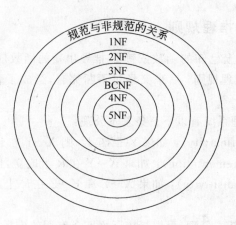

图 4.1　范式之间的包含关系

在这些范式中,最重要的是 3NF 和 BCNF,它们是进行规范化的主要目标。所以,本书对于第四范式和第五范式不予讨论。一个低一级范式的关系模式,通过模式分解可以转换为若干个高一级范式的关系模式的集合,这个过程称为规范化。关系模式的规范化主要解决的问题是关系中数据冗余及由此产生的操作异常。而从函数依赖的观点来看,即是消除关系模式中产生数据冗余的函数依赖。

定义 4.7　当一个关系中的所有分量都是不可分的数据项时,就称该关系是规范化的。

下述例子(表 4.5、表 4.6)由于具有组合数据项或多值数据项,因此说它们都不是规范化的关系。

表 4.5　具有组合数据项的非规范化关系

职　工　号	姓　　名	工　　资		
		基本工资	职务工资	工龄工资

表 4.6　具有多值数据项的非规范化关系

职　工　号	姓　名	职　称	系　名	学　历	毕业年份
03103	张良	教授	计算机	大学 研究生	1983 1992
04306	陈耿	讲师	计算机	大学	1995

4.3.2　第一范式(1NF)

定义 4.8　如果关系模式 $R(U)$ 中每个属性值都是一个不可分解的数据项,则称该关系模式满足第一范式(first normal form),简称 1NF,记为 $R \in 1NF$。

第一范式规定了一个关系中的属性值必须是"原子"的,它排斥了属性值为元组、数组或某种复合数据的可能性,使得关系数据库中所有关系的属性值都是"最简形式",这样要求的意义在于可能做到起始结构简单,为以后复杂情形讨论带来方便。一般而言,每一个关系模式都必须满足第一范式,1NF 是对关系模式的起码要求。

非规范化关系转化为 1NF 的方法很简单,当然也不是唯一的。对表 4.5、表 4.6 分别进行横向展开和纵向展开,即可转化为如表 4.7、表 4.8 所示的符合 1NF 的关系。

表 4.7　消除了组合数据项的规范化关系

职工号	姓名	基本工资	职务工资	工龄工资

表 4.8　消除了多值数据项的规范化关系

职工号	姓名	职称	系名	学历	毕业年份
03103	张良	教授	计算机	大学	1983
03103	张良	教授	计算机	研究生	1992
04306	陈耿	讲师	计算机	大学	1995

但是,满足第一范式的关系模式并不一定是一个好的关系模式,例如,学生管理关系模式:

SLC(SNO,DEPT,SLOC,CNO,GRADE)

其中,SNO 为学号;DEPT 为系别;SLOC 为学生住处;CNO 为课程号;GRADE 为成绩。假设每个系的学生住在同一地方,SLC 的码为(SNO,CNO),函数依赖包括

$(SNO,CNO) \xrightarrow{F} GRADE$

$SNO \rightarrow DEPT$

$(SNO,CNO) \xrightarrow{P} DEPT$

$SNO \rightarrow SLOC$

$(SNO,CNO) \xrightarrow{P} SLOC$

DEPT→SLOC(因为每个系只住一个地方),如图 4.2 所示,图中用虚线表示部分函数依赖。

显然,SLC 满足第一范式。这里,(SNO,CNO)两个属性一起函数决定 GRADE。(SNO,CNO)也函数决定 DEPT 和 SLOC。但实际上仅 SNO 就函数决定

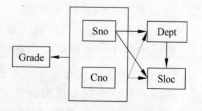

图 4.2　函数依赖示例

DEPT 和 SLOC。因此,非主属性 DEPT 和 SLOC 部分函数依赖于码(SNO,CNO)。

SLC 关系存在以下四个问题:

(1) 插入异常。假若要插入一个 SNO='01102',DEPT='IS',SLOC='BLD3',但还未选课的学生,即这个学生无 Cno,这样的元组不能插入 SLC 中。因为插入时必须给定码值,而此时码值的一部分为空,因而该学生的信息无法插入。

(2) 删除异常。假定某个学生只选修了一门课,如'01037'号学生只选修了 C4 号课程,现在 C4 这门课他也不选了,那么 C4 号课程这个数据项就要删除。而 C4 是主属性,删除了 C4,整个元组就不能存在了,也必须跟着删除,从而删除了'01037'号学生的其他信息,产生了删除异常,即不应删除的信息也被删除了。

(3) 数据冗余度大。如果一个学生选修了 10 门课程,那么他的 DEPT 和 SLOC 值就要重复存储 10 次。

(4) 修改复杂。当某个学生从数学系转到信息系,这本来只需要修改此学生元组中的 DEPT 值。但因为关系模式 SLC 还含有系的住处 SLOC 属性,学生转系将同时改变住处,因而还必须修改元组中 SLOC 的值。另外,如果这个学生选修了 10 门课,由于 DEPT、SLOC 重复存储了 10 次,当数据更新时,必须无遗漏地修改 10 个元组中的全部 DEPT、SLOC 信息,这就造成了修改的复杂化,存在破坏数据一致性的隐患。

因此,SLC 不是一个好的关系模式。

4.3.3　第二范式(2NF)

定义 4.9　如果一个关系模式 $R \in 1NF$,且它的所有非主属性都完全函数依赖于 R 的任一候选码,则 $R \in 2NF$。

关系模式 SLC 出现上述问题的原因是 DEPT、SLOC 对码的部分函数依赖。为了消除这些部分函数依赖,可以采用投影分解法,把 SLC 分解为两个关系模式:关系模式 SC 与 SL,如图 4.3 所示,其中 SC 的码为(SNO,CNO),SL 的码为 SNO。

SC(SNO,CNO,GRADE)
SL(SNO,DEPT,SLOC)

显然,在分解后的关系模式中,非主属性都完全函数依赖于码了,从而使上述四个问题在一定程度上得到部分解决。

(1) 在 SL 关系中可以插入尚未选课的学生。

(2) 删除学生选课情况涉及的是 SC 关系。如果一个学生所有的选课记录全部删除了,只是 SC 关系中没有关于该学生的记录了,不会牵涉到 SL 关系中关于该学生的记录。

(3) 由于学生选修课程的情况与学生的基本情况是分开存储在两个关系中的,因此不论该学生选多少门课程,他的 DEPT 值和 SLOC 值都只存储了 1 次。这就大大降低了

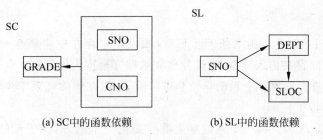

图 4.3　SC 和 SL 中的函数依赖

数据冗余程度。

　　(4) 由于学生从数学系转到信息系,只需修改 SL 关系中该学生元组的 DEPT 值和 SLOC 值,由于 DEPT、SLOC 并未重复存储,因此简化了修改操作。

　　2NF 就是不允许关系模式的属性之间有这样的依赖 $X \rightarrow Y$,其中 X 是码的真子集,Y 是非主属性。显然,码只包含一个属性的关系模式,如果属于 1NF,那么它一定属于 2NF,因为它不可能存在非主属性对码的部分函数依赖。

　　上例中的 SC 关系和 SL 关系都属于 2NF。可见,采用投影分解法将一个 1NF 的关系分解为多个 2NF 的关系,可以在一定程度上减轻原 1NF 关系中存在的插入异常、删除异常、数据冗余度大等问题。

　　在关系模式 R 中消除非主属性对候选键的部分依赖的方法可用下列算法表示:

　　算法 1　分解成 2NF 模式集的算法。

　　设关系模式 $R(U)$,主键是 W,R 上还存在 FD $X \rightarrow Z$,并且 Z 是非主属性和 $X \subset W$,那么 $W \rightarrow Z$ 就是一个部分依赖。此时应把 R 分解成两个模式:

R₁(XZ),主键是 X;

R₂(Y),其中 Y= U-Z,主键仍是 W,外键是 X.

利用外键和主键的连接可以从 R₁ 和 R₂ 重新得到 R.

　　如果 R_1 和 R_2 还不是 2NF,则重复上述过程,一直到数据库模式中每一个关系都是 2NF 为止。

　　但是,将一个 1NF 关系分解为多个 2NF 的关系,并不能完全消除关系模式中的各种异常情况和数据冗余。也就是说,属于 2NF 的关系模式并不一定是一个好的关系模式。

　　例如,2NF 关系模式 SL(SNO,DEPT,SLOC)中有下列函数依赖。

SNO→DEPT

DEPT ↛ SNO

DEPT→SLOC

可得 SNO $\xrightarrow{T}$ SLOC

由上可知,SLOC 传递函数依赖于 SNO,即 SL 中存在非主属性对码的传递函数依赖,SL 关系中仍然存在插入异常、删除异常和数据冗余度大的问题。

(1) 删除异常。如果某个系的学生全部毕业了,则在删除该系学生信息的同时,也把这个系的信息丢掉了。

(2) 数据冗余度大。每一个系的学生都住在同一个地方,关于系的住处的信息却重复出现,重复次数与该系学生人数相同。

(3) 修改复杂。当学校调整学生住处时,如信息系的学生全部迁到另一地方住宿,由于关于每个系的住处信息是重复存储的,修改时必须同时更新该系所有学生的 SLOC 属性值。

所以,SL 仍然存在操作异常问题,仍然不是一个好的关系模式。

4.3.4 第三范式(3NF)

定义 4.10 如果一个关系模式 $R \in 2NF$,且所有非主属性都不传递函数依赖于任何候选码,则 $R \in 3NF$。

关系模式 SL 出现上述问题的原因是 SLOC 传递函数依赖于 SNO。为了消除该传递函数依赖,可以采用投影分解法,把 SL 分解为两个关系模式:

SD(SNO,DEPT)

DL(DEPT,SLOC)

其中,SD 的码为 SNO,DL 的码为 DEPT。

显然,在关系模式中既没有非主属性对码的部分函数依赖,也没有非主属性对码的传递函数依赖,基本上解决了上述问题。

(1) DL 关系中可以插入无在校学生系的信息。

(2) 某个系的学生全部毕业了,只是删除 SD 关系中的相应元组,DL 关系中关于该系的信息仍然存在。

(3) 关于系的住处的信息只在 DL 关系中存储一次。

(4) 当学校调整某个系的学生住处时,只需修改 DL 关系中一个相应元组的 SLOC 属性值。

3NF 就是不允许关系模式的属性之间有这样的非平凡函数依赖 $X \rightarrow Y$,其中 X 不包含码,Y 是非主属性。X 不包含码有两种情况:一种情况是 X 是码的真子集,这也是 2NF 不允许的;另一种情况是 X 含有非主属性,这是 3NF 进一步限制的。

上例中的 SD 关系和 DL 关系都属于 3NF。可见,采用投影分解法将一个 2NF 的关系分解为多个 3NF 的关系,可以在一定程度上解决原 2NF 关系中存在的插入异常、删除异常、数据冗余度大、修改复杂等问题。

在关系模式 R 中消除非主属性对候选键的传递依赖的方法可用下列算法表示：

算法 2 分解成 3NF 模式集的算法。

设关系模式 $R(U)$，主键是 W,R 上还存在 FD $X \rightarrow Z$，并且 Z 是非主属性，$Z \not\subseteq X,X$ 不是候选键，那么 $W \rightarrow Z$ 就是一个传递依赖。此时应把 R 分解成两个模式：

$R_1(XZ)$，主键是 X；

$R_2(Y)$，其中 $Y=U-Z$，主键仍是 W，外键是 X.

利用外键和主键的连接可以从 R_1 和 R_2 重新得到 R.

如果 R_1 和 R_2 还不是 3NF，则重复上述过程，一直到数据库模式中每一个关系都是 3NF 为止。

但是，将一个 2NF 关系分解为多个 3NF 的关系后，并不能完全消除关系模式中的各种异常情况和数据冗余。也就是说，属于 3NF 的关系模式虽然基本上消除了大部分异常问题，但解决得并不彻底，仍然存在不足。

例如，模型 SC(SNO,SNAME,CNO,GRADE)。

如果姓名是唯一的，则模型存在两个候选码：(SNO,CNO) 和 (SNAME,CNO)。

模型 SC 只有一个非主属性 GRADE，对两个候选码 (SNO,CNO) 和 (SNAME,CNO) 都是完全函数依赖，并且不存在对两个候选码的传递函数依赖。因此，SC $\in$ 3NF。

但是，当学生退选了课程，元组被删除也失去学生学号与姓名的对应关系，因此仍然存在删除异常的问题。并且由于学生选课很多，姓名也将重复存储，造成数据冗余。因此，3NF 虽然已经是比较好的模型，但仍然存在改进的余地。

4.3.5 BC 范式（BCNF）

定义 4.11 关系模式 $R \in$ 1NF，对任何非平凡的函数依赖 $X \rightarrow Y(Y \not\subseteq X)$，$X$ 均包含码，则 $R \in$ BCNF。

以上定义其实等价于：在满足 1NF 的关系模式 $R(U)$ 中，若每一个决定因素都包含有候选键，则 $R(U) \in$ BCNF。由 BCNF 的定义可以看到，每个 BCNF 的关系模式都具有如下三个性质：

(1) 所有非主属性都完全函数依赖于每个候选码，因此 $R(U) \in$ 2NF。

(2) 所有主属性都完全函数依赖于每个不包含它的候选码。

(3) 没有任何属性完全函数依赖于非码的任何一组属性。

如果关系模式 $R \in$ BCNF，由定义可知，R 中不存在任何属性传递函数依赖于或部分依赖于任何候选码，所以必定有 $R \in$ 3NF。但是，如果 $R \in$ 3NF，R 未必属于 BCNF。

下面给出两个关系模式，其候选键不唯一的例子，说明属于 3NF 的关系模式有的属于 BCNF,但有的不属于 BCNF。

【例 4.8】 设有关系模式 StudyPlace(Sno,Cname,Place),其中,Sno、Cname、Place 分别表示学号、课程名和学习名次。由于每个学生学习每门课程都有一定的名次,每门课程中每一名次只有一个学生(假设没有并列名次),由各个属性及相互联系的语义可知:关系模式 StudyPlace 没有单个属性构成的候选键,也不是全键。由两个属性构成的候选键只有{Sno,Cname}和{Cname,Place},因此,关系模式 StudyPlace 所有属性都是主属性,也就没有非主属性对候选键传递函数依赖或部分函数依赖,故它属于 3NF。此外,由前面分析可知,这个关系模式所有可能的非平凡函数依赖只能为以下三个:

(1) {Sno,Cname}→Place(√)

(2) {Cname,Place}→Sno(√)

(3) {Sno,Place}→Cname(✕)

这三个可能的函数依赖中,只有(1)、(2)是成立的,(3)是不成立的。因此,关系模式 StudyPlace 的所有函数依赖可用图 4.4 表示。

图 4.4 关系模式 StudyPlace 的所有函数依赖

注意到,函数依赖(1)的左边包含候选键{Sno,Cname},(2)的左边包含候选键 {Cname,Place},即对于关系模式 StudyPlace 的任意一个函数依赖 $X \rightarrow Y(Y \nsubseteq X)$,其 X 都含有候选键,根据定义,它属于 BCNF。

【例 4.9】 设有关系模式 StudyTeach(Sno、Teacher、Cname),其中 Sno、Teacher、Cname 分别表示学号、教师和课程名。假设每一位教师只教一门课,每门课有若干位教师讲授,某一学生选修某一门课,就有一个确定的教师。由各个属性及其相互联系的语义可知:{Sno,Cname}和{Sno,Teacher}是候选码,属性间的函数依赖如下:

{Sno,Cname}→Teacher;{Sno,Teacher}→Cname;Teacher→Cname

这些函数依赖可用图 4.5 表示。

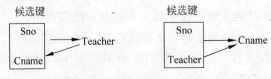

图 4.5 关系模式 StudyTeach 的所有函数依赖

从前面的分析可知,关系模式 StudyTeach 的所有属性都是主属性,因此它没有任何非主属性对候选键传递函数依赖或部分函数依赖,故关系模式 StudyTeach 是 3NF 的,但它不是 BCNF 的。因为 Teacher 是决定因素,而 Teacher 不包含候选键。

若一个关系模式是 3NF 而不是 BCNF 的,则仍然存在不合适的地方,如关系模式 StudyTeach 存在的插入异常和删除异常问题。一个非 BCNF 的关系模式也可以通过分解成为 BCNF。例如,StudyTeach 可分解为 Steacher(Sno, Teacher)与 TeachCname(Teacher, Cname),它们都是 BCNF。

BCNF 是在函数依赖的条件下对模式分解所能达到的最高分离程度。一个数据库模式中的所有关系模式如果都属于 BCNF,那么在函数依赖范畴内,已实现了彻底的分离,并消除了插入和删除等异常问题。3NF 的"不彻底"性表现在当关系模式中具有多个候选键,且这些候选键具有公共属性时,可能存在决定因素中不包含候选键,比如,关系模式 StudyTeach 就是这样的。

分解成 BCNF 模式集的算法基本上和算法 2 一样,只是 FD $X \rightarrow Z$,并且 Z 也可以是主属性。

在信息系统的设计中,普遍采用的是"基于 3NF 的系统设计"方法,就是由于 3NF 是无条件可以达到的,并且基本解决了"异常"的问题,因此这种方法目前在信息系统的设计中仍然被广泛应用。

如果仅考虑函数依赖这一种数据依赖,属于 BCNF 的关系模式已经很完美了。但如果考虑其他数据依赖,如多值依赖,属于 BCNF 的关系模式仍存在问题,从而不能算是一个完美的关系模式。

4.4　关系模式分解

设有关系模式 $R(U)$,取定 U 的一个子集的集合 $\{U_1, U_2, \cdots, U_n\}$,使得 $U = U_1 \cup U_2 \cup \cdots \cup U_n$,如果用一个关系模式的集合 $\rho = \{R_1(U_1), R_2(U_2), \cdots, R_n(U_n)\}$ 代替 $R(U)$,就称 ρ 是关系模式 $R(U)$ 的一个分解。

在 $R(U)$ 分解为 ρ 的过程中,需要考虑以下两个问题:

(1) 分解前的模式 R 和分解后的 ρ 是否表示同样的数据,即 R 和 ρ 是否等价的问题。

(2) 分解前的模式 R 和分解的 ρ 是否保持相同的函数依赖,即在模式 R 上有函数依赖集 F,在其上的每一个模式 R_i 上有一个函数依赖集 F_i,则 $\{F_1, F_2, \cdots, F_n\}$ 是否与 F 等价。

如果这两个问题不解决,分解前后的模式不一致,就会失去模式分解的意义。

因此,研究关系模式分解的无损连接性和函数依赖保持性具有重要的意义。

4.4.1 无损分解

1. 无损分解概念

设 R 是一个关系模式，F 是 R 上的一个依赖集，R 分解为关系模式的集合 $\rho=\{R_1(U_1),R_2(U_2),\cdots,R_n(U_n)\}$。如果对于 R 中满足 F 的每一个关系 r，都有

$$r=\Pi R_1(r)\bowtie\Pi R_2(r)\bowtie\cdots\bowtie\Pi R_n(r)$$

则称分解相对于 F 是无损连接分解（lossingless join decomposition），简称为无损分解，否则就称为有损分解（lossy decomposition）。

【例 4.10】 设有关系模式 $R(U)$，其中 $U=\{A,B,C\}$，将其分解为关系模式集合 $\rho=\{R_1\{A,B\},R_2\{A,C\}\}$。如图 4.6 所示，在图中，(a) 是 R 上一个关系，(b) 和 (c) 是 r 在模式 $R_1(\{A,B\})$ 和 $R_2(\{A,C\})$ 上的投影 r_1 和 r_2。此时不难得到 $r_1\bowtie r_2=r$，也就是说，在 r 投影、连接之后仍然能够恢复为 r，即没有丢失任何信息，这种模式分解就是无损分解。

A	B	C
1	1	1
1	2	1

(a) 关系 r

A	B
1	1
1	2

(b) 关系 r₁

A	C
1	1

(c) 关系 r₂

图 4.6 无损分解

下面再看 $R(U)$ 的有损分解。如图 4.7 所示，在图中，(a) 是 R 上一个关系 r，(b) 和 (c) 是 r 在关系模式 $R_1(\{A,B\})$ 和 $R_2(\{A,C\})$ 上的投影，(d) 是 $r_1\bowtie r_2$，此时，r 在投影和连接之后比原来 r 的元组还要多（增加了噪声），同时将原有的信息丢失了，此时的分解就为有损分解。

A	B	C
1	1	4
1	2	3

(a) r

A	B
1	1
1	2

(b) r₁

A	C
1	4
1	3

(c) r₂

A	B	C
1	1	4
1	1	3
1	2	4
1	2	3

(d) r₁ ⋈ r₂

图 4.7 有损分解

2. 无损分解测试算法

如果一个关系模式的分解不是无损分解,则分解后的关系通过自然连接运算就无法恢复到分解前的关系。如何保证关系模式分解具有无损分解性呢? 这需要在对关系模式分解时必须利用属性间的依赖性质,并且通过适当的方法判定其分解是否为无损分解。为达到此目的,人们提出了一种"追踪"过程。

输入:

(1) 关系模式 $R(U)$,其中 $U=\{A_1,A_2,\cdots,A_n\}$;

(2) $R(U)$ 上成立的函数依赖集 F;

(3) $R(U)$ 的一个分解 $\rho=\{R_1(U_1),R_2(U_2),\cdots,R_n(U_k)\}$,而 $U=U_1\bigcup U_2\bigcup\cdots U_k$。

输出: ρ 相对于 F 的具有或不具有无损分解性的判断。

计算步骤:

(1) 构造一个 k 行 n 列的表格,每列对应一个属性 $A_j(j=1,2,\cdots,n)$,每行对应一个模式 $R_i(U_i)(i=1,2,\cdots,k)$ 的属性集合。如果 A_j 在 U_i 中,那么在表格的第 i 行第 j 列处添上记号 a_j,否则添上记号 b_{ij}。

(2) 反复检查 F 的每一个函数依赖,并且修改表格中的元素,直到表格不能修改为止。

取 F 中函数依赖 $X\rightarrow Y$,如果表格总有两行在 X 上分量相等,在 Y 分量上不相等,则修改 Y 分量的值,使这两行在 Y 分量上相等,实际修改分为两种情况:

一是如果 Y 分量中有一个是 a_j,另一个也修改成 a_j;

二是如果 Y 分量中没有 a_j,就用标号较小的那个 b_{ij} 替换另一个符号。

(3) 修改结束后的表格中有一行全是 a,即 $a_1,a_2,\cdots,a_n$,则 ρ 相对于 F 是无损分解,否则不是无损分解。

【例 4.11】 设有关系模式 $R(U,F)$,其中 $U=\{A,B,C,D,E\}$,$F=\{A\rightarrow C,B\rightarrow C,C\rightarrow D,\{D,E\}\rightarrow C,\{C,E\}\rightarrow A\}$,$R(U,F)$ 的一个模式分解 $\rho=\{R_1(A,D),R_2(A,B),R_3(B,E),R_4(C,D,E),R_5(A,E)\}$。下面使用"追踪"法判断是否为无损分解。

(1) 构造初始表格,如表 4.9 示。

表 4.9　初始表格

	A	B	C	D	E
$\{A,D\}$	a_1	b_{12}	b_{13}	a_4	b_{15}
$\{A,B\}$	a_1	a_2	b_{23}	b_{24}	b_{25}
$\{B,E\}$	b_{31}	a_2	b_{33}	b_{34}	a_5
$\{C,D,E\}$	b_{41}	b_{42}	a_3	a_4	a_5
$\{A,E\}$	a_1	b_{52}	b_{53}	b_{54}	a_5

(2) 反复检查 F 中函数依赖,修改表格元素。

一是根据 $A \to C$,对表 4.9 行处理,由于第 1、2、5 行在 A 分量(列)上的值为 a_1(相同),在 C 分量上的值不相同,将属性 C 列的第 1、2、5 行上的值 b_{13}、b_{23} 和 b_{53} 改为同一符号 b_{13},结果如表 4.10 所示。

表 4.10　第一次修改结果

	A	B	C	D	E
$\{A,D\}$	a_1	b_{12}	b_{13}	a_4	b_{15}
$\{A,B\}$	a_1	a_2	b_{13}	b_{24}	b_{25}
$\{B,E\}$	b_{31}	a_2	b_{33}	b_{34}	a_5
$\{C,D,E\}$	b_{41}	b_{42}	a_3	a_4	a_5
$\{A,E\}$	a_1	b_{52}	b_{13}	b_{54}	a_5

二是根据 $B \to C$,考察表 4.10,由于第 2 行和第 3 行在 B 列上相等、在 C 列上不相等,将属性 C 列的第 2 和第 3 行中的 b_{13} 和 b_{33} 改为同一符号 b_{13},结果如表 4.11 所示。

表 4.11　第二次修改结果

	A	B	C	D	E
$\{A,D\}$	a_1	b_{12}	b_{13}	a_4	b_{15}
$\{A,B\}$	a_1	a_2	b_{13}	b_{24}	b_{25}
$\{B,E\}$	b_{31}	a_2	b_{13}	b_{34}	a_5
$\{C,D,E\}$	b_{41}	b_{42}	a_3	a_4	a_5
$\{A,E\}$	a_1	b_{52}	b_{13}	b_{54}	a_5

三是根据 $C \to D$,考察表 4.11,由于第 1、2、3、5 行在 C 列上的值为 b_{13}(相等),在 D 列上的值不相等,将 D 列的第 1、2、3、5 行上的元素 a_4、b_{24}、b_{34}、b_{54} 都改为 a_4,如表 4.12 所示。

表 4.12　第三次修改结果

	A	B	C	D	E
$\{A,D\}$	a_1	b_{12}	b_{13}	a_4	b_{15}
$\{A,B\}$	a_1	a_2	b_{13}	a_4	b_{25}
$\{B,E\}$	b_{31}	a_2	b_{13}	a_4	a_5
$\{C,D,E\}$	b_{41}	b_{42}	a_3	a_4	a_5
$\{A,E\}$	a_1	b_{52}	b_{13}	a_4	a_5

四是根据 $\{D,E\} \to C$,考察表 4.12,由于第 3、4、5 行在 D 和 E 列上的值为 a_4 和 a_5,即相等,在 C 列上的值不相等,将 C 列的第 3、4、5 行上的元素都改为 a_3,结果如表 4.13 所示。

表 4.13　第四次修改结果

	A	B	C	D	E
$\{A,D\}$	a_1	b_{12}	b_{13}	a_4	b_{15}
$\{A,B\}$	a_1	a_2	b_{13}	a_4	b_{25}
$\{B,E\}$	b_{31}	a_2	a_3	a_4	a_5
$\{C,D,E\}$	b_{41}	b_{42}	a_3	a_4	a_5
$\{A,E\}$	a_1	b_{52}	a_3	a_4	a_5

五是根据 $\{C,E\} \rightarrow A$，考察表 4.13，将 A 列的第 3、4、5 行的元素都改成 a_1，结果见表 4.14。

表 4.14　第五次修改结果

	A	B	C	D	E
$\{A,D\}$	a_1	b_{12}	b_{13}	a_4	b_{15}
$\{A,B\}$	a_1	a_2	b_{13}	a_4	b_{25}
$\{B,E\}$	a_1	a_2	a_3	a_4	a_5
$\{C,D,E\}$	a_1	b_{42}	a_3	a_4	a_5
$\{A,E\}$	a_1	b_{52}	a_3	a_4	a_5

由于 F 中的所有函数依赖中已经检查完毕，所以表 4.14 为最后结果表。因为第 3 行已是全 a 行，所以关系模式 $R(U)$ 的分解 ρ 是无损分解。

4.4.2　保持函数依赖

1. 保持函数依赖概念

设 F 是属性集 U 上的函数依赖集，Z 是 U 的一个子集，F 在 Z 上的一个投影用 $\prod_Z(F)$ 表示，定义为 $= \{X \rightarrow Y \mid (X \rightarrow Y) \in F^+$，并且 $XY \subseteq Z\}$。

设有关系模式 $R(U)$ 的一个分解 $\rho = \{R_1(U_1), R_2(U_2), \cdots, R_n(U_n)\}$，$F$ 是 $R(U)$ 上的函数依赖集，如果 $F^+ = \left(\bigcup \prod_{U_i}(F) \right)^+$，则称分解保持函数依赖集 F，简称 ρ 保持函数依赖。

【例 4.12】　设有关系模式 $R(U,F)$，其中 $U = \{C\#, Cn, TEXTn\}$，$C\#$ 表示课程号，Cn 表示课程名称，$TEXTn$ 表示教科书名称；而 $F = \{C\# \rightarrow Cn, Cn \rightarrow TEXTn\}$。在这里，我们规定，每一个 $C\#$ 表示一门课程，但一门课程可以有多个课程号（表示开设了多个班级），每门课程只允许采用一种教材。

将 R 分解为 $\rho = \{R_1(U_1, F_1), R_2(U_2, F_2)\}$，这里，$U_1 = \{C\#, Cn\}$，$F_1 = \{C\# \rightarrow Cn\}$，$U_2 = \{C\#, TEXTn\}$，$F_2 = \{C\# \rightarrow TEXTn\}$，不难证明，模式分解 ρ 是无损分解。但是，由 R_1 上的函数依赖 $C\# \rightarrow Cn$ 和 R_2 上的函数依赖 $C\# \rightarrow TEXTn$ 得不到在 R 上成立的函数

依赖 $Cn \rightarrow \text{TEXT}n$，因此，分解 ρ 丢失了 $Cn \rightarrow \text{TEXT}n$，即 ρ 不保持函数依赖 F。分解结果如图4.8所示。

$C\#$	Cn
$C2$	数据库
$C4$	数据库
$C6$	数据结构

(a) r_1

$C\#$	$\text{TEXT}n$
$C2$	数据库原理
$C4$	高级数据库
$C6$	数据结构教程

(b) r_2

$C\#$	Cn	$\text{TEXT}n$
$C2$	数据库	数据库原理
$C4$	数据库	高级数据库
$C6$	数据结构	数据结构教程

(c) $r_1 \bowtie r_2$

图 4.8　不保持函数依赖的分解

图 4.8 中(a)和(b)分别表示满足 F_1 和 F_2 的关系 r_1 和 r_2，(c)表示 $r_1 \bowtie r_2$，但 $r_1 \bowtie r_2$ 违反了 $Cn \rightarrow \text{TEXT}n$。

2. 保持函数依赖测试算法

由保持函数依赖的概念可知，检验一个分解是否保持函数依赖，其实就是检验函数依赖集 $G = \cup \prod_{U_i}(F)$ 与 F^+ 是否相等，也就是检验一个函数依赖 $X \rightarrow Y \in F^+$ 是否可以由 G 根据 Armstrong 公理导出，即是否有 $Y \subseteq X_G^+$。

按照上述分析，可以得到保持函数依赖的测试方法。

输入：

(1) 关系模式 $R(U)$。

(2) 关系模式集合 $\rho = \{R(U_1), R(u_2), \cdots, R_n(U_n)\}$。

输出：ρ 是否保持函数依赖。

计算步骤：

(1) 令 $G = \cup \prod_{U_i}(F)$，$F = F - G$，Result = True。

(2) 对于 F 中的第一个函数依赖 $X \rightarrow Y$，计算 X_G^+，并令 $F = F - \{X \rightarrow Y\}$。

(3) 若 $Y \not\subseteq X_G^+$，则令 Result = False，转向"4"。

否则，若 $F \neq \Phi$，转向"2"，否则转向"4"。

(4) 若 Result = True，则 ρ 保持函数依赖，否则 ρ 不保持函数依赖。

【例 4.13】 设有关系模式 $R(U,F)$，其中 $U = ABCD$，$F = \{A \rightarrow B, B \rightarrow C, C \rightarrow D, D \rightarrow A\}$。$R(U,F)$ 的一个模式分解 $\rho = \{R_1(U_1, F_1), R_2(U_2, F_2), R_3(U_3, F_3)\}$，其中 $U_1 = \{A,$

$B\}, U_2=\{B,C\}, U_3=\{C,D\}, F1=\prod U_1(F)=\{A\rightarrow B, B\rightarrow A\}, F_2=\prod U_2(F)=\{B\rightarrow C, C\rightarrow B\}, F_3=\prod U_3(F)=\{C\rightarrow D, D\rightarrow C\}$。

按照上述算法：

(1) $G=\{A\rightarrow B,\ B\rightarrow A, B\rightarrow C, C\rightarrow B, C\rightarrow D, D\rightarrow C\}, F=F-G=\{\ D\rightarrow A\ \}, \text{Result}=\text{True}$。

(2) 对于函数依赖 $D\rightarrow A$，即令 $X=\{D\}, Y=\{A\}$，有 $X\rightarrow Y, F=F-\{D\rightarrow A\}=\Phi$。经过计算可以得到 $X_G^+=\{A,B,C,D\}$。

(3) 由于 $Y=\{A\}\subseteq X_G^+=\{A,B,C,D\}$，转向"4"。

(4) 由于 Result＝True，所以模式分解 ρ 保持函数依赖。

4.5　关系模式规范化步骤

规范化程度过低的关系不一定能够很好地描述现实世界，可能会存在插入异常、删除异常、修改复杂、数据冗余等问题，解决方法就是对其进行规范化，转换成高级范式。

规范化的基本思想是逐步消除数据依赖中不合适的部分，使模式中的各关系模式达到某种程度的"分离"。即采用"一事一地"的模式设计原则，让一个关系描述一个概念、一个实体或实体间的一种联系，若多于一个概念就把它"分离"出去。因此，所谓规范化实质上是概念的单一化。

关系模式规范化的基本步骤如图 4.9 所示。

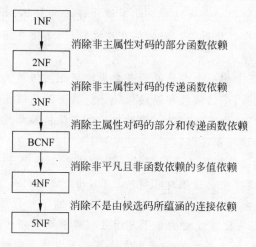

图 4.9　规范化步骤

(1) 对 1NF 关系进行投影，消除原关系中非主属性对码的部分函数依赖，将 1NF 关系转换成为若干个 2NF 关系。

(2) 对 2NF 关系进行投影，消除原关系中非主属性对码的传递函数依赖，从而产生一组 3NF。

（3）对 3NF 关系进行投影，消除原关系中主属性对码的部分函数依赖和传递函数依赖（也就是说，使决定属性都成为投影的候选码），得到一组 BCNF 关系。

以上三步也可以合并为一步：对原关系进行投影，消除决定属性不是候选码的任何函数依赖。

（4）对 BCNF 关系进行投影，消除原关系中非平凡且非函数依赖的多值依赖，从而产生一组 4NF 关系。

（5）对 4NF 关系进行投影，消除原关系中不是由候选码所蕴涵的连接依赖，即可得到一组 5NF 关系。

5NF 是最终范式。

规范化程度过低的关系可能会存在插入异常、删除异常、修改复杂、数据冗余等问题，需要对其进行规范化，转换成高级范式。但这并不意味着规范化程度越高的关系模式就越好。在设计数据库模式结构时，必须根据现实世界的实际情况和用户应用需求作进一步分析，确定一个合适的、能够反映现实世界的模式，那么上面的规范化步骤可以在其中任何一步终止。

 ## 本章小结

本章主要讨论关系模式的设计问题。关系模式设计的好坏，对消除数据冗余和保持数据一致性等重要问题有直接影响。好的关系模式设计，必须有相应理论作为基础，这就是关系设计中的规范化理论。

在数据库中，数据冗余的一个主要原因是数据之间相互依赖关系的存在，而数据间的依赖关系表现为函数依赖、多值依赖和连接依赖等。需要注意的是，多值依赖是广义的函数依赖，连接依赖又是广义的多值依赖。函数依赖和多值依赖都是基于语义，而连接依赖的本质特性只能在运算过程中显示。

消除冗余的基本做法是把不适合规范的关系模式分解成若干个比较小的关系模式，而这种分解的过程，是逐步将数据依赖化解的过程，并使之达到一定的范式。

范式是衡量模式优劣的标准，范式表达了模式中数据依赖之间应当满足的联系。当关系模式 R 为 3NF 时，在 R 上成立的非平凡函数依赖都应该左边是超键或者是主属性；当关系模式为 BCNF 时，R 上成立的非平凡依赖都应该左边是超键。

对于函数依赖，考虑 2NF、3NF 和 BCNF；对于多值依赖，考虑 4NF；对于连接依赖，则考虑 5NF。一般而言，5NF 是终极范式。

关系模式的规范化过程就是模式分解过程，而模式分解实际上是将模式中的属性重新分组，它将逻辑上独立的信息放在独立的关系模式中。

习题

1. 解释下列名词：

   函数依赖、部分函数依赖、完全函数依赖、传递函数依赖、候选关键字、主关键字、全关键字、1NF、2NF、3NF、BCNF、4NF、无损分解

2. 现要建立关于系、学生、班级和学会等信息的一个关系数据库。语义为：一个系有若干专业，每个专业每年只招一个班，每个班有若干学生，一个系的学生住在同一个宿舍区，每个学生可参加若干学会，每个学会有若干学生。

   描述学生的属性有学号、姓名、出生日期、系名、班号、宿舍区；

   描述班级的属性有班号、专业名、系名、人数、入校年份；

   描述系的属性有系名、系号、系办公室地点、人数；

   描述学会的属性有学会名、成立年份、地点、人数、学生参加某会有一个入会年份。

   (1) 请写出关系模式。

   (2) 写出每个关系模式的最小函数依赖集，指出是否存在传递依赖，在函数依赖左部是多属性的情况下，讨论函数依赖是完全依赖，还是部分依赖。

   (3) 指出各个关系模式的候选关键字、外部关键字、有没有全关键字。

3. 设关系模式 $R(A,B,C,D)$，函数依赖集 $F=\{A \rightarrow C, C \rightarrow A, B \rightarrow AC, D \rightarrow AC, BD \rightarrow A\}$。

   (1) 求出 R 的候选码；

   (2) 求出 F 的最小函数依赖集；

   (3) 将 R 分解为 3NF，使其既具有无损连接性又具有函数依赖保持性。

4. 设关系模式 $R(A,B,C,D,E,F)$，函数依赖集 $F=\{A B \rightarrow E, BC \rightarrow D, BE \rightarrow C, CD \rightarrow B, CE \rightarrow AF, CF \rightarrow BD, C \rightarrow A, D \rightarrow EF\}$，求 F 的最小函数依赖集。

5. 判断下面的关系模式是不是 BCNF？为什么？

   (1) 任何一个二元关系。

   (2) 关系模式选课(学号，课程号，成绩)，函数依赖集 $F=\{($学号，课程号$) \rightarrow$成绩$\}$。

   (3) 关系模式 $R(A,B,C,D,E,F)$，函数依赖集 $F=\{A \rightarrow BC, BC \rightarrow A, BCD \rightarrow EF, E \rightarrow C\}$。

6. 设关系模式 $R(B,O,I,S,Q,D)$，函数依赖集 $F=\{S \rightarrow D, I \rightarrow S, IS \rightarrow Q, B \rightarrow Q\}$。

   (1) 求出 R 的主码。

   (2) 把 R 分解为 BCNF，且具有无损连接性。

7. 设有关系模式 $R(A,B,C)$，函数依赖集 $F=\{AB \rightarrow C, C \rightarrow A\}$，$R$ 属于第几范式？为什么？

8. 设有关系模式 $R(A,B,C,D)$，函数依赖集 $F=\{A \rightarrow B, B \rightarrow A, AC \rightarrow D, BC \rightarrow D, AD \rightarrow$

$C,BD{\rightarrow}C,A{\rightarrow}CD,B{\rightarrow}CD\}$。

(1) 求 R 的主码。

(2) R 是否为 4NF？为什么？

(3) R 是否为 BCNF？为什么？

(4) R 是否为 3NF？为什么？

9. 设关系模式 $R(A,B,C,D,E)$，$F=\{A{\rightarrow}BC,CD{\rightarrow}E,B{\rightarrow}D,E{\rightarrow}A\}$，$\rho_1$、$\rho_2$ 是 R 的两个分解：

$$\rho_1 = \{R_1(A,B,C),R_2(A,D,E)\}$$

$$\rho_2 = \{R_1(A,B,C),R_2(C,D,E)\}$$

试验证 ρ_1、ρ_2 是否具有无损连接性。

10. 设关系模式 $R(A,B,C,D,E)$，$F=\{A{\rightarrow}C,B{\rightarrow}D,C{\rightarrow}E,DE{\rightarrow}C,CE{\rightarrow}A\}$，试问分解 $\rho=\{R_1(A,D),R_2(A,B),R_3(B,E),R_4(C,D,E),R_5(A,E)\}$ 是否是 R 的一个无损连接分解？

11. 设有关系模式 $R(A,B,C)$，$F=\{A{\rightarrow}B,C{\rightarrow}B\}$，分解 $\rho_1=\{R_1(A,B),R_2(A,C)\}$，$\rho_2=\{R_1(A,B),R_2(B,C)\}$ 是否具有依赖保持性？

第5章
数据库设计

本章关键词

数据字典(data dictionary)　　　　实体-联系图(entity relationship diagram)

本章要点

　　本章主要介绍了数据库设计的任务和特点、设计方法和步骤、数据库设计使用的辅助工具,主要以概念结构设计和逻辑结构设计为重点,介绍了每一个阶段的方法、技术以及注意事项。通过本章的学习,要求按照数据库设计步骤,灵活运用数据库设计方法,使用一种数据库设计工具,能够完成数据库的设计和实现。

　　现在数据库已应用于各类应用系统,如 MIS(管理信息系统)、DSS(决策支持系统)和OAS(办公自动化系统)等。实际上,数据库已成为现代信息系统等计算机应用系统的基础和核心部分。目前,一个国家的数据库建设规模(指数据库的个数、种类)、数据库信息量的大小和使用频度已成为衡量这个国家信息化程度的重要标志之一。

　　数据库应用系统的设计与开发是数据库技术的主要研究领域之一,而数据库设计却是数据库应用系统设计与开发的核心问题。本章将先介绍数据库设计的特点、方法和步骤,最后介绍数据库实施方面的内容。

5.1　数据库设计概述

　　我们知道,数据库是长期存储在计算机内的、有组织的、可共享的数据集合,数据库应用系统把一个企业或部门中大量的数据按 DBMS 所支持的数据模型组织起来,为用户提供数据存储、维护检索的功能,并能使用户方便、及时和准确地从数据库中获得所需的数据和信息,而数据库设计的好坏则直接影响整个数据库系统的效率和质量。

5.1.1　数据库设计概念

　　通俗地讲,数据库设计就是根据选择的数据库管理系统和用户需求对一个单位或部门的数据进行重新组织和构造的过程。数据库实施则是将数据按照数据库设计中规定的数据组织形式将数据装入数据库的过程。

对于数据库应用开发人员来说,数据库设计就是对一个给定的实际应用环境,如何利用数据库管理系统、系统软件和相关的硬件系统,将用户的需求转化成有效的数据库模式,并使该数据库模式易于适应用户新的数据需求的过程。

从数据库理论的抽象角度看,数据库设计是指对于一个给定的应用环境,构造(设计)优化的数据库逻辑模式和物理结构,并据此建立数据库及其应用系统,使之能够有效地存储和管理数据,满足各种用户的应用需求,包括信息管理要求和数据操作要求。这个问题是数据库在应用领域的主要研究课题。在数据库领域内,常常把使用数据库的各类系统统称为数据库应用系统。

1. 评判数据库设计结果好坏的主要原则

数据库设计的目标是为用户和各种应用系统提供一个信息基础设施和高效率的运行环境。高效率的运行环境包括数据库数据的存取效率、数据库存储空间的利用率、数据库系统运行管理的效率等都是高的。评判数据库设计结果好坏的主要准则有以下几点。

1)完备性

数据库应能表示应用领域所需的所有信息,满足数据存储需求,满足信息需求和处理需求,同时数据是可用的、准确的、安全的。

2)一致性

数据库中的信息是一致的,没有语义冲突和值冲突。尽量减少数据的冗余,如果可能,同一数据只能保存一次,以保证数据的一致性。

3)优化

数据库应该规范化和高效率,易于各种操作,满足用户的性能需求。

4)易维护

好的数据库维护工作比较少;需要维护时,改动比较少而且方便;扩充性好,不影响数据库的完备性和一致性,也不影响数据库性能。

由于数据库系统的复杂性以及它与环境联系的密切性,数据库设计成为一个困难、复杂和费时的过程。大型数据库的设计和实施涉及多学科的综合与交叉,是一项开发周期长、耗资巨大、风险较高的工程。此外,数据库设计的好坏还直接影响整个数据库系统的效率和质量。因此,一个从事数据库设计的专业人员应该具备以下几个方面的技术和知识:

(1)数据库的基本知识和数据库设计技术;

(2)计算机科学的基础知识和程序设计的方法和技巧;

(3)软件工程的原理和方法;

(4)应用领域的知识。

其中，应用领域的知识随着应用系统所属的领域不同而变化。所以，数据库设计人员必须深入实际与用户密切结合，对应用环境、具体专业业务有具体深入的了解才能设计出符合实际领域要求的数据库应用系统。

2．影响数据库设计的因素

影响数据库设计的因素中，除了数据库设计者外，还有如下几个主要因素。

1）数据库的规模

小型或桌面型数据库的设计比较简单，一般在特定的应用环境中，无须专门的数据库设计人员，应用系统的开发者可以自行设计数据库。而大型或企业级数据库可能跨越地域，支持大量的并发用户，数据庞大，这类数据库的设计比较复杂，需要专业的数据库设计人员进行设计。

2）数据库类型

层次型数据库和网状型数据库的设计与关系型数据库设计不同，对象数据库和关系对象数据库的设计不同，CAD/CAM/CIM 的工程数据库和统计数据库的设计不同，联机事务处理(OLTP)数据库和联机分析处理(OLAP)数据库的设计不同，不同数据库类型影响数据库的设计。

3）数据库支撑环境

数据库的支撑环境主要有主机环境、客户/服务环境、互联网计算环境以及分布式环境。不同的支撑环境影响数据库的设计，特别是逻辑设计和物理设计。

5.1.2 数据库设计的特点

数据库设计既是一项涉及多学科的综合性技术，又是一项庞大的工程项目。数据库建设是指数据库应用系统从设计、实施到运行与维护的全过程。数据库建设既和一般软件系统的设计、开发、运行与维护有许多相同之处，更有其自身的一些特点。

1．数据库建设的基本规律

"三分技术，七分管理，十二分基础数据"是数据库设计的特点之一。

在数据库建设中不仅涉及技术，还涉及管理。要建设好一个数据库应用系统，开发技术固然重要，但相比之下管理更加重要。这里的管理不仅仅包括数据库建设作为一个大型的工程项目本身的项目管理，而且包括该企业（即应用部门）的业务管理。

企业的业务管理更加复杂，也更加重要，对数据库结构的设计有直接影响。这是因为数据库结构（数据库模式）是对企业中业务部门的数据以及各个业务部门之间数据联系的描述和抽象。各业务部门数据以及数据之间的联系是与各个部门的职能、整个企业的管理模式密切相关的。

人们在数据库建设的长期实践中深刻认识到一个企业数据库建设的过程是企业管理模式的改革和提高的过程。只有把企业的管理创新做好，才能实现技术创新，才能建设好一个数据库应用系统。

"十二分基础数据"则强调了数据的收集、整理、组织和不断更新是数据库建设中的重要环节。人们往往忽视基础数据在数据库建设中的地位和作用。

基础数据的收集、入库是数据库建立初期工作量最大、最烦琐和最细致的工作。在以后数据库运行过程中更需要不断把新的数据加到数据库中,使数据库成为一个"活库",否则就成了"死库",系统也相应地失去应用价值。

2. 结构(数据)设计和行为(处理)设计相结合

数据库设计应该和应用系统设计相结合,也就是说,整个设计过程中要把结构(数据)设计和行为(处理)设计密切结合起来。这是数据库设计的特点之二。

但是,早期的数据库设计致力于数据模型和建模方法研究,着重结构特性的设计而忽视了对行为的设计。也就是说,比较重视在给定的应用环境下,采用什么原则、方法来建造数据库的结构,而没有考虑应用环境要求与数据库结构的关系,因此结构设计与行为设计是分离的,如图5.1所示。这种方法是不完善的。

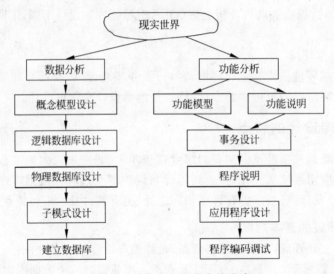

图5.1·结构和行为分离的设计

传统的软件工程忽视对应用中数据语义的分析和抽象。例如,结构化设计(structure design,SD)方法和逐步求精的方法着重于处理过程的特性,只要有可能就尽量推迟数据结构设计的决策。这种方法显然对于数据库应用系统是不妥的。

本书则强调在数据库设计中要把结构特性和行为特性结合起来。

5.1.3 数据库设计的方法

数据库设计属于方法学的范畴,是数据库应用研究的主要领域,不同的数据库设计方法,采用不同的设计步骤。在软件工程之前,主要采用手工试凑法,由于信息结构复杂,应用环境多样,这种方法主要凭借设计人员的经验和水平,数据库设计是一种技艺而不是工程技术,缺乏科学理论和工程方法,工程的质量难以保证,数据库很难最优,数据库运行一段时间后各种各样的问题会渐渐地暴露出来,增加了系统维护工作量。如果系统的扩充性不好,经过一段时间运行后,要重新设计。

为了改进手工试凑法,人们运用软件工程的思想和方法,使设计过程工程化,提出了各种设计准则和规程,形成了一些规范化设计方法。其中比较著名的有:

(1) 新奥尔良(New Orleans)方法。该方法将数据库设计分为需求分析、概念结构设计、逻辑结构设计、物理结构设计四个阶段,并采用一些辅助手段实现这一过程。它运用软件工程的思想,按一定的设计规程用工程化方法设计数据库。新奥尔良方法属于规范设计方法。

规范设计方法从本质上看仍然是手工设计方法,其基本思想是过程迭代和逐步求精。

(2) 基于 E-R 模型的数据库设计方法。该方法用 E-R 模型来设计数据库的概念模型,是数据库概念设计阶段广泛采用的方法。

(3) 3NF(第三范式)的设计方法。该方法用关系数据库理论为指导来设计数据库的逻辑模型,是设计关系数据库时在逻辑阶段可采用的一种有效方法。

(4) ODL(object definition language)方法。这是面向对象的数据库设计方法,该方法用面向对象的概念和术语来说明数据结构。ODL 可以描述面向对象数据库结构设计,可以直接转换为面向对象的数据库。

5.1.4　数据库设计的工具

数据库工作者和数据库厂商一直在研究和开发数据库设计工具,辅助人们进行数据库设计,该工具称为 CASE(computer aided software engineering)或 AD(automic designer)。经过多年的努力,出现了一批有名的数据库设计工具,这些数据库设计工具已经实用化和产品化,并普遍应用于大型数据库设计之中。

1. Oracle 公司的 Oracle Designer

Oracle 公司是全球最大的专业数据库厂商,其主要产品有 DBMS、Designer、Developer,其中以公司名称命名的 Oracle 数据库管理系统最为著名。Designer(原名为 Designer/2000)是数据库设计工具,支持数据库设计的各个阶段;Developer 是客户端应用程序设计工具;所有分析设计结果以元数据的方式存放在 Oracle 数据库中,以便共享和支持团队开发。其主要特点是方便的业务处理建模和数据流建模,易于建立实体关系图,支持逆向工程,概念结构转化逻辑结构容易。

2. Sybase 公司的 Power Designer

Sybase 公司的 Power Designer(PD)是一个 CASE 工具集,它提供了一个完整的软件开发解决方案。在数据库系统开发方面,能同时支持数据库建模和应用开发。其中,Process Analyst 是数据流图 DFD 设计工具,用于需求分析;Data Architect 是数据库概念设计工具和逻辑设计工具;App Modeler 是客户程序设计工具,可以快速生成客户端程序(如 Power Builder、Visual Basic、Delphi 等程序);Warehouse Architect 是数据仓库设计工具;Meta Works 用于管理设计元数据,以便建立可共享的设计模型。

3. CA 公司的 ERwin

CA 公司推出的 AllFusion Modeling Suite(AllFusion 建模套件),是一套集成化建模工具。其中,AllFusion Process Modeler,用于需求分析,支持 UML 建模(IDEF0、IDEF3)和结构化建模(DFD);AllFusion ERwin Modeler(ERwin)支持概念设计和逻辑设计,用于数据库建模;AllFusion Component Modeler 用于企业组件的可视化、设计和维护;AllFusion Data Model Validator 用于在开发过程中验证数据库应用程序的完整性。

其中,ERwin 在数据建模方面使用比较广泛,其特点是建立实体和实体联系的图形化实体关系(E-R)模型,有效保持数据的一致性、重用性和集成性;支持正向工程,自动生成数据库模式,同时具有逆向工程能力,能将原有的数据库转换成新的数据库模式,加速新系统的建立;广泛的数据库支持,对主流数据库都支持,如 Oracle、DB2、Microsoft SQL Server、Informix、Sybase,同时支持桌面数据库,如 Access、DBASE、FoxPro 等;能自动保持 E-R 模型和数据库的同步;支持维度建模技术,帮助用户设计高性能数据仓库。

4. 北大青鸟公司的青鸟 CASE 工具

北大青鸟公司推出的青鸟 CASE 工具,包括需求分析工具和数据库设计工具等。需求分析工具包括结构化工具和面向对象工具。结构化工具:针对结构化的开发方法进行数据流图、模块结构图的编辑及其分层的自动组织,提供一致性检查、数据字典编辑、动态分析等功能,并可得到规范文档。面向对象工具:针对面向对象的开发方法提供可视化建模手段,支持 Cord/Yourdon 和 UML 方法,自动生成相关文档。数据库设计工具:支持 E-R 图编辑,自动转换多对多关系,提供数据库模式编辑功能,完成数据库概念结构设计、逻辑结构设计,可生成多种不同目标数据库的 SQL 语句及相关文档。北大青鸟的 CASE 工具在各个应用领域都有一定的应用。

5.1.5 数据库设计的基本步骤

按规范化设计方法,考虑数据库及其应用系统开发全过程,将数据库设计分为以下六个阶段(图 5.2),每个阶段有相应的成果:

(1) 需求分析;

(2) 概念结构设计;

(3) 逻辑结构设计;

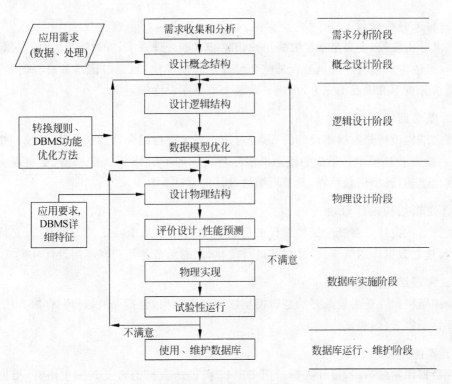

图 5.2　数据库的设计步骤

（4）物理结构设计；

（5）数据库实施；

（6）数据库运行和维护。

在数据库设计过程中，需求分析和概念设计可以独立于任何数据库管理系统。逻辑设计和物理设计与选用的 DBMS 密切相关。

数据库设计开始之前，首先必须选定参加设计的人员，包括系统分析人员、数据库设计人员、应用开发人员、数据库管理员和用户。系统分析和数据库设计人员是数据库设计的核心人员，他们将自始至终参与数据库设计，他们的水平决定了数据库系统的质量。用户和数据库管理员在数据库设计中也是举足轻重的，他们主要参加需求分析和数据库的运行维护，他们的积极参与不但能加速数据库设计，而且是决定数据库设计质量的重要因素。应用开发人员（包括程序员和操作员）则在系统实施阶段参与进来，分别负责编制程序和准备软硬件环境。

如果所设计的数据库应用系统比较复杂，还应该考虑是否需要使用数据库设计工具以及选用何种工具，以提高数据库设计质量并减少设计工作量。

1. 需求分析阶段

需求分析阶段,主要是准确收集用户信息需求和处理需求,并对收集的结果进行整理和分析,形成需求说明。需求分析是整个设计活动的基础,也是最困难和最耗时的一步。如果需求分析不准确或不充分,可能导致整个数据库设计的返工。

2. 概念结构设计阶段

概念结构设计是数据库设计的重点,对用户需求进行综合、归纳、抽象,形成一个概念模型(一般为 E-R 模型),形成的概念模型是与具体的 DBMS 无关的模型,是对现实世界的可视化描述,属于信息世界,是逻辑结构设计的基础。

3. 逻辑结构设计阶段

逻辑结构设计是将概念结构设计的概念模型转化为某个特定的 DBMS 所支持的数据模型,建立数据库逻辑模式,并对其进行优化,同时为各种用户和应用设计外模式。

4. 物理结构设计阶段

物理结构设计是为设计好的逻辑模型选择物理结构,包括存储结构和存取方法,建立数据库物理模式(内模式)。

5. 实施阶段

在数据库实施阶段,设计人员运用 DBMS 提供的数据语言及其宿主语言,根据逻辑设计和物理设计的结果建立数据库,编制与调试应用程序,组织数据入库,并进行试运行。

6. 数据库运行和维护阶段

数据库应用系统经过试运行后即可投入正式运行。在数据库系统运行过程中必须不断地对其进行评价、调整与修改。

设计一个完善的数据库应用系统是不可能一蹴而就的,它往往是上述六个阶段的不断反复。

需要指出的是,这个设计步骤既是数据库设计的过程,也包括了数据库应用系统的设计过程。在设计过程中把数据库的设计和对数据库中数据处理的设计紧密结合起来,将这两个方面的需求分析、抽象、设计、实现在各个阶段同时进行,相互参照,相互补充,以完善两方面的设计。事实上,如果不了解应用环境对数据的处理要求,或没有考虑如何去实现这些处理要求,是不可能设计一个良好的数据库结构的。按照这个原则,设计过程各个阶段的设计描述,可用图 5.3 概括地给出。

图 5.3 的有关处理特性的设计描述中,其设计原理、采用的设计方法、工具等在软件工程和信息系统设计的课程中有详细介绍,这里不再讨论。这里主要讨论关于数据特性的描述以及如何在整个设计过程中参照处理特性的设计来完善数据模型设计等问题。

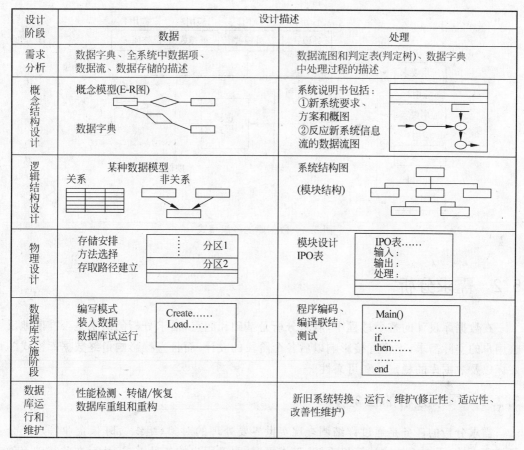

图 5.3 设计过程各个阶段的设计描述

5.1.6 数据库设计过程中的各级模式

按照 5.1.5 小节的设计过程,数据库设计的不同阶段形成数据库的各级模式,如图 5.4 所示。需求分析阶段,综合各个用户的应用需求;在概念设计阶段形成独立于计算机硬件结构,独立于各个 DBMS 产品的概念模式,在本篇中就是 E-R 图;在逻辑设计阶段将 E-R 图转换成具体的数据库产品支持的数据模型,如关系模型,形成数据库逻辑模式;然后根据用户处理的要求、安全性的考虑,在基本表的基础上再建立必要的视图,形成数据的外模式;在物理设计阶段,根据 DBMS 特点和处理的需求,进行物理存储安排,建立索引,形成数据库内模式。

下面以图 5.2 的设计过程为主线,讨论数据库设计各个阶段的设计内容、方法和工具。

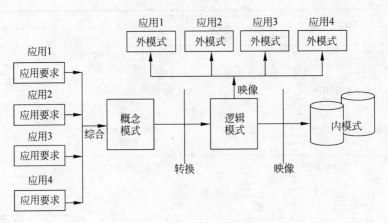

图 5.4　数据库的各级模式

5.2　需求分析

在数据库设计的整个过程中,需求分析是基础和起点,需求分析的结果是否准确地反映用户的实际需求,不仅直接影响以后各个阶段的设计,而且直接影响最终数据库模式的好坏以及数据库的稳定性和可靠性。

5.2.1　需求分析的任务

需求分析的任务是通过详细调查现实世界要处理的对象(组织、部门、企业等),充分了解原系统(手工系统或计算机系统)工作概况,明确用户的各种需求,然后在此基础上确定新系统的功能。新系统必须充分考虑今后可能的扩充和改变,不能仅仅按当前的应用需求来设计数据库。

调查的重点是信息及处理,信息是数据库设计的依据,处理是系统处理的依据。用户需求主要有以下几个方面。

1. 信息需求

信息需求是指用户从数据库中需要哪些数据,这些数据的性质是什么,数据从哪儿来。由信息要求导出数据要求,从而确定数据库中需要存储哪些数据。

2. 处理需求

处理需求是指用户完成哪些处理,处理的对象是什么,处理的方法和规则,处理有什么要求。例如,是联机处理还是批处理,处理周期多长,处理量多大。

3. 性能需求

性能需求是指用户对新系统性能的要求,如系统的响应时间、系统的容量,以及一些其他属性,如保密性、可靠性等。

确定用户的需求是比较困难的事情,特别是大型数据库设计,这是因为:

(1) 大部分用户缺少计算机知识,不知道计算机究竟能做什么而不能做什么,因而不能准确地表达自己的需求。

(2) 数据库设计人员缺少用户的专业知识,不易理解用户的真正需求,甚至误解用户的需求。

(3) 用户的需求可能是变化的,导致需求变化的因素很多。例如,内部结构的调整、管理体制的改变、市场需求的变化等。

(4) 人员的变化可能引起用户需求的变化,由于个人对具体系统的期望不一致,导致人员的变化引起需求的变化。

为了获取全面、准确、稳定的用户需求,在进行调研前必须进行一些必要的准备工作,成立项目领导小组,包括客户项目组和开发项目组。

客户项目组:设立组长一名,组员若干名。组长要求:有管理和决策方面的权威,对信息化建设饱含热情,能贯穿整个项目周期(从项目启动到项目验收),有充足时间来解决信息化建设过程的具体问题。组员要求:1~2 名具有计算机专业知识的专职组员,负责具体的事务性工作;每一个业务部门选派 1~2 名有丰富工作经验、热心信息化建设、有一定时间保证的人作为组员。客户项目组人员的稳定和热情支持是项目成功的一个重要因素。

开发项目组:设立项目经理一名,组员若干(视项目的大小和功能多少而定)。如果项目比较大,可以分别设置数据库管理员(DBA)、系统分析员和开发人员。项目经理要有全面的计算机知识和项目应用背景,有基本的项目管理能力和协调组织能力,能很好地和客户项目组进行交流和沟通。

5.2.2 需求分析的步骤

需求分析的任务可分解为需求调查、分析整理和评审三个步骤来完成。

1. 需求调查

需求调查又称为系统调查或需求信息的收集,需求收集的主要途径是用户调查,用户调查就是调查用户,了解需求,与用户达成共识,然后分析和表达用户需求。用户调查的具体内容有:

（1）调查组织机构情况。了解部门的组成情况、各个部门的职能和职责等,画出组织机构图,为分析信息流程作准备。

（2）调查各个部门的业务活动情况。包括:各个部门使用哪些输入数据,输入数据从哪些部门来,输入数据的格式和含义;部门进行什么加工处理,处理的方法和规则及输出哪些数据,输出到什么部门,输出数据的格式和含义。

（3）明确新系统的要求。和用户一起,帮助用户确定新系统的各种要求。对于计算机不能实现的功能,要耐心地做解释工作。

（4）确定系统的边界。对调查结构进行初步的分析,确定哪些功能由计算机完成或将来由计算机完成,哪些功能由手工完成。

为了完成上述调查的内容,可以采取各种有效的调查方法。常用的用户调查方法有:

（1）跟班作业。参与到各个部门的业务处理中,了解业务活动。这种方法能比较准确地了解用户的业务活动,缺点是比较费时。如果单位自主建设数据库系统,自行进行数据库设计,如果在时间上允许使用较长的时间,可以采用跟班作业的调查方法。

（2）开调查会。通过与用户中有丰富业务经验的人进行座谈,一般要求调查人员具有较好的业务背景。如原来设计过类似的系统,被调查人员有比较丰富的实际经验,双方能就具体问题有针对性地交流和讨论。

（3）问卷调查。将设计好的调查表发放给用户,供用户填写。调查表的设计要合理,调查表的发放要进行登记,并规定交表的时间,调查表的填写要有样板,以防用户填写的内容过于简单。同时要将相关数据的表格附在调查表中。

（4）访谈询问。针对调查表或调查会的具体情况,仍有不清楚的地方,可以访问有经验的业务人员,询问其对业务的理解和处理方法。

以上的调查方法,可能同时采用,主要目的是为了全面、准确地收集用户的需求。同时,用户的积极参与是调查能否达到目的的关键。

2. 分析整理

通过用户调查,收集用户需求后,要对用户需求进行分析,并表达用户的需求。用户需求分析的方法很多,可以采用结构化分析方法、面向对象分析方法等。本章采用结构化分析方法。结构化分析(structured analysis,SA)方法从最上层的组织机构入手,采用自顶向下、逐层分解的方式分析系统。SA 方法把任何一个系统都抽象为如图 5.5 所示的形式。

图 5.5 给出的只是最高层次抽象的系统概貌,要反映更详细的内容,可将处理功能的具体内容分解为若干子功能,再将每个子功能继续分解,直到把系统的工作过程表

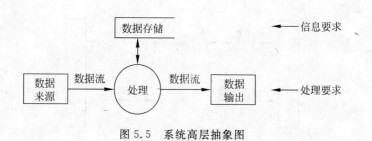

图 5.5 系统高层抽象图

达清楚为止。在处理功能逐步分解的同时,其所用的数据也逐级分解,形成若干层次的数据流图(data flow diagram,DFD)。数据流图中数据流描述系统中数据流动的过程,反映的是加工处理的对象。其主要成分有四种:数据流、数据存储、加工、数据的源点和终点。

数据流用箭头表示,箭头方向表示数据流向,箭头上标明数据流的名称,数据流由数据项组成。数据存储用来保存数据流,既可以是暂时的,也可以是永久的,用双划线表示,并标明数据存储的名称。数据流可以从数据存储流入或流出,可以不标明数据流名称。

加工是对数据进行处理的单元,用圆角矩形表示,并在其内标明加工名称。数据的源点和终点表示数据的来源和去处,代表系统外部的数据,用方框表示。有关 DFD 图的符号和画法在一般软件工程教材中都有详细的介绍,这里不予赘述。下面给出教材购销系统的分析情况。图 5.6 给出了教材购销系统高层抽象图分层数据流图,在顶层数据流图的基础上,将处理功能(逻辑功能)逐步分解,可得到不同层次的数据流程图。图 5.7 中将教材购销系统进一步分解为销售和采购子系统,图 5.8 分析了教材购销系统分层数据流图。

由于用 DFD 图只描述了数据与处理的关系及其数据流动的方向,而数据流中的数据项等细节信息则无法描述,因此,除了用 DFD 图描述用户需求以外,还要用一些规范化表格对其进行补充描述。这些补充信息主要有以下内容:

(1)数据字典。主要用于数据库概念模式设计,数据字典的详细内容将在 5.2.3 节介绍。

(2)业务活动清单。列出每一部门中最基本的工作任务,包括任务的定义、操作类型、执行频度、所属部门及涉及的数据项以及数据处理响应时间要求。

(3)其他需求清单。如完整性、一致性、安全性要求以及预期变化的影响需求等。

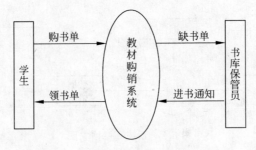

图 5.6　教材购销系统高层抽象图

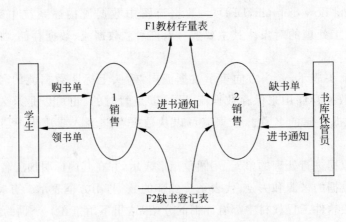

图 5.7　教材购销系统进一步分解图

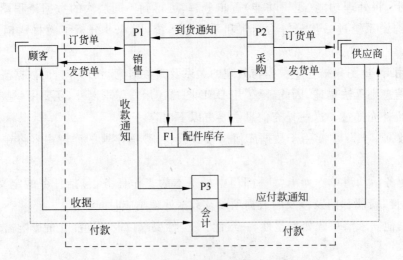

图 5.8　教材购销系统数据流图（Ⅰ）

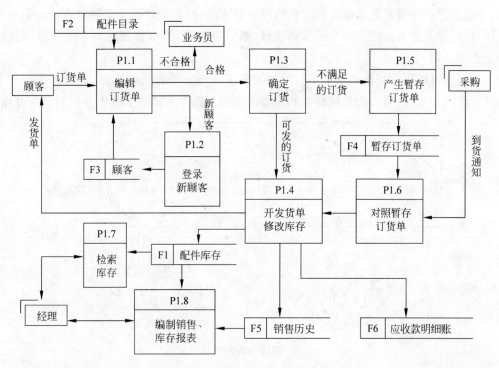

图 5.8（续）（Ⅱ）

需求分析的主要成果是需求规格说明（software requirement specification，SRS），需求规格说明为用户、分析人员、设计人员及测试人员之间相互理解和交流提供了方便，是系统设计、测试和验收的主要依据。同时，需求规格说明也起着控制系统演化过程的作用，追加需求应结合需求规格说明一起考虑。

需求规格说明具有正确性、无歧义性、完整性、一致性、可理解性、可修改性、可追踪性和注释等特点。需求规格说明的方法一般两种：形式化方法和非形式化方法。形式化方法采用完全精确的语义和语法，无歧义。非形式化方法一般采用自然语言来描述，可以使用图标和其他符号帮助说明。形式化说明比非形式化说明不易产生错误理解，而且容易验证，但非形式化说明容易编写，在实际项目中更多的是采用非形式化的说明。

3. 评审

评审的目的在于确认某一阶段的任务是否完成，以保证设计质量，避免重大的疏漏或错误。

评审一定要有项目组以外的专家和主管部门负责人参加，以保证评审工作的客观性和质量。评审结果可作为以后系统验收的参考依据。评审常常导致设计过程的回溯与反复,即需要根据评审意见修改所提交的阶段设计成果,有时修改甚至要回溯到前面的某一阶段,进行部分重新设计乃至全部重新设计,然后再进行评审,直至达到系统的预期目标为止。

通过评审的需求规格说明书不仅可作为需求分析阶段的结束标志,也可作为下一个设计阶段的输入,还可作为系统验收和鉴定的依据。图5.9描述了需求分析的整个过程。

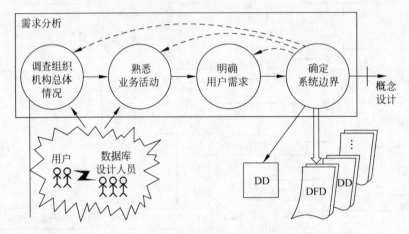

图5.9 需求分析的整个过程

5.2.3 数据字典

数据流图表达了数据和处理的关系,但没有数据内容的详细描述,而数据字典则恰好弥补了 DFD 图的不足。对数据库设计来讲,数据字典是系统中各类数据描述的集合,是进行详细的数据收集和数据分析所获得的主要成果。数据字典在数据库设计中占有很重要的地位。

数据字典通常包括数据项、数据结构、数据流、数据存储和处理过程五个部分。其中,数据项是数据的最小组成单位,若干个数据项可以组成一个数据结构。数据字典通过对数据项和数据结构的定义来描述数据流、数据存储的逻辑内容。

1. 数据项

数据项是不可再分的数据单位。对数据项的描述通常包括以下内容:

数据项描述＝{数据项名,数据项含义说明,别名,数据类型,长度,取值范围,取值含义,与其他数据项的逻辑关系,数据项之间的联系}

其中,"取值范围"、"与其他数据项的逻辑关系"(例如,该数据项等于另外几个数据项的和,该数据项值等于另一数据项的值等)定义了数据的完整性约束条件,是设计数据检验功能的依据。

可以用关系规范化理论为指导,用数据依赖的概念分析和表示数据项之间的联系。即按实际语义,写出每个数据项之间的数据依赖,它们是数据库逻辑设计阶段数据模型优化的依据。

2. 数据结构

数据结构反映了数据之间的组合关系。一个数据结构可以由若干个数据项组成,也可以由若干个数据结构组成,或由若干个数据项和数据结构混合组成。对数据结构的描述通常包括以下内容:

数据结构描述=｛数据结构名,含义说明,组成：｛数据项或数据结构｝｝

3. 数据流

数据流是数据结构在系统内传输的路径。对数据流的描述通常包括以下内容:

数据流描述=｛数据流名,说明,数据流来源,数据流去向,组成：｛数据结构｝,平均流量,高峰期流量｝

其中,"数据流来源"是说明该数据流来自哪个过程;"数据流去向"是说明该数据流将到哪个过程去;"平均流量"是指在单位时间(每天、每周、每月等)里的传输次数;"高峰期流量"则是指在高峰时期的数据流量。

4. 数据存储

数据存储是数据结构停留或保存的地方,也是数据流的来源和去向之一。它可以是手工文档或手工凭单,也可以是计算机文档。对数据存储的描述通常包括以下内容:

数据存储描述=｛数据存储名,说明,编号,输入的数据流,输出的数据流,

组成：｛数据结构｝,数据量,存取频度,存取方式｝

其中,"存取频度"指每小时或每天或每周存取几次、每次存取多少数据等信息;"存取方式"包括是批处理还是联机处理,是检索还是更新,是顺序检索还是随机检索等。另外,"输入的数据流"要指出其来源,"输出的数据流"要指出其去向。

5. 处理过程

处理过程的具体处理逻辑一般用判定表或判定树来描述。数据字典中只需要描述处理过程的说明性信息,通常包括以下内容:

处理过程描述=｛处理过程名,说明,输入：｛数据流｝,输出：

｛数据流｝,处理：｛简要说明｝｝

其中,"简要说明"中主要说明该处理过程的功能及处理要求。功能是指该处理过程用来做什么(而不是怎么做),处理要求包括处理频度要求,如单位时间里处理多少事务、

多少数据量、响应时间要求等。这些处理要求是后面物理设计的输入及性能评价的标准。

可见，数据字典是关于数据库中数据的描述，即元数据，而不是数据本身。

数据字典是在需求分析阶段建立，在数据库设计过程中不断修改、充实和完善的。

明确地把需求收集和分析作为数据库设计的第一阶段是十分重要的。这一阶段收集到的基础数据（用数据字典来表达）和一组数据流程图（data flow diagram，DFD）是下一步进行概念设计的基础。

最后，要强调两点：

（1）需求分析阶段的一个重要而困难的任务是收集将来应用所涉及的数据，设计人员应充分考虑到可能的扩充和改变，使设计易于更改、系统易于扩充。这是第一点。

（2）必须强调用户的参与，这是数据库应用系统设计的特点。数据库应用系统和广泛的用户有密切的联系，许多人要使用数据库。数据库的设计和建立又可能对更多人的工作环境产生重要影响。因此，用户的参与是数据库设计不可分割的一部分。在数据分析阶段，任何调查研究没有用户的积极参与是寸步难行的。设计人员应该和用户取得共同的语言，帮助不熟悉计算机的用户建立数据库环境下的共同概念，并对设计工作的最后结果承担共同的责任。

5.2.4 数据字典的实现

目前，实现数据字典通常有三种途径：全人工过程、全自动化过程（利用数据字典处理程序）和混合过程（用正文编辑程序，报告生成程序等实用程序帮助人工过程）。不论使用那种途径实现的数据字典都应该具有下述特点：

（1）通过名字能方便地查询数据的定义。

（2）没有数据冗余。

（3）容易更新和更改。

（4）定义的书写方式简单方便，而且严格。

如果暂时还没有自动的数据字典处理程序，一般采用卡片形式书写数据字典，每张卡片上保存一个数据项或数据结构的信息。这种做法较好地满足了上述要求，特别是更新和修改起来很方便，能够单独处理每个数据项的信息。每张卡片上除了包括本节所述的一些信息外，当开发过程进展到一定阶段，还可以添加一致性校验功能、错误检验功能等信息，通常把这些信息记录在卡片的背面。图5.10给出了学生购书管理子系统中几个数据项的数据卡片，供参考。

数据项： 学号 含义说明：唯一标识每个学生 别名： 学生编号 类型： 字符型 长度： 8 取值范围：00 000 000至99 999 999 取值含义：前两位标别该学生所在年级， 后六位按顺序编号 与其他数据项的逻辑关系：学号→姓名	数据结构：学生 含义说明：是购书管理子系统的主体数据结 构，定义了一个学生的有关信息 组成： 学号，姓名，性别，年龄，所在 系，年级
(a) 数据项	(b) 数据结构
数据流： 申请购书 说明： 学生申请购书的最终结果 数据流来源：学生申请 数据流去向：教材科批准 组成： …… 平均流量： …… 高峰期流量： ……	数据存储： 学生申请登记表（购书单） 说明： 记录学生申请购书的基本情况 流入数据流：…… 流出数据流：…… 组成： …… 数据量： 每年3 000张 存取方式： 随机存取
(c) 数据流	(d) 数据存储

图 5.10 数据字典卡片示例

5.3 概念结构设计

把需求分析阶段得到的用户需求(已用数据字典和数据流图表示)抽象为概念模型表示的过程就是概念结构设计。概念数据模型既独立于数据库逻辑结构，又独立于具体的数据库管理系统(DBMS)，是现实世界与机器世界的中介。它不仅能够充分反映现实世界，如实体和实体集之间的联系等，易于非计算机人员理解，而且易于向关系、网状和层次等各种数据模型转换。数据库概念结构设计的目的是分析数据字典中数据间内在语义关联，并将其抽象表示为数据的概念模式。目前，在数据库概念结构设计中常用 E-R 模型来描述概念结构，因此，数据库概念结构设计又称为 E-R 模式设计。关于 E-R 模型的一些概念和 E-R 图的基本画法已在 1.2.3 节介绍过，本节主要介绍基于 E-R 模型的概念结构设计方法和步骤。

5.3.1　概念结构

在需求分析阶段所得到的应用需求应该首先抽象为信息世界的结构,这样才能更好地、更准确地用某一 DBMS 实现这些需求。概念结构的主要特点是:

(1) 反映现实。能准确、客观地反映现实世界,包括事物及事物之间的联系,能满足用户对数据的处理要求,是现实世界的真实模型,要求具有较强的表达能力。

(2) 易于理解。不仅要让设计人员能够理解,开发人员也要能够理解,不熟悉计算机的用户也要能理解,所以要求简洁、清晰和无歧义。

(3) 易于修改。当应用需求和应用环境改变时,容易对概念模型进行更改和扩充。

(4) 易于转换。能比较方便地向机器世界的各种数据模型,如层次模型、网状模型、关系模型转换,主要是关系模型。

概念结构是各种数据模型的共同基础,它比数据模型更独立于机器、更抽象,从而更加稳定。

描述概念模型的有力工具是 E-R 模型,有关 E-R 模型的基本概念已在第 1 章介绍过,下面将用 E-R 模型来描述概念结构。

5.3.2　概念结构设计的方法与步骤

设计概念结构通常有以下四种方法:

(1) 自顶向下。首先定义全局的概念结构的框架,然后逐步分解细化,如图 5.11 所示。

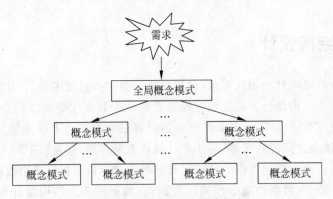

图 5.11　自顶向下的设计方法

(2) 自底向上。首先定义局部的概念结构,然后将局部概念结构集成全局的概念结构,如图 5.12 所示。

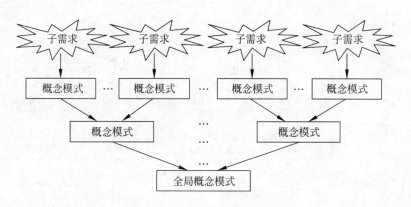

图 5.12 自底向上的设计方法

（3）逐步扩张。首先定义核心的概念结构，然后以核心概念结构为中心，向外部扩充，逐步形成其他概念结构，直至形成全局的概念结构，如图 5.13 所示。

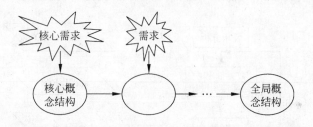

图 5.13 逐步扩张的设计方法

（4）混合策略。自顶向下和自底向上相结合，用自顶向下的方法设计一个全局的概念结构的框架，用自底向上的方法设计各个局部概念结构，然后形成总体的概念结构。

具体采用哪种方法，与需求分析方法有关。其中，比较常用的方法是自底向上的设计方法，即用自顶向下的方法进行需求分析，用自底向上的方法进行概念结构的设计，如图 5.14 所示。

这里只介绍自底向上设计概念结构的方法，它通常分为两步：第一步是抽象数据并设计局部 E-R 图；第二步是集成局部 E-R 图，得到全局概念结构，如图 5.15 所示。

5.3.3 数据抽象与局部 E-R 图设计

概念结构是对现实世界的一种抽象。所谓抽象，是对实际的人、物、事和概念进行人为处理，抽取所关心的共同特性，忽略非本质的细节，并把这些特性用各种概念精确地加以描述，这些概念组成了某种模型。

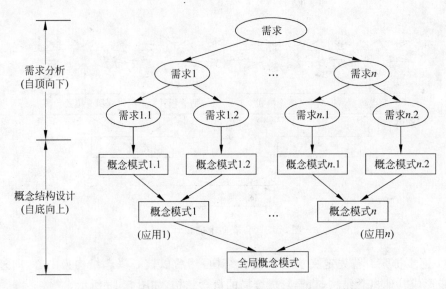

图 5.14　自顶向下需求分析与自底向上设计概念结构

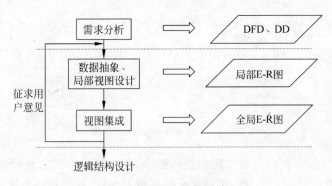

图 5.15　概念结构设计

1. 三种数据抽象方法

数据抽象的三种方法是分类、聚集和概括。利用数据抽象方法可以对现实世界抽象，得出概念模型的实体集及属性。

1）分类

分类（classification）就是定义一组对象的类型（type），这些对象具有共同的特征和行为。分类抽象了对象值和型之间"成员"（is member of）的语义，是从具体对象到实体的抽象。在 E-R 模型中，实体就是这种抽象。

例如，在学校环境中，张三是学生，李四是学生，都是学生的一员（is member of 学生），具有共同的特征，通过分类，得出"学生"这个实体。同理，赵谦是老师，王兵是老师，都是老师的一员，得出"老师"这个实体。具体如图 5.16 所示。

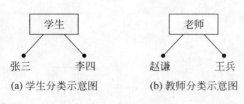

(a) 学生分类示意图　　　　(b) 教师分类示意图

图 5.16　分类示意图

2) 聚集

聚集(aggregation)就是定义某一类型的组成成分,抽象了类型和成分之间的"is part of"的语义,若干属性组成实体就是这种抽象,如图 5.17 所示。例如,学生实体是由学号、姓名、班级等属性组成的聚集。

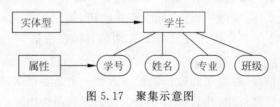

图 5.17　聚集示意图

事实上,现实世界的事物是非常复杂的,某一类型的成分仍然是一个聚集,如图 5.18 所示。

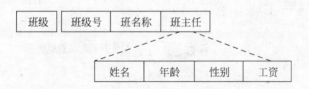

图 5.18　更复杂的聚集示意图

3) 概括

概括(generalization)就是定义类型之间的一种子集联系,抽象了类型之间的"is subset of"的语义,是从特殊实体到一般实体的抽象。

例如,在图书借阅系统中,学生、老师是可以进一步抽象为"借阅人",其中学生和老师是子实体,借阅者是超实体(图 5.19)。概括与分类类似,但分类是对象到实体的抽象,概括是子实体到超实体的抽象。例如,学生是一个实体型,本科生、研究生均是学生的子集。把学生称为超类(superclass),本科生、研究生称为学生的子类(subclass),如图 5.20 所示。

原 E-R 模型不具有概括,新的 E-R 模型作了扩充,允许定义超类实体型和子类实体型,并用双竖边的矩形框表示子类,用直线加小圆圈表示超类-子类的联系。

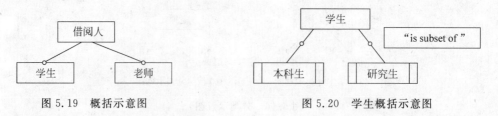

图 5.19　概括示意图　　　　　　　　　图 5.20　学生概括示意图

概括有一个很重要的性质:继承性。子类继承超类上定义的所有抽象。这样,本科生、研究生继承了学生类型的属性。当然,子类可以增加自己的某些特殊属性。

2. 设计分 E-R 图

概念结构设计的第一步就是利用数据抽象机制对需求分析阶段收集到的数据进行分类、组织(聚集),形成实体、实体的属性,标识实体的码,确定实体之间的联系类型($1:1$、$1:n$、$m:n$),进而设计分 E-R 图。设计分 E-R 图的具体做法如下。

1) 选择局部应用

根据系统的具体情况,在多层的数据流图中选择一个适当层次的数据流图,让这组图中每一部分对应一个局部应用,然后以这一层次的数据流图为出发点,设计分 E-R 图。

通常以中层数据流图作为设计分 E-R 图的依据,如图 5.21 所示。原因是中层数据流图能较好地反映系统中各局部应用的子系统组成,而高层数据流图只能反映系统的概貌,低层数据流图过细。

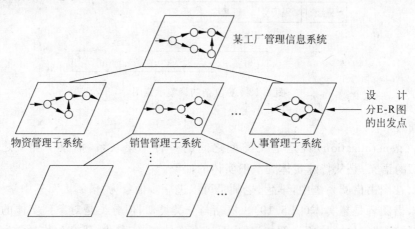

图 5.21　设计分 E-R 图的出发点

2) 逐一设计分 E-R 图

选择好局部应用之后,就要对每一个局部应用逐一设计分 E-R 图。其主要任务就是将各局部应用涉及的数据分别从局部应用的数据字典中抽取出来,参照局部应用的数据流图,标定各局部应用中的实体、实体的属性、标识实体的码,确定实体之间的联系及其类型(1∶1、1∶n、m∶n)。

Ⅰ. 定义实体与属性

实体与属性是 E-R 模式设计中的基本单位。事实上,在现实世界中具体的应用环境对实体和属性已经作了大体的自然划分,但实体与属性之间没有明确的区分标准,下面的一些准则可在设计时参考:

(1) 能作为属性对待的事物尽量作为属性对待。

(2) 能作为属性的事物必须满足:①属性不能再具有需要描述的性质。即属性必须是不可分的数据项,不能再由另一些属性组成。②不能与其他实体具有联系(E-R 图中的联系是实体之间的联系)。

【例 5.1】　"学生"由学号、姓名等属性进一步描述。根据准则 1,"学生"只能作为实体,不能作为属性。

【例 5.2】　职称通常作为教师实体的属性,但在涉及住房分配时,由于分房与职称有关,也就是说职称与住房实体之间有联系,根据准则 2,这时把职称作为实体来处理会更合适些,如图 5.22 所示。

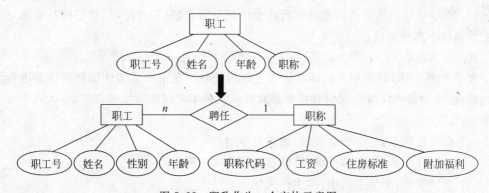

图 5.22　职称作为一个实体示意图

【例 5.3】　如果一种货物只存放在一个仓库,那么就可以把存放货物的仓库的仓库号作为描述货物存放地点的属性。但如果一种货物可以存放在多个仓库中,或者仓库本身又用面积作为属性,或者与职工发生管理上的联系,那么就应把仓库作为一个实体,如图 5.23 所示。

在确定了实体型和属性后,需对下述几个方面作详细描述:

(1) 给实体集与属性命名。名称应清晰以便于记忆,并尽可能地采用用户熟悉的名字,还要具有特点,以减少冲突。

(2) 确定实体标识。实体标识即是实体集的主键,首先要列出实体集的所有候选键,

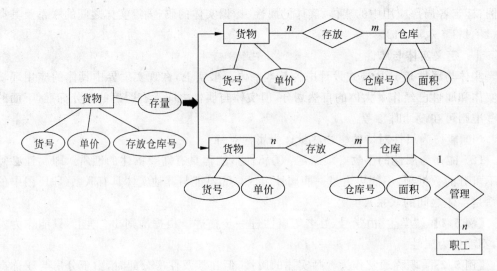

图 5.23　仓库作为一个属性或实体

在此基础上选择一个作为主键。

（3）非空值原则。有些属性的值可能会出现空值，这并不奇怪，但重要的是要保证主键中的属性不出现空值。

Ⅱ．定义联系

在 E-R 模型中，联系用于刻画实体集之间的关联。在定义了实体型和属性并进行了描述后，还要确定实体集之间的联系及其属性。实体集之间的联系非常广泛，大致可分为以下三种：

（1）存在性联系，如学校有教师，教师有学生等。

（2）功能性联系，如教师授课，教师参与管理学生等。

（3）事件联系，如学生借书，学生打网球等。

设计者可以利用上面介绍的三种联系去检查 E-R 模式中两个实体集之间是否存在联系。如果存在联系，还需进一步确定这些联系的类型（$1:1$、$1:n$ 或 $n:m$）。此外，还要考虑实体集内部是否存在联系，多个实体集之间是否存在联系等。

在定义实体集之间的联系时，要尽量消去冗余的联系，以免将这些问题留给全局 E-R 模式的集成阶段，从而造成困难和麻烦（图 5.24 所示的"教师与学生之间的授课关系"就是一个冗余联系的例子）。

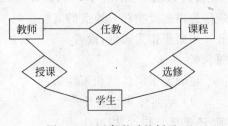

图 5.24　冗余联系的例子

在定义了实体集之间的联系后,需要对其命名。联系的命名应反映联系的语义性质,通常采用某个动词命名,如"选修"、"讲授"、"使用"等。此外,还需要确定每个联系是否存在属性。有些实体集之间的联系存在属性,比如,学生实体集与课程实体集的联系"选修"就存在"考试成绩"这个属性,而这种属性在设计过程中最容易遗漏,设计者应特别引起注意。

【例 5.4】 图书借阅管理系统的局部 E-R 图设计实例(图 5.25)。注意,属性没有图示。

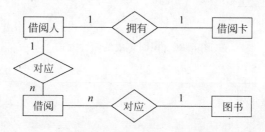

图 5.25 局部 E-R 图设计示例

(1) 确定范围:选择以借阅人为核心的范围,根据分层数据流图和数据字典来确定局部 E-R 图的边界。

(2) 识别实体:借阅人,借阅卡,图书,借阅。

(3) 定义属性:

借阅人(读者编号,姓名,读者类型,密码,已借数量,E-mail 地址,电话号码)

借阅卡(借阅卡编号,读者编号)。

图书(图书编号,书名,作者,图书分类,出版社,单价:(元),复本数量,库存量,日罚金(元),是否新书)。

借阅(读者编号,图书编号,借阅日期,是否续借,续借日期,归还日期)。

(4) 确定联系:借阅人与借阅卡($1:1$)、借阅人与借阅($1:n$)、借阅与图书($1:n$)。

5.3.4 视图的集成

各子系统的分 E-R 图设计好以后,下一步就是要将所有的分 E-R 图综合成一个系统的总 E-R 图。集成方法有:

(1) 一次集成。即一次将所有的局部 E-R 图综合,形成总的 E-R 图。这种方法比较复杂,难度比较大,通常用于局部视图比较简单时,如图 5.26(a)所示。

(2) 逐步集成。即用累加的方式一次集成两个局部 E-R 图(通常是比较关键的两个局部视图),逐步形成总的 E-R 图。这种方法的难度相对较小,如图 5.26(b)所示。

无论采用哪种集成方式,一般都要分两步走,如图 5.27 所示。

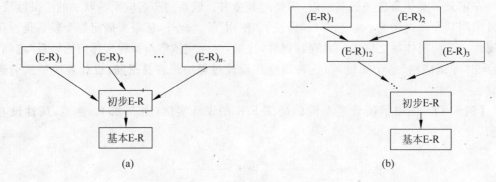

图 5.26 视图集成的两种方式

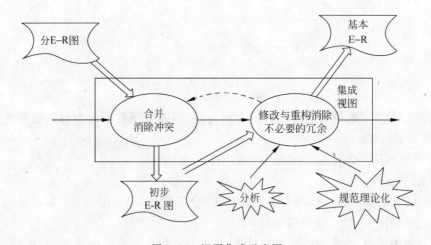

图 5.27 视图集成示意图

(1) 合并：解决各分 E-R 图之间的冲突，将各分 E-R 图合并起来生成初步 E-R 图。

(2) 重构：消除不必要的冗余，生成基本的 E-R 图。

1. 合并分 E-R 图，生成初步 E-R 图

由于各个分 E-R 图面向不同的应用，而且通常是由不同的人进行设计或同一个人不同时间进行设计，这就导致各个分 E-R 图必定会存在许多不一致的地方，称之为冲突。合并局部 E-R 图时，消除冲突是工作的关键。冲突的表现主要有三类：属性冲突、命名冲突和结构冲突。

1) 属性冲突

属性域冲突主要包括属性值的类型、取值范围或单位不同。例如，学生编号，有的部门定义为整数型，有的部门定义为字符型。又如，学生编号虽然都定义为整数，但有的部门取值范围为 0000～9999，而有的部门取值范围为 00000～99999。又如，对于产品重量

单位,有的部门使用千克(kg),有的部门使用吨(t)。在合并过程中,要消除属性的不一致。

属性冲突通常采用讨论、协商等行政手段来加以解决。

2) 命名冲突

同名异义:相同的实体名称或属性名称,而意义不同。

异名同义:相同的实体或属性使用了不同的名称。在合并局部 E-R 图时,应消除实体命名和属性命名方面不一致的地方。

处理命名冲突通常也像处理属性冲突一样,通过讨论、协商等行政手段来加以解决。

3) 结构冲突

结构冲突的表现主要有以下三种情况:

(1) 同一对象在不同的局部 E-R 图中具有不同的抽象,有的作为实体,有的作为属性。例如,“课程”在某一局部应用中被当做实体,而在另一局部应用中被当做属性。

解决方法通常是把属性变换为实体或把实体变换为属性,使同一对象具有相同的抽象。变换时要遵循 5.3.3 节中讲述的两个准则。

(2) 同一实体在不同的局部 E-R 图中其属性组成不同,包括属性个数、顺序等。这是很常见的一类冲突,产生的原因是不同的局部应用关心的是该实体的不同侧面。

解决方法是使该实体的属性取各分 E-R 图中属性的并集,再适当调整属性的次序。

(3) 实体间的联系在不同的局部 E-R 图中联系的类型不同。例如,实体 E_1 与 E_2 在局部应用 A 中是多对多联系,而在局部应用 B 中是一对多联系;又如,在局部应用 X 中 E_1 与 E_2 发生联系,而在局部应用 Y 中 E_1、E_2、E_3 三者之间有联系。

解决方法是根据应用的语义对实体联系的类型进行综合或调整。

图 5.28 所示是一个综合 E-R 图的实例,图中零件与产品之间存在多对多联系——“构成”,产品、零件与供应商之间还存在多对多联系——“供应”,这两个联系互相不能包含,在合并两个分 E-R 图时就应把它们综合起来。

2. 重构 E-R 图,消除冗余,生成基本 E-R 图

在初步 E-R 图中,可能存在一些冗余的数据和冗余的实体联系。所谓冗余的数据是指可以用其他数据导出的数据;冗余的实体联系,是指可以通过其他联系导出的联系。冗余数据和冗余联系容易破坏数据库的完整性,给数据库的维护增加困难,应该予以消除。消除冗余后的初步 E-R 图称为基本 E-R 图。

消除冗余主要是采用分析方法,即以数据字典和数据流图为依据,根据数据字典中关于数据项之间逻辑关系的说明来消除冗余。

例如,学生年龄可从系统年月减去学生出生年月导出生成。如果存在学生出生年月属性,则年龄属性是冗余的,应该予以消除。

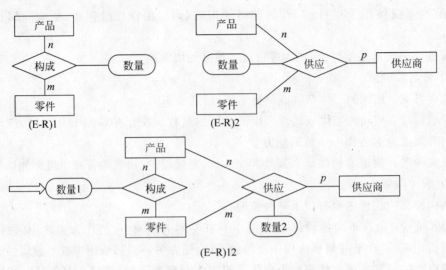

图 5.28　合并两个分 E-R 图

又如图 5.29 中，$Q_3 = Q_1 \times Q_2$，$Q_4 = \sum Q_5$。所以，Q_3 和 Q_4 是冗余数据，可以消去。并且由于 Q_3 消去，产品与材料间 $m:n$ 的冗余联系也应消去。

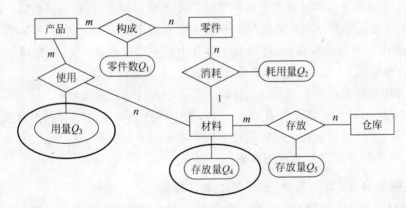

图 5.29　消除冗余示意图

但并不是所有的冗余数据和冗余联系都必须加以消除，有时为了提高效率，不得不以冗余信息为代价。因此，在设计时，哪些冗余信息必须消除，哪些允许存在，应根据处理需求和性能要求作出取舍。如果人为地保留了一些冗余数据，则应把数据字典中数据关联的说明作为完整性约束条件或把冗余数据定义在视图中。

例如，若管理部门经常要查询各种材料的库存量，如果每次都要查询每个仓库中此种材料的库存，再对它们求和，查询效率就太低了。所以，应保留 Q_4，同时把 $Q_4 = \sum Q_5$ 定

义为 Q_4 的完整性约束条件。每当 Q_5 修改后,就触发完整性检查例程,对 Q_4 作相应的修改。

除分析方法外,还可以用规范化理论来消除冗余。在规范化理论中,函数依赖的概念提供了消除冗余联系的形式化工具,有关内容已在第 4 章介绍。

5.4　逻辑结构设计

概念结构设计所得的概念模型,是独立于任何一种 DBMS 的信息结构,与实现无关。逻辑结构设计的任务是将概念结构设计阶段设计的 E-R 图,转化为选用的 DBMS 所支持的数据模型相符的逻辑结构,形成逻辑模型。

在数据模型的选用上,网状数据模型和层次数据模型已经逐步淡出市场,而新型的对象和对象关系数据模型还没有得到广泛应用,所以一般选择关系数据模型。基于关系数据模型的 DBMS 市场上比较多,如 Oracle、DB2、SQL Server、Sybase、Informix 等。本节以关系数据模型为例讲解逻辑结构设计。

基于关系数据模型的逻辑结构的设计一般分为三个步骤:

(1) 概念模型转换为关系数据模型。

(2) 数据模型的优化。

(3) 设计用户子模式。

5.4.1　概念模型转换为关系数据模型

概念模型向关系数据模型的转化就是将用 E-R 图表示的实体、实体属性和实体联系转化为关系模式。具体而言,就是将其转化为选定的 DBMS 支持的数据库对象。这种转换一般遵循如下原则:

(1) 实体类型的转换。一个实体型转换为一个关系模式。实体的属性就是关系模式的属性,实体的标识符就是关系模式的码。

(2) 联系类型的转换,根据不同的情况作不同的处理。

一是两实体集间 1∶1 联系。

假设 A 实体集与 B 实体集是 1∶1 的联系,联系的转换有三种方法:

- 把 A 实体集的主关键字加入到 B 实体集对应的关系中,如果联系有属性也一并加入;
- 把 B 实体集的主关键字加入到 A 实体集对应的关系中,如果联系有属性也一并加入;
- 建立第三个关系,关系中包含两个实体集的主关键字,如果联系有属性也一并加入。

对于方法三,由于要为联系建立新的关系,从简便的角度考虑一般不采用,只采用方法一和方法二两种方法。

【例5.5】 导出如图5.30(a)所示的院长与学院联系的关系数据结构。

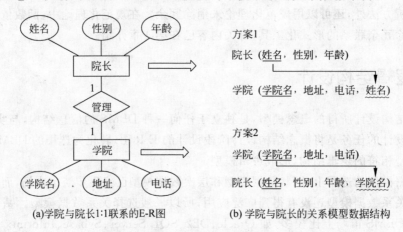

(a)学院与院长1:1联系的E-R图　　　　(b) 学院与院长的关系模型数据结构

图5.30　1∶1联系向关系模式的转换

从图5.30(a)所示的E-R图中,实体"院长"与"学院"之间存在1∶1的关系,所以无须将联系"管理"单独作为一个关系,而只需把院长的主键"姓名"并入到"学院"关系中作为外键,或者将"学院"的主键"学院名"并入到"院长"关系中作为外键,其关系模式设计如图5.30(b)所示(加下划线为主键,加波浪线为外键)。

二是两实体集间1∶N联系。

两实体集间1∶N联系,可将"1方"实体的主关键字纳入"N方"实体集对应的关系中作为"外部关键字",同时把联系的属性也一并纳入"N方"对应的关系中。

【例5.6】 导出图5.31(a)所示的学院与教师联系的关系数据结构。

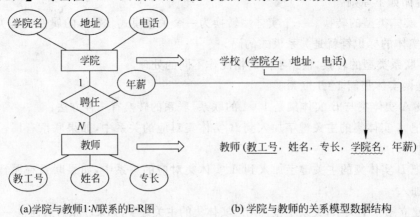

(a)学院与教师1:N联系的E-R图　　　　(b) 学院与教师的关系模型数据结构

图5.31　1∶N联系向关系模式的转换

从图 5.31(a)所示的 E-R 图中，实体"学院"与"教师"之间存在 1：N 的关系，所以应将"1 端"的主键"学院名"并入到"N 端"教师关系中作为外键，同时将联系"聘任"的属性"年薪"加入到"N 端"教师关系中。其关系模式设计如图 5.31(b)所示（加下划线为主键，加波浪线为外键）。

三是两实体集间 $M：N$ 联系。

对于两实体集间 $M：N$ 联系，必须对"联系"单独建立一个关系，用来联系双方实体集。该关系的属性中至少要包括被它所联系的双方实体集的"主关键字"，并且如果联系有属性，也要归入这个关系中。

【例 5.7】　导出图 5.32(a)所示的学生与课程联系的关系数据结构。

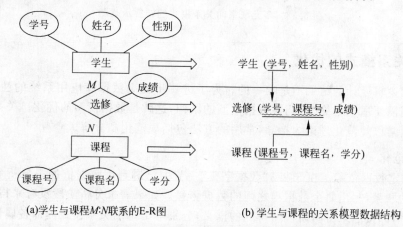

(a)学生与课程$M:N$联系的E-R图　　　　(b) 学生与课程的关系模型数据结构

图 5.32　$M：N$ 联系向关系模式的转换

从图 5.32(a)所示的 E-R 图中，实体"学生"与"课程"之间存在 $M：N$ 的关系，所以应将联系"选修"单独作为一个关系，而"学生"的主键"学号"并入到"选修"关系中作为外键，同时将"课程"的主键"课程号"也并入到"选修"关系中作为外键，其关系模式设计如图 5.32(b)所示（加下划线为主键，加波浪线为外键）。

四是三个或三个以上实体间的一个多元联系转换为一个关系模式。

【例 5.8】　导出如图 5.33 所示的"讲授"联系的关系数据结构。

图 5.33 中"讲授"联系是一个三元联系，可以将它转换为如下关系模式，其中课程号、职工号和书号为关系的组合码：

$$讲授（课程号，职工号，书号）$$

五是具有相同码的关系模式可合并，目的是减少系统中的关系个数。合并方法是：将其中一个关系模式的全部属性加入到另一个关系模式中，然后去掉其中的同义属性（可能同名也可能不同名），并适当调整属性的次序。

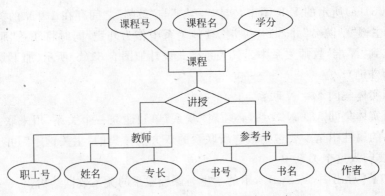

图 5.33　多元联系向关系模式的转换示意图

5.4.2　关系模式的优化

数据库逻辑设计的结果不是唯一的。为了进一步提高数据库应用系统的性能，还应该根据应用需要适当地修改、调整数据模型的结构，这就是数据模型的优化。关系数据模型的优化通常以规范化理论为指导，常用的方法包括规范化和分解。

1. 规范化

(1) 确定数据依赖。在 5.2.3"数据字典"一节中已讲到用数据依赖来分析和表示数据项之间的联系，写出每个数据项之间的数据依赖。如果需求分析阶段没有来得及作，可以现在补作，即按需求分析阶段所得到的语义，分别写出每个关系模式内部各属性之间的数据依赖以及不同关系模式属性之间的数据依赖。

(2) 对于各个关系模式之间的数据依赖进行极小化处理，消除冗余的联系，具体方法已在 5.3.4 中讲解。

(3) 按照数据依赖的理论对关系模式逐一进行分析，考察是否存在部分函数依赖、传递函数依赖、多值依赖等，确定各关系模式分别属于第几范式。

(4) 按照需求分析阶段得到的处理要求，分析对于这样的应用环境，这些模式是否合适，确定是否要对某些模式进行合并或分解。

必须注意的是，并不是规范化程度越高的关系就越优。例如，当查询经常涉及两个或多个关系模式的属性时，系统经常进行连接运算。连接运算的代价是相当高的，可以说关系模型低效的主要原因就是连接运算引起的。这时可以考虑将这几个关系合并为一个关系。因此，在这种情况下，第二范式甚至第一范式也许是合适的。

又如，非 BCNF 的关系模式虽然从理论上分析会存在不同程度的更新异常或冗余，但如果在实际应用中对此关系模式只是查询，并不执行更新操作，就不会产生实际影响。所以，对于一个具体应用来说，到底规范化到什么程度，需要权衡响应时间和潜在问题两者的利弊决定。

2. 分解

分解的目的是为了提高数据操作的效率和存储空间的利用率。常用的分解方式是水平分解和垂直分解。

水平分解是把（基本）关系的元组分为若干子集合，如图 5.34 所示，定义每个子集合为一个子关系，以提高系统的效率。根据"80/20 原则"，一个大关系中，经常被使用的数据只是关系的一部分，约 20%，可以把经常使用的数据分解出来，形成一个子关系。如果关系 R 上具有 n 个事务，而且多数事务存取的数据不相交，则 R 可分解为少于或等于 n 个子关系，使每个事务存取的数据对应一个关系。

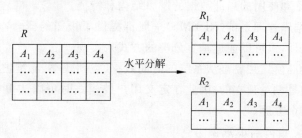

图 5.34　水平分解示意图

例如，移动客户管理中，可以将所有移动用户的资料存放一个表中。由于移动用户的增加，可以分别将"139"、"138"、"137"、"136"等用户分表存放，以提高查询的速度。但是，水平分解后对全局性的应用带来不便，同样需要设计者分析和平衡。在 Oracle 中，采用分区表（partition）的方案解决，将一个大表分成若干小表，在全局应用中使用大表，在局部应用中使用小表。

垂直分解是把关系模式 R 的属性分解为若干子集合，形成若干子关系模式，如图 5.35 所示。垂直分解的原则是，把经常在一起使用的属性从 R 中分解出来形成一个子关系模式。垂直分解可以提高某些事务的效率，但也可能使另一些事务不得不执行连接操作，从而降低效率。因此，是否进行垂直分解取决于分解后 R 上的所有事务的总效率是否得到提高。垂直分解需要确保无损连接性和保持函数依赖，即保证分解后的关系具有无损连接性和保持函数依赖性。这可以用第 4 章中的模式分解算法对需要分解的关系模式进行分解和检查。

图 5.35　垂直分解示意图

垂直分解也是关系模式规范化的途径之一。同时,为了应用和安全的需要,垂直分解将经常一起使用的数据或机密的数据分离。当然,通过视图的方式也可以达到同样的效果。

5.4.3　设计用户子模式

　　概念模型通过转换、优化后成为全局逻辑模型,还应该根据局部应用的需要,结合DBMS的特点,设计用户子模式。

　　用户子模式也称为外模式,是全局逻辑模式的子集,是数据库用户(包括程序用户和最终用户)能够看见和使用的局部数据的逻辑结构和特征。

　　目前,关系数据库管理系统(RDBMS)一般都提供了视图的概念,可以通过视图功能设计用户模式。此外,也可以通过垂直分解的方式来实现。

　　定义数据库全局模式主要是从系统的时间效率、空间效率、易维护等角度出发。由于用户外模式与模式是相对独立的,因此在定义用户外模式时可以注重考虑用户的习惯与方便。包括以下几个方面。

1. 使用更符合用户习惯的别名

　　在合并各分 E-R 图时,曾做了消除命名冲突的工作,以使数据库系统中同一关系和属性具有唯一的名字。这在设计数据库整体结构时是非常必要的。用视图机制可以在设计用户视图时重新定义某些属性名,使其与用户习惯一致,以方便使用。

　　例如,客户在供应部门习惯称为供应商,在消除命名冲突时统一命名为客户。在用户模式设计时,可以设计一个供应商视图,一是要符合使用习惯;二是只仅仅包含提供物资的对象,而不包含销售的客户。

2. 对不同级别的用户定义不同的视图,以保证系统的安全性

　　假设有关系模式产品(产品号,产品名,规格,单价,生产车间,生产负责人,产品成本,产品合格率,质量等级),可以在产品关系上建立两个视图。

　　为一般顾客建立视图:

　　产品 1(产品号,产品名,规格,单价)

　　为产品销售部门建立视图:

　　产品 2(产品号,产品名,规格,单价,车间,生产负责人)

　　顾客视图中只包含允许顾客查询的属性,销售部门视图中只包含允许销售部门查询的属性,生产领导部门则可以查询全部产品数据。这样就可以防止用户非法访问本来不允许他们查询的数据,保证了系统的安全性。

3. 简化用户对系统的使用

　　某些查询是比较复杂的查询。为了方便用户使用,并保证查询结果的一致性,经常将

这些复杂的查询定义为视图,从而大大简化了用户的使用。

5.5　物理结构设计

　　数据库在物理设备上的存储结构与存取方法称为数据库的物理结构,它依赖于给定的计算机系统。为一个给定的逻辑数据模型选取一个最适合应用要求的物理结构的过程,就是数据库的物理设计。

　　数据库的物理设计通常分为两步:

　　(1) 确定数据库的物理结构,在关系数据库中主要指存取方法和存储结构;

　　(2) 对物理结构进行评价,评价的重点是时间效率和空间效率。

　　如果评价结果满足原设计要求,则可进入到物理实施阶段,否则,就需要重新设计或修改物理结构,有时甚至需要返回逻辑设计阶段修改数据模型。

5.5.1　数据库的物理设计内容和方法

　　物理结构设计的目的主要有两个:一是提高数据库的性能,满足用户的性能需求;二是有效地利用存储空间。总之,是为了使数据库系统在时间和空间上达到最优。

　　由于不同的数据库产品所提供的物理环境、存取方法和存储结构有很大差别,能供设计人员使用的设计变量、参数范围也各不相同,因此没有通用的物理设计方法可遵循,只能给出一般的设计内容和原则。

　　数据库设计人员都希望自己设计的物理数据库结构能满足事务在数据库上运行时响应时间小、存储空间利用率高、事务吞吐率大。为此,设计人员首先应对要运行的事务进行详细分析,获得选择物理数据库设计所需要的参数。其次,要充分了解所用 DBMS 的内部特征,特别是系统提供的存取方法和存储结构。

　　数据库设计人员在确定数据存取方法时,必须清楚三种相关信息:

　　(1) 数据查询事务的信息,包括查询的关系、查询条件所涉及的属性、连接条件所涉及的属性和查询的投影属性等信息。

　　(2) 数据更新事务的信息,包括被更新的关系、每个关系上的更新操作条件所涉及的属性和修改操作要改变的属性值。

　　(3) 每个事务在各关系上运行的频率和性能要求。例如,事务 T 必须在 8s 内结束,这对于存取方法的选择具有重大影响。

　　上述这些信息是确定关系的存取方法的依据。应注意的是,数据库的物理结构设计是一个不断完善的过程,开始只能是一个初步设计,在数据库系统运行过程中要不断检测并进行调整和优化。

通常对于关系数据库物理设计的内容主要包括：

（1）为关系模式选取存取方法。

（2）设计关系及索引的物理存储结构。

下面将介绍这些设计内容和方法。

5.5.2　关系模式存取方法选择

由于数据库系统是多用户共享的系统，为了满足用户快速存取的要求，必须选择有效的存取方法。一般数据库系统中为关系、索引等数据库对象提供了多种存取方法，主要有索引方法、聚簇方法和 HASH 方法。

1．索引存取方法的选择

索引是数据库表的一个附加表，存储了建立索引列的值和对应的记录地址。查询数据时，先在索引中根据查询的条件值找到相关记录的地址，然后在表中存取对应的记录，以便能加快查询速度。但索引本身占用存储空间，索引是系统自维护的。B＋树索引和位图索引是常用的两种索引。建立索引的一般原则是：

（1）如果某属性或属性组经常出现在查询条件中，则考虑为该属性或属性组建立索引（或组合索引）；

（2）如果某个属性经常作为最大值和最小值等聚集函数的参数，则考虑为该属性建立索引；

（3）如果某属性和属性组经常出现在连接操作的连接条件中，则考虑为该属性或属性组建立索引。

注意，并不是索引定义越多越好。一是查询索引本身要付出代价；二是系统为索引的维护也要付出代价，特别是对于更新频繁的表，索引不能定义太多，因为更新一个关系时，必须对这个关系上有关的索引作相应的修改。

2．聚簇存取方法的选择

在关系数据库管理系统（RDBMS）中，连接查询是影响系统性能的重要因素之一。为了改善连接查询的性能，很多 RDBMS 提供了聚簇存取方法。

聚簇的主要思想是：将经常进行连接操作的两个数据表和多个数据表，按连接属性（称为聚簇码）相同的值集中存放在连续的物理块上，从而大大提高连接操作的效率。

1）建立聚簇的必要性

聚簇功能可以大大提高按聚簇码进行查询的效率。例如，要查询管理学院的所有学生名单，设管理学院有 1 200 名学生。在极端情况下，这 1 200 名学生所对应的数据元组分布在 1 200 个不同的物理块上。尽管对学生关系已按所在学院建有索引，由索引很快找到了管理学院学生的元组标识，避免了全表扫描，然而再由元组标识去访问数据块时就要存取 1 200 个物理块,执行 1 200 次 I/O 操作。如果将同一学院的学生元组集中存放,则每读一个物理块可得到多个满足查询条件的元组,从而显著地减少了访问磁盘的次数。

聚簇功能不但适用于单个关系,也适用于经常进行连接操作的多个关系。即把多个连接关系的元组按连接属性值聚集存放,聚簇中的连接属性称为聚簇码。这就相当于把多个关系按"预连接"的形式存放,从而大大提高连接操作的效率。

2) 建立聚簇的基本原则

一个数据库可以建立多个聚簇,但一个关系只能加入一个聚簇。选择聚簇存取方法,即确定需要建立多少个聚簇,每个聚簇中包括哪些关系。聚簇设计可分两步进行:先根据规则确定候选聚簇,再从候选聚簇中去除不必要的关系。

设计候选聚簇一般原则是:

(1) 对经常在一起进行连接操作的关系可以建立聚簇。

(2) 如果一个关系的一组属性经常出现在相等比较条件中,则该单个关系可建立聚簇。

(3) 如果一个关系的一个(或一组)属性上的值重复率很高,则此单个关系可建立聚簇。即对应每个聚簇码值的平均元组数不应太少。如果太少了,则聚簇的效果不明显。

(4) 如果关系的主要应用通过聚簇码进行访问或连接,与聚簇码无关的其他属性访问很少或者是次要的,这时可以使用聚簇。尤其是当 SQL 语句中包含有与聚簇码有关的 ORDER BY、GROUP BY、UNION、DISTINCT 等子句或短语时,使用聚簇特别有利,可以省去对结果集的排序操作,否则很可能会适得其反。

然后检查候选聚簇中的关系,取消其中不必要的关系:

(1) 从聚簇中删除经常进行全表扫描的关系。

(2) 从聚簇中删除更新操作远多于连接操作的关系。

(3) 不同的聚簇中可能包含相同的关系,一个关系可以在某一个聚簇中,但不能同时加入多个聚簇。要从这多个聚簇方案(包括不建立聚簇)中选择一个较优的,即在这个聚簇上运行各种事务的总代价最小。

必须强调的是,聚簇只能提高某些应用的性能,而且建立与维护聚簇的开销是相当大的。对已有关系建立聚簇,将导致关系中元组移动其物理存储位置,并使此关系上原有的索引无效,必须重建。当一个元组的聚簇码值改变时,该元组的存储位置也要作相应的移动,所以聚簇码值要相对稳定,以减少修改聚簇码值所引起的维护开销。

3. HASH 存取方法的选择

有些数据库管理系统提供了 HASH 存取方法。HASH 存取方法的主要原理是,根据查询条件的值,按 HASH 函数计算查询记录的地址,减少了数据存取的 I/O 次数,加快了存取速度。但并不是所有的表都适合 HASH 存取。选择 HASH 方法的原则是:如果一个关系的属性主要出现在等连接条件中或主要出现在相等比较选择条件中,而且满足下列两个条件之一,则此关系可以选择 HASH 存取方法:

（1）如果一个关系的大小可预知，而且不变；

（2）如果关系的大小动态改变，而且数据库管理系统提供了动态 HASH 存取方法。

5.5.3　数据库存储结构的确定

确定数据库物理结构主要是指确定数据的存放位置和存储结构，包括确定关系、索引、聚簇、日志和备份等的存储安排和存储结构，确定系统配置等。

确定数据的存放位置和存储结构要综合考虑存取时间、存储空间利用率和维护代价三个方面的因素，这三个方面常常是相互矛盾的，因此需要进行权衡，选择一个折中方案。

1. 存放位置

为了提高系统性能，应该根据应用情况将数据的易变部分与稳定部分、经常存取部分和存取频率较低部分分开存放。如果系统采用多个磁盘和磁盘阵列，可以采用下面几种存取位置的分配方案：

（1）将表和索引存放在不同的磁盘上，查询时，由于两个驱动器并行工作，可以提高 I/O 读写速度。

（2）将比较大的表分放在两个磁盘上，以加快存取速度，这在多用户环境下特别有效。

（3）为了系统的安全性，一般将日志文件和重要的系统文件存放在多个磁盘上，互为备份。

（4）对于存取频率和时间要求高的对象（如表、索引等）应放在高速存储器上（如硬盘）；对于存取频率小和存取时间要求低的对象（如数据库文件和日志文件的备份等只在数据库恢复时才使用），如果数据量大，应放在低速存储器上（如磁带等）。

由于各个系统所能提供的对数据进行物理安排的手段、方法差异很大，因此设计人员应仔细了解给定的 RDBMS 提供的方法和参数，针对应用环境的要求，对数据进行适当的物理安排。

2. 确定系统配置

DBMS 产品一般都提供了大量的系统配置参数，供数据库设计人员和 DBA 进行数据库的物理结构设计和优化。例如，用户数、缓冲区、内存分配和物理块的大小等。一般在建立数据库时，系统都提供了默认参数，但是默认参数不一定适合每一个应用环境，要作适当的调整。此外，在物理结构设计阶段设计的参数，只是初步的，要在系统运行阶段根据实际情况进一步进行调整和优化，以期切实改进系统性能，使系统性能最佳。

3. 评价物理结构

数据库物理设计过程中需要对时间效率、空间效率、维护代价和各种用户要求进行权衡，其结果可以产生多种方案，数据库设计人员必须对这些方案进行细致的评价，从中选择一个较优的方案作为数据库的物理结构。

评价物理数据库的方法完全依赖于所选用的 DBMS,主要是从定量估算各种方案的存储空间、存取时间和维护代价入手,对估算结果进行权衡、比较,选出一个较优的合理的物理结构。如果该结构不符合用户需求,则需要修改设计。

5.6 数据库的实施和维护

数据库的物理设计完成后,设计人员就要用 DBMS 提供的数据定义语言和其他应用程序将数据库逻辑设计和物理设计结果严格地描述出来,使之成为 DBMS 可以接受的源代码,再经过调试产生出目标模式。然后就可以组织数据入库、调试应用程序,这就是数据库实施阶段。在数据库实施后,对数据库进行测试,测试合格后,数据库进入运行阶段,在运行的过程中,要对数据库进行维护。

5.6.1 数据库的实施

数据库的实施阶段包括两项重要的工作:一是建立数据库;二是数据库的试运行。

1. 建立数据库

建立数据库是指在指定的计算机平台上和特定的 DBMS 下,建立数据库和组成数据库的各种对象。数据库的建立分为数据库模式的建立和数据的载入。

建立数据库模式:主要是数据库对象的建立,数据库对象可以使用 DBMS 提供的工具交互式的进行,也可以使用脚本成批地建立。例如,在 Oracle 环境下,可以编写和执行 PL/SQL 脚本程序;在 SQL Server 和 Sybase 环境下,可以编写和执行 T-SQL 脚本程序。

数据的载入:建立数据库模式,只是一个数据库的框架。只有装入实际的数据后,才算真正地建立了数据库。数据的来源有两种形式:"数字化"数据和非"数字化"数据。

"数字化"数据是存在某些计算机文件和某种形式的数据库中的数据。这种数据的载入工作主要是转换,将数据重新组织和组合,并转换成满足新数据库要求的格式。这些转换工作,可以借助于 DBMS 提供的工具,如 Oracle 的 SQL * Load 工具,SQL Server 的 DTS 工具。

非"数字化"数据是没有计算机化的原始数据,一般以纸质的表格、单据的形式存在。这种形式的数据处理工作量大,一般需要设计专门的数据录入子系统完成数据的载入工作。数据录入子系统中一般要有数据校验的功能,保证数据的正确性,还要注意原有系统的特点,以充分考虑老用户的习惯。

2. 数据库的试运行

当原有系统的数据有一小部分已输入数据库后,就可以开始对数据库系统进行联合调试,这称为数据库的试运行。

1) 数据库试运行阶段的主要工作

(1) 功能测试:实际运行应用程序,执行对数据库的各种操作,测试应用程序的各种功能是否满足设计要求。如果不满足,则对应用程序部分要修改、调整,直到达到设计要求为止。

(2) 性能测试:测量系统的性能指标,分析是否符合设计目标。由于对数据库进行物理设计时考虑的性能指标只是近似地估计,与实际系统运行总有一定的差距,因此必须在试运行阶段实际测量和评价系统性能指标。事实上,有些参数的最佳值往往是经过运行调试后找到的。如果测试的结果与设计目标不符,则要返回物理设计阶段,重新调整物理结构,修改系统参数,某些情况下甚至要返回逻辑设计阶段,修改逻辑结构。

2) 注意的问题

(1) 数据的分期入库。上面已经讲到组织数据入库是十分费时、费力的事,如果试运行后还要修改数据库的设计,就会导致重新组织数据入库。因此,应分期、分批地组织数据入库,先输入小批量数据做调试用,待试运行基本合格后,再大批量输入数据,逐步增加数据量,逐步完成运行评价。

(2) 数据库的转储和恢复。在数据库试运行阶段,由于系统还不稳定,硬、软件故障随时都可能发生。而系统的操作人员对新系统还不熟悉,误操作也不可避免。因此,应首先调试运行 DBMS 的恢复功能,做好数据库的转储和恢复工作。一旦故障发生,能使数据库尽快恢复,尽量减少对数据库的破坏。

5.6.2　数据库的运行和维护

数据库试运行合格后,即可投入正式运行。这标志着数据库开发工作基本完成。但是,由于应用环境不断变化,数据库运行过程中物理存储也会不断变化。对数据库设计的评价、调整、修改等维护工作是一个长期的任务,也是设计工作的继续和提高。

在数据库运行阶段,对数据库经常性的维护工作是由 DBA 完成的。主要有以下几个方面。

1. 数据库的转储和恢复

数据库的转储和恢复工作是系统正式运行后最重要的维护工作之一。DBA 要针对不同的应用要求制订不同的转储计划,以保证一旦发生故障尽快将数据库恢复到某种一致的状态,并尽可能地减少对数据库的损失和破坏。

2. 数据库的安全性和完整性控制

在数据库的运行过程中,由于应用环境的变化,对数据库安全性的要求也会发生变化。比如,有的数据原来是机密的,现在可以公开查询了,而新增加的数据又可能是机密的了。系统中用户的级别也会发生变化。这些都要 DBA 根据实际情况修改原来的安全性控制。同样,数据库的完整性约束条件也会变化,也需要 DBA 不断修正,以满足用户需要。

3. 数据库性能的监控、分析和改造

在数据库运行过程中,监控系统运行,对检测数据进行分析,找出改进系统性能的方法,是 DBA 的又一重要任务。目前有些 DBMS 产品提供了检测系统性能的工具,DBA 可以利用这些工具方便地得到系统运行过程中一系列参数的值。DBA 应仔细分析这些数据,判断当前系统运行状况是否最优,应当做哪些改进,找出改进的方法。例如,调整系统物理参数,或对数据库进行重组织或重构造等。

4. 数据库的重组和重构

数据库运行一段时候后,由于记录不断增加、删除和修改,会使数据库的物理存储结构变坏,降低了数据的存取效率,数据库性能下降,这时 DBA 就要对数据库进行重组,或部分重组(只对频繁增加、删除的表进行重组)。DBMS 系统一般都提供了对数据库重组的实用程序。在重组的过程中,按原设计要求重新安排存储位置、回收垃圾、减少指针链等,提高系统性能。

数据库的重组,并不修改原来的逻辑结构和物理结构,而数据库的重构则不同,它是指部分修改数据库模式和内模式。

由于数据库应用环境发生变化,增加了新的应用或新的实体,取消了某些应用,有的实体和实体间的联系也发生了变化,等等,原有的数据库模式不能满足新的需求,需要调整数据库的模式和内模式。例如,在表中增加或删除了某些数据项,改变数据项的类型,增加和删除了某个表,改变了数据库的容量,增加或删除了某些索引,等等。当然,数据库的重构是有限的,只能作部分修改。如果应用变化太大,重构也无济于事,说明此数据库应用系统的生命周期已经结束,应该设计新的数据库应用系统。

📖 本章小结

本章主要讨论了数据库设计的方法、步骤,列举了较多的实例,详细介绍了数据库设计的各个阶段的目标、方式、工具以及注意事项。其中,重要的是概念结构设计和逻辑结构设计,这也是数据库设计过程中最重要的两个环节。

数据库设计属于方法学的范畴,主要应掌握基本方法和一般原则,并能在数据库设计过程中加以灵活运用,设计出符合实际需求的数据库。

习题

1. 简述数据库的设计过程。

2. 数据库设计的任务是什么？

3. 试述数据库设计的特点。

4. 简述数据库设计的主要方法。

5. 数据库设计的主要工具有哪些？

6. 需求分析阶段的任务是什么？调查的内容是什么？调查方法有哪些？

7. 需求分析的结果是什么？

8. 概念结构设计的目的是什么？有哪些方法？

9. 什么是数据抽象？试举例说明。

10. 如何将 E-R 图转换为关系数据模型？

11. 简述数据库物理结构设计的内容和步骤。

12. 简述索引存取方法的作用和建立索引的原则。

13. 规范化理论对数据库设计有什么指导意义？

14. 什么是数据库的重组和重构？

15. 选择一个具体的 DBMS，设计"科研管理系统"的数据库。

第 6 章
数据库的管理

本章关键词

丢失更新问题(lost update)　　　　　　　读"脏"数据(dirty read)

不可重复读(non-repeatable read)

本章要点

本章从数据库管理的角度讲述数据库管理的原理和方法,主要介绍"事务"的概念、并发控制和恢复技术以及数据库的安全性、完整性等相关技术。

在 DBS 运行时,DBMS 要对 DB 进行管理,以保证整个系统的正常运行,防止数据意外丢失和不一致数据的产生。对数据库的管理主要通过以下四个方面来实现:数据库恢复、并发控制、完整性控制和安全性控制。每一方面构成 DBMS 的一个子系统。DBS 运行的最小逻辑工作单位是"事务",所有对数据库的操作,都要以"事务"作为一个整体单位来执行或撤销。

6.1　事务的概念

6.1.1　事务的定义

从用户观点看,对数据库的某些操作应是一个整体,也就是一个独立的工作单元,不能分割。如银行转账操作,从 A 账号转入 1 000 元资金到 B 账号,包括从 A 账号取出 1 000 元和将 1 000 元存入 B 账号两个操作。如果从 A 账号取出 1 000 元成功而 B 账号存入 1 000 元失败,或者从 A 账号取出 1 000 元失败而 B 账号存入 1 000 元成功,只要其中一个操作失败,转账操作就失败。

事务(transaction)是用户定义的一个数据库操作序列,这些操作要么全做、要么全不做,是一个不可分割的工作单位。例如,在关系数据库中,一个事务可以是一条 SQL 语句、一组 SQL 语句或整个程序。事务是这样一种机制,它确保多个 SQL 语句被当做单个工作单元来处理。

事务和程序是两个概念。一般地讲,一个程序中包含多个事务。

事务的开始与结束可以由用户显式控制。如果用户没有显式地定义事务,则由 DBMS 按缺省规定自动划分事务。在 SQL 语言中,定义事务的语句有三条:BEGIN TRANSACTION、COMMIT、ROLLBACK。

事务通常是以 BEGIN TRANSACTION 开始,以 COMMIT 或 ROLLBACK 结束。COMMIT 表示提交,即提交事务的所有操作。具体地说,就是将事务中所有对数据库的更新写回到磁盘上的物理数据库中去,事务正常结束。ROLLBACK 表示回滚,即在事务运行过程中发生了某种故障,事务不能继续执行,系统将事务中对数据库的所有已完成的操作全部撤销,回滚到事务开始时的状态。这里的操作指对数据库的更新操作。

【例 6.1】 设银行数据库有一转账事务 T,从账户甲转一笔款到账户乙,这个转账操作应该是一个事务,其组织如下:

```
BEGIN TRANSACTION                                    /* 事务开始语句 */
        读账户甲的余额  BALANCE;
        BALANCE=BALANCE-AMOUNT;
        IF (BALANCE<0) THEN
            {打印输出"金额不足,不能转账"; ROLLBACK; }    /* 事务回退语句 */

        ELSE
         写回 BALANCE;
         {读账户乙的余额   BALANCE1;
          BALANCE1=BALANCE1+AMOUNT;
         写回 BALANCE1;
         COMMIT;}                                     /* 事务提交语句 */
```

对数据库的访问是建立在读和写两个操作的基础上的:

(1) Read(x):把数据 x 从磁盘的数据库中读到内存的缓冲区;

(2) Write(x):把数据 x 从内存的缓冲区写回磁盘的数据库。

Write 操作未必导致数据立即写回磁盘,很可能先暂存在内存缓冲区中,稍后写回磁盘,这件事情是 DBMS 实现时必须注意的问题。

6.1.2 事务的性质

事务具有四个特性:原子性(atomicity)、一致性(consistency)、隔离性(isolation)和持续性(durability)。这四个特性也简称为 ACID 特性。

1. 原子性

事务是数据库的逻辑工作单位,事务中包括的诸操作要么都做、要么都不做。保证原子性是数据库系统本身的职责,由 DBMS 事务管理子系统来实现。

2. 一致性

事务执行的结果必须是使数据库从一个一致状态变到另一个一致状态。因此,当数据库只包含成功事务提交的结果时,就说数据库处于一致状态。如果数据库系统运行中发生故障,有些事务尚未完成就被迫中断,系统须将事务中对数据库的所有已完成的操作全部撤销,回滚到事务开始时的一致状态。

确保单个事务的一致性是编写事务的应用程序员的职责。在系统运行时,由 DBMS 的完整性子系统执行测试任务。

3. 隔离性

在多个事务并发执行时,一个事务的执行不能被其他事务干扰。即一个事务内部的操作及使用的数据对其他并发事务是隔离的,并发执行的各个事务之间不能互相干扰。隔离性由 DBMS 的并发控制子系统实现。

4. 持续性

持续性是指一个事务一旦提交,它对数据库中数据的改变就应该是永久性的。接下来的其他操作或故障不应该对其执行结果有任何影响。

保证事务 ACID 特性是事务处理的重要任务。事务 ACID 特性可能遭到破坏的因素有:

(1) 多个事务并行运行时,不同事务的操作交叉执行。

(2) 事务在运行过程中被强行停止。

在第一种情况下,数据库管理系统必须保证多个事务的交叉运行不影响这些事务的原子性;在第二种情况下,数据库管理系统必须保证被强行终止的事务对数据库和其他事务没有任何影响。

这些就是数据库管理系统中并发控制和恢复机制的任务。保证事务在故障时满足 ACID 特性的技术称为恢复。保证事务在并发执行时满足 ACID 特性的技术称为并发控制。恢复和并发控制是保证事务正确执行的两项基本技术,合称事务管理。

6.2 数据库的恢复技术

6.2.1 数据库恢复概述

在 DBS 运行时,计算机中系统的硬件故障、软件错误、操作失误和恶意破坏不可避免。这些故障轻则造成运行事务非正常中断,影响数据库的正确性和事务的一致性;重则破坏数据库,使数据库中数据部分或全部丢失。

数据库系统中的数据是非常宝贵的资源,为了保证数据库系统长期而稳定运行,必须采取一定的措施,以防意外。如果故障发生后,数据库管理系统必须具有把数据库从错误状态恢复到已知的正确状态的功能,这就是数据库的恢复(recover)。数据库管理系统的恢复功能是否行之有效,不仅对系统的可靠性起着决定性的作用,而且对系统的运行效率也有很大影响。数据库管理系统的恢复功能是衡量数据库管理系统性能的重要指标。

故障发生后,利用数据库备份(backup)进行还原(resotre),在还原的基础上利用日志文件(log)进行恢复,重新建立一个完整的数据库,然后继续运行。恢复的基础是数据库的备份和还原以及日志文件,只有完整的数据库备份和日志文件,才能有完整的恢复。

6.2.2 典型的恢复策略

数据库的恢复,意味着要把数据库恢复到最近一次故障前的一致性状态。典型的数据库恢复策略如下:

(1) 平时做好两件事——转储和建立日志。

➤ 周期地(如一天一次)对整个数据库进行复制备份,将其转储到另一个磁盘或磁带一类储存介质中。

➤ 建立日志数据库。记录事务的开始、结束标志,记录事务对数据库的每一次插入、删除和修改前后的值,写到“日志”库中,以便有案可查。

(2) 一旦发生故障,分两种情况处理:一是如果数据库遇到灾难性故障,这时数据库已不能用,就必须装入最近一次复制的数据库备份到新的磁盘,然后利用日志库执行“重做”(redo)已提交的事务,把数据库恢复到事故前的状态。二是如果数据库只是破坏了数据的一致性,利用日志库“撤销”(undo)所有不可靠的修改,“重做”(redo)已提交的可能还留在缓冲区中的事务。

6.2.3 故障种类和恢复方法

数据库系统中可能发生的各种各样的故障,大致可以分为以下几类。

1. 事务故障

事务故障是指事务在执行过程中发生的故障。此类故障只发生在单个或多个事务上,系统能正常运行,其他事务不受影响。事务故障可分为两种:

(1) 事务故障有些是预期的,通过事务程序本身可以发现并处理。如果发生故障,使用 ROLLBACK 回滚事务,使事务回到前一种正确状态。

(2) 有些是非预期的,不能由事务程序处理的,如运算溢出、违反了完整性约束以及并发事务发生死锁后被系统选中强制撤销等,使事务未能正常完成就终止。这时事务处于一种不一致状态。发生事务故障时,事务对数据库的操作没有到达预期的终点(要么全部做 COMMIT,要么全部不做 ROLLBACK),破坏了事务的原子性和一致性,这时可能已经修改了部分数据。因此,数据库管理系统必须提供某种恢复机制,强行回滚该事务对数据库的所有修改,使系统回到该事务发生前的状态,这种恢复操作称为撤销(UNDO)。所谓撤销,就是反向进行逆操作。

2. 系统故障

系统故障主要是由于服务器在运行过程中,突然发生硬件错误(如 CPU 故障)、操作系统故障、DBMS 错误、停电等原因造成的非正常中断,致使整个系统停止运行,所有事务全部突然中断,内存缓冲区中的数据全部丢失,但硬盘、磁带等外设上的数据未受损失。

系统故障的恢复要分别对待,其中有些事务尚未提交完成,其恢复方法是撤销,与事务故障处理相同;有些事务已经完成,但其数据部分或全部还保留在内存缓冲区中,由于缓冲区数据的全部丢失,致使事务对数据库修改的部分或全部丢失,同样会使数据库处于不一致状态。这时应将这些事务已提交的结果重新写入数据库,需要重做提交的事务。所谓重做,就是先使数据库恢复到事务前的状态,然后顺序重做每一个事务,使数据库恢复到一致状态。

3. 介质故障

系统故障常称为软故障(soft crash),介质故障称为硬故障(hard crash)。硬故障指外存故障,如磁盘损坏、磁头碰撞和瞬时强磁场干扰等。这类故障将破坏数据库或部分数据库,并影响正在存取这部分数据的所有事务。这类故障比前两类故障发生的可能性小得多,但破坏性最大。对于介质故障,通常是将数据从建立的备份上先还原数据,然后使用日志进行恢复。此时恢复的过程如下:

(1) 装入最新的后备副本到新的磁盘,使数据库恢复到最近一次转储时的一致状态。

(2) 装入有关的日志文件副本,重做已提交的所有事务。

这样就可以将数据库恢复到故障前某一时刻的一致状态。

6.2.4　检查点技术

在对数据库进行恢复时,使用日志文件,恢复子系统搜索日志文件,以便确定哪些需要 UNDO、哪些需要 REDO,一般需要检查全部的日志。扫描全部的日志将消耗大量的时间,同时将有大量的事务都要重做(REDO),而实际已经将更新结果写入了数据库中,浪费了大量的时间。为了减少扫描日志的长度,在日志中插入一个检查点(CheckPoint),并确保检查点以前事务的一致性。在进行恢复时,从检查点开始扫描,而不是从全部日志开始扫描,可以节省扫描时间,同时减少 REDO 事务。检查点恢复只对事务故障和系统故障有效,对于介质故障,日志的扫描从备份点开始。一般 DBMS 产品自动实行检查点操作,无须人工干预。这个方法如图 6.1 所示。

设 DBS 运行时,在 T_c 时刻产生了一个检查点,而在下一个检查点来临之前的 T_f 时

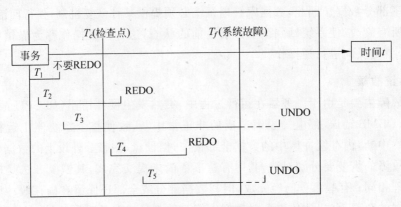

图 6.1 与检查点和系统故障有关的事务的可能状态

刻系统发生故障。我们将这一阶段运行的事务分成五类($T_1 \sim T_5$)：

➤ 事务 T_1 不必恢复。因为它们的更新已在检查点 T_c 时写到数据库中去了。

➤ 事务 T_2 和事务 T_4 必须重做(REDO)。因为它们结束下一个检查点之前,它们对 DB 的修改仍在内存缓冲区中,还未写到磁盘。

➤ 事务 T_3 和事务 T_5 必须撤销(UNDO)。因为它们还没做完,必须撤销事务已对 DB 所作的修改。

6.2.5 检查点方法的恢复算法

利用检查点方法的基本恢复步骤分成以下两步：

(1) 根据日志文件建立事务重做队列和撤销队列。

此时,正向扫描日志文件,找出在故障发生前已经提交的事务(这些事务执行了 COMMIT),建立事务重做队列。

同时,还要找出故障发生时尚未完成的事务(这些事务还未执行了 COMMIT),建立事务撤销队列。

(2) 对重做队列作 REDO 处理的方法是：正向扫描日志文件,根据重做队列的记录对每一个重做事务实施对数据库的更新操作。对撤销队列作 UNDO 处理的方法是：反向扫描日志文件,根据撤销队列的记录对每一个撤销事务的更新操作执行逆操作,使其恢复到原状态。

6.3 数据库的并发控制

在多用户数据库系统中,运行的事务很多,事务可以一个一个地串行执行,即每个时刻只有一个事务运行,其他事务必须等待这个事务结束后才能运行,这样可以有效地保证数据的一致性,但是串行执行使许多资源处于空闲状态。为了充分利用系统资源,发挥数据库共享资源的特点,应该允许多个事务并行执行。

在单处理机系统中,事务并行执行实际上是这些事务交替轮流执行。这种并行执行方式称为交叉并行方式(interleaved concurrency)。在多处理机系统中,每个处理机可以运行一个事务,多个处理机可以运行多个事务,真正实现多个事务的并行运行。这种并行执行方式称为同时并行方式(simultaneous concurrency)。

当多个事务被并行执行时,称这些事务为并发事务。并发事务可能产生多个事务存取同一数据的情况,如果不对并发事务进行控制,就可能出现存取不正确的数据,破坏数据的一致性。对并发事务进行调度,使并发事务所操作的数据保持一致性的整个过程称为并发控制。并发控制是数据库管理系统的重要功能之一。

6.3.1　并发所引起的问题

数据库中的数据是共享的,即多个用户可以同时使用数据库中的数据,这就是并发操作。但当多个用户存取同一组数据时,由于相互的干扰和影响,并发操作可能引发错误的结果,从而导致数据的不一致性问题。下面以具体实例说明事务的并发执行可能产生数据不一致性的情形。

1. 丢失更新问题(lost update)

丢失更新问题指事务 T_1 与事务 T_2 从数据库中读入同一数据并修改,事务 T_2 的提交结果破坏了事务 T_1 提交的结果,导致事务 T_1 的修改被丢失,如表 6.1 所示。

表 6.1　在时间 t_8 丢失了 T_1 的更新

时间	事务 T_1	数据库中 A 的值	事务 T_2
		18	
t_1	检索 A: $A=18$		
t_2			检索 A: $A=18$
t_3	修改 A: $A \leftarrow A-1$		
t_4	写回 A: $A=17$		
t_5		17	
t_6			修改 A: $A \leftarrow A-2$
t_7			写回 A: $A=16$
t_8		16	

数据库中 A 的值明明减去了 3,但数据库中 A 的值只减少了 2。事务 T_1 和 T_2 同时读入一个数据并修改,结果 T_2 提交的结果覆盖了 T_1 的结果,导致 T_1 修改的丢失。因此,这个并发操作是不正确的,这种情况称为丢失更新。

2. 读"脏"数据（dirty read）

事务 T_1 修改数据后，并将其写回磁盘，事务 T_2 读同一数据，T_1 由于某种原因被撤销，T_1 修改的值恢复原值，T_2 读到的数据与数据库中的数据不一致，是"脏"数据，称为读"脏"数据。读"脏"数据的原因是读取了未提交事务的数据，所以又称为未提交数据，如表 6.2 所示。

表 6.2　事务 T_2 在时间 t_5 读了未提交的 C 值

时间	事务 T_1	数据库中 C 的值	事务 T_2
		100	
t_1	检索 C：$C=100$		
t_2	修改 C：$C \leftarrow C*2$		
t_3	写回 C：$C=200$		
t_4		200	
t_5			检索 C：$C=200$
t_6	回滚：ROLLBACK		
t_7	C 恢复为：100		
t_8		100	

3. 不可重复读（non-repeatable read）

事务 T_1 读取数据 A 后，事务 T_2 更新 A。如果 T_1 中再一次读 A，两次读的结果不同，读数据称为检索，所以又称为检索不一致。

表 6.3 表示 T_1 需要两次读取同一数据项 A，但是在两次读操作的间隔中，另一个事务 T_2 改变了 A 的值。因此，T_1 在两次读同一数据 A 时却读出了不同的值。

表 6.3　事务 T_1 两次读同一数据 A 的值，却得到不同的结果

时间	事务 T_1	数据库中 A 的值	事务 T_2
		100	
t_1	检索 $A=100$		
t_2			
t_3		检索 $A=100$	
t_4		修改 A：$A \leftarrow A*2$	
t_5			写回 A：$A=200$
t_6		200	
t_7	检索（验算）：$A=200$		
t_8			

具体地讲,不一致分析(不可重复读)包括三种情况:

(1) 事务 T_i 读取某一数据后,事务 T_j 对其作了修改。当事务 T_i 再次读该数据时,得到与前一次不同的值。

(2) 事务 T_i 按一定条件从数据库中读取某些数据记录后,事务 T_j 删除了其中部分记录。当事务 T_i 再次按相同条件读取数据时,发现某些记录消失了。

(3) 事务 T_i 按一定条件从数据库中读取某些数据记录后,事务 T_j 插入了一些记录。当事务 T_i 再次按相同条件读取数据时,发现多了一些记录。

(2)、(3)两种不可重复读有时也称为幻行(phantom row)现象。

产生上述三种数据不一致的主要原因是并发操作破坏了事务的隔离性。并发控制就是采用一定调度策略控制并发事务,使事务的执行不受其他事务的干扰,从而避免了数据的不一致性;或者说保证多个事务并发访问数据库时等价于多个事务对数据库进行串行访问。

6.3.2　并发控制方法

实现数据库并发控制的方法有多种,常用的有封锁(locking)方法、时间戳(timestamp)方法、乐观(optimistic)方法等,而封锁技术在商品化数据库管理系统中使用得最为普遍,因此,本书仅介绍封锁技术。

1. 封锁技术

封锁是实现并发控制的一种非常重要的技术。所谓封锁就是事务 T 在对某个数据对象例如表、记录等操作之前,先向系统发出请求,对其加锁。加锁后事务 T 就对该数据对象有了一定的控制,在事务 T 释放它的锁之前,其他的事务不能更新此数据对象。

确切的控制由封锁的类型决定,基本的封锁类型有两种:排他锁(exclusive locks,简称 X 锁)和共享锁(share locks,简称 S 锁)。

(1) 排他锁又称为写锁。若事务 T 对数据对象 A 加上 X 锁,则只允许 T 读取和修改 A,其他任何事务都不能再对 A 加任何类型的锁,直到 T 释放 A 上的锁。这就保证了其他事务在 T 释放 A 上的锁之前不能再读取和修改 A。

(2) 共享锁又称为读锁。若事务 T 对数据对象 A 加上 S 锁,则事务 T 可以读 A,但不能修改 A,其他事务只能再对 A 加 S 锁,而不能加 X 锁,直到 T 释放 A 上的 S 锁。这就保证了其他事务可以读 A,但在 T 释放 A 上的 S 锁之前其他事务不能对 A 作任何修改。

排他锁与共享锁的控制方式如表 6.4 所示。表中事务 T_1 先对数据做出某种封锁或不加锁,然后事务 T_2 再对同一数据请求某种封锁或不需封锁。表中的 Y 和 N 分别表示它们之间是相容的还是不相容的。如果两个锁是不相容的,那么后提出封锁的事务要等待。

表 6.4　排他锁与共享锁的相容矩阵

T_2＼T_1	X	S	－
X	N	N	Y
S	N	Y	Y
－	Y	Y	Y

注：Y＝Yes，相容的请求；N＝No，不相容的请求；X、S、－：分别表示 X 锁、S 锁、无锁。

2. 封锁粒度

　　X 锁和 S 锁都是加在某一个数据对象上的。封锁的对象既可以是逻辑单元，也可以是物理单元。例如，在关系数据库中，封锁对象可以是属性值、属性值集合、元组、关系、索引项、整个索引和整个数据库等逻辑单元，也可以是页（数据页或索引页）、块等物理单元。

　　封锁对象可以很大，如对整个数据库加锁；也可以很小，如只对某个属性值加锁。

　　封锁对象的大小称为封锁粒度（granularity）。封锁粒度与系统的并发度、并发控制的系统开销密切相关。封锁的粒度越大，并发度越小，系统开销也越小；封锁的粒度越小，并发度越大，系统的开销也越大。

　　因此，如果在一个系统中同时存在不同大小的封锁单元供不同的事务选择使用是比较理想的。选择封锁粒度时必须同时考虑封锁机构和并发度两个因素，对系统开销与并发度进行权衡，以求得最优的效果。

　　一般来说，需要处理大量元组的用户事务可以关系为封锁单元；需要处理多个关系的大量元组的用户事务可以数据库为封锁单位；而对于一个处理少量元组的用户事务，可以元组为封锁单位来提高并发度。

3. 封锁协议

　　封锁的目的是为了保证能够正确地调度并发操作。为此，在运用 X 锁和 S 锁这两种基本封锁，对数据对象加锁时，还需要约定一些规则。例如，应何时申请 X 锁或 S 锁、持锁时间、何时释放等，我们称这些规则为封锁协议（locking protocol）。对封锁方式规定不同的规则，就形成了三级封锁协议等多种不同的封锁协议。对并发事物的不正确调度可能会带来丢失修改、不可重复读和读"脏"数据等不一致性问题，三级封锁协议分别在不同程度上解决了这些问题，为并发事物的正确调度提供了一定的保证。不同级别的封锁协议使系统一致性达到的级别不同，而两段锁协议是为了保证并发事务的可串行性（serializability）。

　　1）一级封锁协议

　　一级封锁协议是：事务 T 在修改数据 R 之前必须先对其加 X 锁，直到事务结束才释放。事务结束包括正常结束（COMMIT）和非正常结束（ROLLBACK）。一级封锁协议可防止丢失更新,并保证事务 T 是可恢复的。在一级封锁协议中,如果仅仅是读数据而不对其进行修改,是不需要加锁的,所以它不能保证不读"脏"数据和可重复读。

如图 6.2 所示,事务 T_1 在读数据 A 并进行修改之前先对 A 加 X 锁,当事务 T_2 请求对 A 加 X 锁时被拒绝,只能等待事务 T_1 释放 A 上的锁,事务 T_1 修改 A 并将修改的值 $A=21$ 写回磁盘,释放 A 上的 X 锁,事务 T_2 获得对 A 的 X 锁,这时它读到的 A 为更新后的值 21,按新的 A 值进行运算,并将结果 $A=20$ 写回磁盘,这样就没有丢失事务 T_1 的修改。

顺序	事务 T_1	事务 T_2
①	Xlock A	
②	读 A=25	Xlock A
③	写 A=21	等待
④	COMMIT	等待
⑤	Unlock A	获取 Xlock A
⑥		读 A=21
⑦		写 A=20
⑧		COMMIT
⑨		Unlock A
⑩		

图 6.2 不会丢失更新

2) 二级封锁协议

一级封锁协议加上某事务 T 若要读取某个数据对象之前,则必须先对该数据对象加 S 锁,读完后即可释放 S 锁,这样可进一步防止读"脏"数据的问题。

在图 6.3 描述的例子中,使用了二级封锁协议解决了读"脏"数据的问题。事务 T_1 在对数据 A 进行修改之前先加 X 锁,修改后将其值写回磁盘。这时事务 T_2 请求对 A 加 S 锁,因事务 T_1 已在 A 上加 X 锁,事务 T_2 只能等待,之后事务 T_1 因某种原因被撤销,A 恢复原值 $A=10$,并释放在 A 上的 X 锁。事务 T_2 获得 A 上的 S 锁,读 $A=10$。这样就避免了事务 T_2 读"脏"数据。

3) 三级封锁协议

一级封锁协议加上某事务 T 若要读取某个数据对象之前,则必须先对该数据对象加 S 锁,且直到该事务结束后才可释放 S 锁,这样可进一步防止数据"不可重复读"的问题。

在图 6.4 中的例子使用三级封锁协议解决了不能重读问题。事务 T_1 在读数据 A、B 之前,先对 A、B 加 S 锁,这样其他事务只能对数据 A、B 加 S 锁,而不能加 X 锁,即其他事务只能读 A、B 数据,而不能修改它们。所以,事务 T_2 为修改 B 而申请对 B 加 X 锁被拒绝,

顺序	事务 T_1	事务 T_2
①	Xlock A	
②	读 A=10	Slock A
③	写 A=5	等待
④	ROLLBACK(A=10)	等待
⑤	Unlock A	获取 Slock A
⑥		读 A=10
⑦		COMMIT
⑧		Unlock A

图 6.3　不再读"脏"数据

顺序	事务 T_1	事务 T_2
①	Slock A 读 A=50 Slock B 读 B=120 求和=170	
②		Xlock B 等待 等待
③	读 A=50 读 B=120 求和=170 COMMIT Unlock A Unlock B	等待 等待 等待 等待 等待 等待
④		获得 Xlock B 读 B=100 B←B * 2
⑤		写回 B=200

图 6.4　可重复读

只能等待事务 T_1 释放 B 上的锁。接着事务 T_1 为验算,再读 A、B,这时读出的数据仍为 $B=120$,求和的结果仍为 170,即可重读。

4. 封锁带来的问题

封锁技术可以有效地解决并发操作的一致性问题,但有可能产生其他两个问题:活锁和死锁,其中最主要的就是"死锁"(deadlock)问题。

(1) 活锁。如果事务 T_1 封锁了数据对象 R 后,事务 T_2 也请求封锁 R,于是 T_2 等待。接着 T_3 也请求封锁 R。当 T_1 释放了加在 R 上的锁后,系统首先批准了 T_3 的请求,T_2 只得继续等待。接着 T_4 也请求封锁 R,T_3 释放 R 上的锁后,系统又批准了 T_4 的请求……因此,事务 T_2 就有可能这样永远地等待下去。以上这种情况就称为活锁。

避免活锁的简单办法是采用先来先服务的策略,当多个事务请求封锁同一数据对象时,封锁子系统按封锁请求的先后次序对这些事务排队。该数据对象上的锁一旦释放,首先批准申请队列中的第一个事务获得锁。

(2) 死锁。如果事务 T_1 封锁了数据对象 A,T_2 封锁了数据对象 B 之后,T_1 又申请封锁数据对象 B,且 T_2 又申请封锁数据对象 A。因 T_2 已封锁了 B,于是 T_1 等待 T_2 释放加在 B 上的锁。因 T_1 已封锁了 A,T_2 也只能等待 T_1 释放加在 A 上的锁。这样就形成了 T_1 在等待 T_2 结束,而 T_2 又在等待 T_1 结束的局面。T_1 和 T_2 这两个事务永远不能结束,这就是死锁问题(图 6.5)。

T_1	T_2
Xlock A	·
·	·
·	Xlock B
Xlock B	·
等待	Xlock A
等待	等待
等待	等待

图 6.5　发生死锁的情况

死锁的另一种情况是数据库系统有若干个长时间运行的事务在执行并行的操作,当查询分析器处理一种非常复杂的连接查询时,由于不能控制处理的顺序,有可能发生死锁现象。

死锁的问题在操作系统和一般并行处理中已作深入研究。目前在数据库中解决死锁问题主要有两类方法:一是采取一定措施来预防死锁的发生;二是允许发生死锁,采用一定手段定期诊断系统中有无死锁,若有,则解除之。

死锁的预防

在数据库中,产生死锁的原因是两个或多个事务都已封锁了一些数据对象,然后又都请求对已被其他事务封锁的数据对象加锁,从而出现死等待。防止死锁的发生其实就是要破坏产生死锁的条件。预防死锁通常有以下两种方法。

1) 一次封锁法

一次封锁法要求每个事务必须一次将所有要使用的数据全部加锁,否则就不能继续执行。一次封锁法虽然可以有效地防止死锁的发生,但也存在问题。第一,一次就将以后要用到的全部数据加锁,势必会扩大封锁的范围,从而降低了系统的并发度。第二,数据库中数据是不断变化的,原来不要求封锁的数据,在执行过程中可能会变成封锁对象,所以很难事先精确地确定每个事务所要封锁的数据对象,为此只能扩大封锁范围,将事务在执行过程中可能要封锁的数据对象全部加锁,这就进一步降低了并发度。

2) 顺序封锁法

顺序封锁法是预先对数据对象规定一个封锁顺序,所有事务都按这个顺序实行封锁。顺序封锁法可以有效地防止死锁,但同样存在问题。第一,数据库系统中封锁的数据对象极多,并且随数据的插入、删除等操作而不断地变化,要维护这样的资源封锁顺序非常困难,成本很高。第二,事务的封锁请求可以随着事务的执行而动态地决定,很难事先确定每一个事务要封锁哪些对象,因此也就很难按规定的顺序去施加封锁。

可见,在操作系统中广为采用的预防死锁的策略并不很适合数据库的特点,因此DBMS在解决死锁的问题上普遍采用的是诊断并解除死锁的方法。

死锁的诊断与解除

数据库系统中诊断死锁的方法与操作系统类似,一般使用超时法或事务等待图法。

1) 超时法

如果一个事务的等待时间超过了规定的时限,就认为发生了死锁。超时法实现简单,但其不足也很明显。一是有可能误判死锁,事务因为其他原因使等待时间超过时限,系统会误认为发生了死锁;二是时限若设置得太长,死锁发生后不能及时发现。

2) 等待图法

事务等待图是一个有向图 $G=(T,U)$。T 为结点的集合,每个结点表示正运行的事务;U 为边的集合,每条边表示事务等待的情况。若 T_1 等待 T_2,则 T_1、T_2 之间划一条有向边,从 T_1 指向 T_2。事务等待图动态地反映了所有事务的等待情况。并发控制子系统周期性地(如每隔 1 min)检测事务等待图,如果发现图中存在回路,则表示系统中出现了死锁。

DBMS的并发控制子系统一旦检测到系统中存在死锁,就要设法解除。通常采用的方法是选择一个处理死锁代价最小的事务,将其撤销,释放此事务持有的所有的锁,使其他事务得以继续运行下去。当然,对撤销的事务所执行的数据修改操作必须加以恢复。

6.3.3 并发调度的可串行性

1. 事务的调度、串行调度和并发调度

定义 1 事务的调度:事务的执行次序称为"调度"。如果多个事务依次执行,则称为事务的串行调度(serial schedule)。如果利用分时的方法,同时处理多个事务,则称为事务的并发调度(concurrent schedule)。

数据库技术中事务的并发执行与操作系统中多道程序设计的概念类似。在事务并发执行时,有可能破坏数据库的一致性,或用户读了"脏"数据。

如果有 n 个事务串行调度,可有 $n!$ 种不同的有效调度。对于事务串行调度的结果正确的,至于依照何种次序执行,视外界环境而定,系统无法预料。

如果有 n 个事务并发调度,可能的并发调度数目远远大于 $n!$。但其中有的并发调度是正确的,有的是不正确的。如何产生正确的并发调度,是由 DBMS 的并发控制子系统实现的。如何判断一个并发调度是正确的,可以用下面的"并发调度的可串行化"概念来加以解决。

2. 可串行化概念

定义 2　多个事务的并发执行是正确的,当且仅当其结果与按某一次序串行地执行它们时的结果相同,我们称这种调度策略为可串行化(serializable)的调度。

可串行性(serializability)是并发事务正确性的准则。这个准则规定,一个给定的并发调度,当且仅当它是可串行化的,才认为是正确调度。

例如,现在有两个事务,分别包含下列操作:

事务 T_1:读 B; A=B+1; 写回 A;
事务 T_2:读 A; B=A+1; 写回 B。

假设 A 的初值为 10,B 的初值为 2。

图 6.6 给出了对这两个事务的四种不同的调度策略。

图 6.6(a)、(b)为两种不同的串行调度策略,虽然执行结果不同,但它们都是正确的调度。

图 6.6(c)中两个事务是交错执行的,由于其执行结果与图 6.6(a)、(b)的结果都不同,所以是错误的调度。

时间	事务 T_1	数据库中 A、B 的值	事务 T_2
t_0		10、2	
t_1	检索 B:$B=2$		
t_2	修改 $A \leftarrow B+1$		
t_3	写回 A:$A=3$	3、2	
t_5			检索 A:$A=3$
t_6			修改 $A \leftarrow A+1$
t_7			写回 B:$B=4$
t_8		3、4	

（a）串行调度 1（先 T_1 后 T_2）

时间	事务 T_1	数据库中 A、B 的值	事务 T_2
		10、2	
t_1			检索 A:$A=10$
t_2			修改 $B \leftarrow A+1$
t_3			写回 B:$B=11$
t_5		10、11	
t_6	检索 B:$B=11$		
t_7	修改 $A \leftarrow B+1$		
t_8	写回 A:$A=12$	12、11	

（b）串行调度 2（先 T_2 后 T_1）

图 6.6　四种不同的调度策略

时间	事务 T_1	数据库中 A、B 的值	事务 T_2
			10、2
t_1	检索 B：$B=2$		
t_2			检索 A：$A=10$
t_3	修改 A：$A \leftarrow B+1$		
t_5	写回 A：$A=3$		
t_6		3、2	修改 B：$B \leftarrow A+1$
t_7			写回 B：$B=11$
t_8		3、11	

(c) 不可串行化调度(交错执行)

时间	事务 T_1	数据库中 A、B 的值	事务 T_2
t_0		10、2	
t_1	检索 B：$B=2$		
t_2			等待
t_3	修改 A：$A \leftarrow B+1$		等待
t_5	写回 A：$A=3$		等待
t_6		3、2	检索 A：$A=3$
t_7			修改 B：$B \leftarrow A+1$
t_8			写回 B：$B=4$
t_9		3、4	

(d) 可串行化调度（结果同串行调度 1）

图 6.6（续）

图 6.6(d)中两个事务也是交错执行的,由于其执行结果与串行调度 1[图 6.6(a)]的执行结果相同,所以是正确的调度。

为了保证并发操作的正确性,DBMS 的并发控制机制必须提供一定的手段来保证调度是可串行化的。从理论上讲,在某一事务执行时禁止其他事务执行的调度策略一定是可串行化的调度,这也是最简单的调度策略。但这种方法实际上是不可取的,它使用户不能充分共享数据库资源。目前 DBMS 普遍采用封锁方法实现并发操作调度的可串行性,从而保证了调度的正确性。

6.4 数据库的安全性

6.4.1 数据库安全性概述

数据库的安全性是指保护数据库以防止非法用户访问数据库,造成数据泄露、更改或破坏。在数据库系统中大量数据集中存放,并为许多用户直接共享,数据库的安全性相对于其他系统尤其重要。实现数据库的安全性是数据库管理系统的重要指标之一。

数据库的安全性不是孤立的，在网络环境下，数据库的安全性与三个层次相关：网络系统层、操作系统层、数据库管理系统层。这三层共同构筑起数据库的安全体系，它们与数据库的安全性逐步紧密，重要性逐层加强，从外到内保证数据库的安全性。在规划和设计数据库的安全性时，要综合每一层的安全性，使三层之间相互支持和相互配合，提高整个系统的安全性。

影响数据库安全性的因素很多，不仅有软硬件因素，还有环境和人的因素；不仅涉及技术问题，还涉及管理问题、政策法律问题，等等。其内容包括计算机安全理论、策略、技术，计算机安全管理、评价、监督，计算机安全犯罪、侦察和法律，等等。概括起来，计算机系统的安全性问题可分为三大类：技术安全类、管理安全类和政策法律类。

为了保护数据库，防止恶意的滥用，可以在从低到高的五个级别上设置各种安全措施。

(1) 环境级：计算机系统的机房和设备应加以保护，防止有人进行物理破坏。

(2) 职员级：工作人员应清正廉洁，正确授予用户访问数据库的权限。

(3) OS 级：应防止未经授权的用户从 OS 处着手访问数据库。

(4) 网络级：由于大多数 DBS 都允许用户通过网络进行远程访问，因此网络软件内部的安全性是很重要的。

(5) DBS 级：DBS 的职责是检查用户的身份是否合法及使用数据库的权限是否正确。

上述环境级和职员级的安全性问题属于社会伦理道德问题，不是本教材的内容。OS 安全性从口令到并发处理的控制，以及文件系统的安全，都属于 OS 的内容。网络级的安全措施，属于网络教材的内容。下面主要介绍关系数据库的安全性措施。

6.4.2 数据库的安全性保护

我们知道，数据库中的数据是在 DBMS 统一控制之下的共享数据集合，但它又不是任何人都可以随意访问和使用的。因为对数据库的非法使用和更改可能引起灾难性的后果，必须采取有效措施防止各种非法使用。

因此，安全性的保护是 DBMS 的一个重要组成部分，是 DBMS 一个必不可少的重要特征。数据库的共享不能是无条件地共享，它只允许有合法使用权限的用户访问他有权访问的数据。

从数据库用户的角度来看，DBMS 提供的数据库安全性保护措施通常有如下几个层次。

1. 用户标识和鉴别

用户标识(identification)和鉴别(authentication)是数据库系统提供的最外层安全保

护措施。其方法是由系统提供一定的方式让用户标识自己的身份,每次用户要求进入系统时,通过鉴别后才提供系统使用权。

用户标识的鉴别方法有多种途径,可以委托操作系统进行鉴别,可以委托专门的全局验证服务器进行鉴别。一般数据库管理系统提供了用户标识和鉴别机制。

用一个用户名或者用户标识号来标明用户身份。系统内部记录着所有合法用户的标识,系统鉴别此用户是否合法。若是,则进入口令的核实;若不是,则不能使用系统。

为了进一步鉴别用户,系统常常要求用户输入口令(password)。为保密起见,用户在终端上输入的口令不显示在屏幕上,系统核对口令以鉴别用户身份。

通过用户名和口令来鉴定用户的方法简单易行,但用户名与口令容易被人窃取,因此还可以用更复杂的方法。例如,每个用户都预先约定好一个计算过程或者函数,鉴别用户身份时,系统提供一个随机数,用户根据自己预先约定的计算过程或者函数进行计算,系统根据用户计算结果是否正确进一步鉴定用户身份。用户可以约定比较简单的计算过程或函数,以便计算起来方便;也可以约定比较复杂的计算过程或函数,以便安全性更好。

2. 存储权限控制

存取权限控制是 DBMS 提供的内部安全性保护措施。当一个用户登录到 DBMS 后,它究竟可以使用数据库中哪些数据对象,对可以使用的对象能够执行什么类型的操作等问题,就是存取权限控制问题。

由于数据库是一个面向企业或部门所有应用的共享数据集合,当用户被允许使用数据库后,不同的用户对数据库中数据的操作范围一般是不同的,对数据的操作权限也是不同的。比如,在一个企业的信息管理系统中,财务部门无权过问人事部门的有关数据,同样人事部门一般也无权过问财务部门的数据。此外,财务部门的数据只有财务部门的人能够修改,其他相关部门只能查询其有关数据,而无权修改这些数据。

因此,一般商品化 DBMS 都提供了一定工具和命令来定义每个用户的存取权限(称为授权机制),以防止各种非法修改和使用,确保数据的安全性。对于一个通过验证登录到 DBMS 的合法用户,系统只允许他使用有权使用的数据对象,执行其存取权限内的各种操作。也就是说,即使一个用户被允许使用数据库中的某个对象,如表、视图等,但该用户也并不一定能对该对象执行一切操作。对每个用户,可以定义以下两种存取控制权限:

(1) 数据对象权限,其规定了用户使用数据库中数据对象的范围。

(2) 操作类型权限,其规定了用户在可使用数据对象上能执行的操作。

定义一个用户的存取权限的过程称为授权(authorization)。授权就是 DBA 通过 DBMS 提供的命令或工具规定一个用户可以使用哪些数据对象并可对其执行什么类型的操作。

在数据库管理系统中,存取控制权可以由 DBA 集中管理,即由 DBA 定义每个用户的权限,这种方式称为集中方式;也可以由用户将自己拥有的全部或部分权限授予其他用户,这种方式称为分散方式。此外,DBMS 也为 DBA 或授权者提供了相应的命令(如 3.6 节介绍的 GRANT 和 REVOKE)或工具,用于撤销授予某个用户的任何操作权限。

在关系数据库系统中,操作类型权限一般可分为查询权、插入权、删除权、修改权等,数据对象权限以表(关系)、元组、属性为基本对象。

当 DBA 把建立、修改一个基本表的权限授予某个用户后,该用户就可以建立和修改这个基本表及其有关的索引和视图。因此,关系数据库系统中存取权限控制的数据对象除基本数据对象外,还有模式、外模式和内模式等数据字典中的内容,如表 6.5 所示。

表 6.5 关系系统中的存取权限

	数据对象	操作类型
模式	模式	建立、修改、检索
	外模式	建立、修改、检索
	内模式	建立、修改、检索
数据	表	查找、插入、修改、删除
	属性列	查找、插入、修改、删除

衡量授权机制是否灵活的一个重要指标是授权粒度,即可以定义的数据对象的范围。授权定义中数据粒度越细,即定义的数据对象的范围越小,授权子系统就越灵活,能够提供的安全性就越完善。但是,也应注意到数据字典会变得大而复杂,系统定义与检查权限的开销也会随之增大。

数据库管理系统一般采用基于角色的存取权限控制。这种存取控制方法首先在数据库中建立一个角色集,并授予每个角色所拥有的存取权限,比如,可以创建数据库的角色 Database Creators,可以管理磁盘文件的角色 Disk Administrators 等,然后为每个合法的用户赋予一定的角色,这样就完成了对用户存取权限的授权。这种通过角色而不是用户的 ID 来给用户授予访问数据库的存取权限,提高了系统的安全性,并且减少了安全管理的代价,因此对具有相同存取权限的多个用户的授权只需赋予他们相同的角色即可。

3. 视图机制

除了通过存取权限控制方式限制用户对数据库中数据的使用范围外,DBMS 还通过视图(外模式)机制限制用户使用数据的范围。在关系数据库系统中,为不同的用户定义不同的视图,通过视图机制把要保密的数据对无权存取这些数据的用户隐藏起来,从而自动地对数据提供一定程度的安全保护。

当然,视图机制最主要的功能是保证应用程序的数据独立性,其安全保护功能太不精细,远不能达到实际应用的要求。在一个实际的数据库应用系统中,通常是视图机制与授权机制配合使用,首先用视图机制屏蔽掉一些保密数据,然后在视图上面再进一步定义其存取权限。

4. 跟踪审查

上面所介绍的数据库安全性保护措施都是正面的预防性措施,它防止非法用户进入DBMS并从数据库系统中窃取或破坏保密的数据。而跟踪审查则是一种事后监视的安全性保护措施。它跟踪数据库的访问活动,以发现数据库的非法访问,达到安全防范的目的。DBMS的跟踪程序可对某些保密数据进行跟踪监测,并记录有关这些数据的访问活动。当发现潜在的窃密活动(如重复的、相似的查询等)时,一些有自动警报功能的DBMS就会发出警报信息。对于没有自动报警功能的DBMS,也可根据这些跟踪记录信息进行事后分析和调查。跟踪审查的结果记录在一个特殊的文件上,这个文件叫做跟踪审查记录。

跟踪审查记录一般包括下列内容:

(1) 操作类型(如修改、查询等)。

(2) 操作终端标识与操作者标识。

(3) 操作日期和时间。

(4) 所涉及的数据。

(5) 数据的前像和后像。

除了对数据访问活动进行跟踪审查外,对每次成功或失败的注册以及成功或失败的授权或取消授权也应进行记录。跟踪审查一般由DBA或数据库的所有者控制,DBMS提供相应的语句供施加和撤销跟踪审查之用。

5. 数据加密存储

除以上安全措施外,对数据进行加密存储和传输是DBMS提供的另一种数据安全性保护措施。目前许多商品化DBMS一般都提供了数据加密例行程序,可根据用户的要求自动对存储和传输的数据进行加密处理。即使未提供这种加密程序,一般也提供了接口,允许用户使用其他厂商推出的加密程序对数据加密。

由于数据的加密与解密是比较费时的操作,而且数据加密与解密程序会占用大量系统资源,一般只对高度机密的数据加密。

6.5 数据库的完整性

6.5.1 数据库完整性概述

数据库的完整性是指数据的正确性、一致性和相容性。与数据库的安全性不同,数据库的完整性是为了防止错误数据的输入,其防范对象是不合语义的数据,而安全性防范对象是非法用户和非法操作。维护数据库的完整性是数据库管理系统的基本要求。

为了维护数据库的完整性,数据库管理系统(DBMS)必须提供一种机制来检查数据库中的数据是否满足语义约束条件,这些加在数据库数据之上的语义约束条件称为数据库的完整性约束条件。DBMS 检查数据是否满足完整性约束条件的机制称为完整性检查。

6.5.2　完整性约束条件

完整性约束条件作用对象可以是关系、元组、列。其中,列约束主要是列的数据类型、取值范围、精度、是否为空等;元组约束是元组之间列的约束关系;关系约束是指关系中元组之间以及关系和关系之间的约束。

完整性约束条件涉及的这三类对象,其状态可以是静态的,也可以是动态的。所谓静态约束是指数据库每一确定状态时的数据对象所应满足的约束条件。它是反映数据库状态合理性的约束,也是最重要的一类完整性约束。动态约束是指数据库从一种状态转变为另一种状态时新、旧值之间所应满足的约束条件。它是反映数据库状态变迁的约束。

综合上述两个方面,可以将完整性约束条件分为六类。

1. 静态列约束

静态列约束是对一个列的取值域的说明。这是最常用也是最容易实现的一类完整性约束,主要有以下几个方面:

(1) 对数据类型的约束,包括数据的类型、长度、单位、精度等。

例如,name 类型为字符型,长度为 8。货物重量单位为千克(kg),类型为数值型,长度为 24 位,精度为小数点后 4 位。

(2) 对数据格式的约束。

例如,出生日期的格式为"YYYY-MM-DD"。学生编号的格式共八位,前两位为入学年份,中间两位是院系编号,后面四位是顺序编号。

(3) 对取值范围或取值集合的约束。

例如,学生成绩的取值范围为 0~100,性别的取值集合为[男,女]。

(4) 对空值的约束。

空值表示未定义或未知的值,与零值和空格不同,可以设置列不能为空值。例如,学生学号不能为空值,而学生成绩可以为空值。

2. 静态元组约束

一个元组是由若干个列值组成的,静态元组约束就是规定元组的各个列之间的约束关系。例如,定货关系中包含发货量、定货量,规定发货量不得大于定货量。

3. 静态关系约束

在一个关系的各个元组之间或者若干关系之间常常存在各种联系或约束。常见的静态关系约束有:

（1）实体完整性约束。

（2）参照完整性约束。

（3）函数依赖约束。大部分函数依赖约束都在关系模式中定义。

（4）统计约束。即字段值与关系中多个元组的统计值之间的约束关系。

其中，实体完整性约束和参照完整性约束是关系模型的两个极其重要的约束，称为关系的两个不变性。

4. 动态列约束

动态列约束是修改列定义或列值时应满足的约束条件，包括以下两方面：

（1）修改列定义时的约束。例如，将允许空值的列改为不允许空值时，如果该列目前已存在空值，则拒绝这种修改。

（2）修改列值时的约束。修改列值有时需要参照其旧值，并且新旧值之间需要满足某种约束条件。例如，职工工资调整不得低于其原来工资，学生年龄只能增长，等等。

5. 动态元组约束

动态元组约束是指修改元组的值时，元组中各个字段间需要满足某种约束条件。例如，职工工资调整时新工资不得低于"原工资＋工龄×1.5"，等等。

6. 动态关系约束

动态关系约束是加在关系变化前后状态上的限制条件，如事务一致性、原子性等约束条件。

6.5.3 完整性控制

我们知道，根据完整性约束条件的作用对象和状态，完整性约束条件包括六大类。DBMS 如何定义、检查并保证这些约束条件得到满足就是本节要讨论的完整性控制问题。一个完善的完整性控制机制应该允许用户定义所有这六类完整性约束条件，且应具有以下三个方面的功能：

（1）定义功能，即为用户提供定义完整性约束条件的命令或工具。

（2）检查功能，即能够自动检查用户发出的操作请求是否违背了完整性约束条件。

（3）保护功能，即当发现用户的操作请求使数据违背了完整性约束条件时，能够自动采取一定的措施确保数据的完整性不遭破坏。

根据 DBMS 检查用户的操作请求是否违背完整性约束条件的时机，完整性约束又可分为立即执行和延迟执行两种。当一条语句执行完后立即检查完整性约束条件，称这类约束为立即执行的约束。而有的完整性约束条件需要延迟到整个事务执行结束后，正式提交前的时间进行检查，称这类约束为延迟执行的约束。例如，在银行数据库中"借贷总金额平衡"的约束就是延迟执行的约束：从账号 A 转一笔钱到账号 B 为一个事务，刚从账号 A 转出一笔款项后账目就不平衡了,必须等到这笔款项转入账号 B 后,账目才重新得到平衡。因此,这个约束就必须等到事务执行完成后才进行完整性检查。

如果发现用户操作请求使数据违背了完整性约束条件,系统将拒绝该操作。但对于延迟执行的约束,系统将拒绝整个事务,把数据库恢复到该事务执行前的一致状态。

在以上六种类型所包含的完整性约束条件中,实体完整性和参照完整性是最重要的两个约束。因此,RDBMS 都应该自动支持并控制管理这两个完整性约束,而把其他的完整性约束条件原则上都归入用户定义的完整性之中。

目前许多商品化 RDBMS 都提供了定义和检查实体完整性、参照完整性与用户定义的完整性的功能。对于违反实体完整性和用户定义的完整性的操作一般都采用拒绝执行的方式进行处理。而对于违反参照完整性的操作,并不都是简单地拒绝执行,有时要根据应用语义执行一些附加的操作,以保证数据库的正确性。

由于实体完整性的定义和控制比较容易实现,因此,下面主要讨论实现参照完整性需要考虑的几个问题。

1. 外码能否为空值问题

根据实际情况的不同,一个关系的外码有时可以取空值,有时又不能取空值,这是数据库设计人员必须考虑的外码空值问题。通过例子来说明这类问题如何解决。

【例 6.2】 设有学生-班级关系,学生关系 Student 和班级关系 Class,其中 Class 关系的主码为班级号 Cno,Student 关系的主码为学生号 Sno,外码为班级号 Cno,称 Class 为被参照关系,Student 为参照关系。Student 关系中某一元组的 Cno 列值若为空值,表示这个学生还没有分配到任何班级。这个与应用环境的语意是相符的,因此 Student 的 Cno 列可以取空值。

【例 6.3】 设有学生-选课关系,关系 Student 为被参照关系,其主键为 Sno。关系 SC 为参照关系,外键为 Sno。若关系 SC 的外键 Sno 为空值,则表明尚不存在的某个学生,或者某个不知学号的学生,选修了某门课程,其成绩记录在 Grade 列中。这显然与学校的实际管理是不相符的。因此,关系 SC 的外键 Sno 列值不能取空值。

从以上例子可知,在实现参照完整性时,DBMS 除了应该提供定义外键的机制外,还应提供定义外键列值是否允许为空值的机制。

2. 在被参照关系中删除元组的问题

当删除被参照关系的某个元组时,如果参照关系存在若干元组,且其外码值与被参照关系中删除元组的主码值相同,如何处理参照关系中对应的元组,即是否将参照关系中对应的元组也一起删除,简称为被参照关系中元组的删除问题。下面,通过例子来说明。

【例 6.4】 设有员工和部门关系,部门 Dept 关系中,部门编号 Dno 是主码;员工

Employ 关系中,员工编号 Eno 是主码,员工所在部门 Dno 是外码,对应 Dept 中的主键。删除 Dept 部门编号 Dno＝9 999 的部门,而 Employ 中存在 Dno＝9 999 的几名员工。这时可有三种不同的删除策略:

(1) 级联删除(CASCADES)。将参照关系外码值与被参照关系中要删除元组主码值相同的元组一起删除。如上例中,删除关系 Dept 中 Dno＝9 999 的部门,同时删除 Employ 中几名 Dno＝9 999 的员工。

(2) 受限删除(RESTRICTED)。仅当参照关系中没有任何元组的外码值与被参照关系中要删除元组的主码值相同时,系统才执行删除操作,否则拒绝此删除操作。如上例中,删除关系 Dept 中 Dno＝9 999 的部门时,检查 Employ 中是否有 Dno＝9 999 的员工。如果有,则不能删除。只有先删除 Employ 中 Dno＝9 999 的几名员工,然后才能删除关系 Dept 中 Dno＝9 999 的部门。

(3) 置空值删除(NULLIFIES)。删除被参照关系的元组,并将参照关系中相应元组的外码值置空值。如上例中,删除关系 Dept 中 Dno＝9 999 的部门时,检查 Employ 中是否有 Dno＝9 999 的员工。如果有,则将 Employ 中 Dno＝9 999 员工的 Dno 设置为 NULL。

3. 在参照关系中插入元组时的问题

当用户向参照关系中插入一个元组时,如果被参照关系中并没有对应的元组,是拒绝插入操作还是进行其他处理的问题,就是在参照关系中插入元组时产生的问题。下面仍然通过例子来说明。

【例 6.5】 向关系 Employ 中插入部门编号 Dno＝6 666,员工编号 Eno＝1 210 的元组(1 210,6 666),而关系 Dept 中没有 Dno＝6 666 的部门。这时可有以下两种插入策略:

(1) 受限插入。这种策略就是仅当被参照关系中存在相应的元组,其主码值与参照关系插入元组的外码值相同时,系统才允许插入,否则拒绝插入。在上例中,系统拒绝插入 Employ 元组(1 210,6 666),因为被参照关系 Dept 中没有 Dno＝6 666 的元组。

(2) 递归插入。这种策略首先向被参照关系中插入相应的元组,其主码值等于参照关系插入元组的外码值,然后向参照关系插入元组。在上例中,系统先在 Dept 中插入 Dno＝6 666 的元组,然后在关系 Employ 中插入元组(1 210,6 666)。

4. 修改关系中主码的问题

当用户欲修改关系中某个元组的主键值时,由于可能存在参照与被参照的问题,系统如何处理就是因主键修改而产生问题。这个问题一般有以下两种处理策略:

(1) 不允许修改主码。在有些 RDBMS 中,不允许修改关系主码。如上例中,不能修改 Dept 关系中的部门编号 Dno。如果要修改,只能先删除,然后再增加。

(2) 允许修改主码。在有些 RDBMS 中,允许修改关系主码,但必须保证主码的唯一性和非空,否则拒绝修改。而且当修改的关系是被参照关系时,还必须检查参照关系。如上例中,修改 Dept 中的 Dno＝6 666 为 Dno＝8 888,检查 Employ 关系中是否有 Dno＝6 666 的元组。如果存在,则与删除策略相同。

当修改的关系是参照关系时,要检查被参照关系。如学生-选课关系中,参照关系 SC 中的学生号 Sno 和课程号 Cno 联合为主码,Sno 也是外码,被参照关系 Student 中的学生编号 Sno。如果选课 SC 关系中的(90 211 111,20,90)改为(90 212 222,20,90),检查 Student 关系中是否存在 Sno＝90 212 222 的主码值,否则与插入策略相同。

从上面的讨论中我们看到,DBMS 在实现参照完整性时,除了要提供定义主码、外码的机制外,还需要提供不同的插入、更新和删除策略供用户选择。选择哪种策略,需要根据应用环境的要求确定。

6.5.4　触发器

触发器(triggers)是当今关系数据库管理系统中应用比较多的一种数据库完整性保护措施,它是建立(附着)在某个关系(基本表)上的一系列 SQL 语句的集合(程序),并经预先编译后存储在数据库中。

若某个关系上创建了触发器,则当用户对该关系有某种数据修改操作,如插入、更新或删除等操作发生时,触发器就会自动被激活并执行。因此,触发器的功能一般比完整性约束条件要强得多,且更加灵活。

一般而言,在完整性约束功能中,当系统检查数据中有违反完整性约束条件时,则仅给用户必要的提示信息,而触发器的功能则不仅仅起提示作用,它还会引起系统内部自动进行某些操作,以消除违反完整性约束条件所引起的负面影响。触发器除了有完整性保护以外,还具有安全保护的功能。

在 SQL Server 数据库的关系上如何创建触发器,将在 9.3 节中介绍。

本章小结

本章主要讨论了数据库管理的基本技术,包括数据库的并发控制、恢复技术、安全性、完整性等。

数据库的并发控制用来防止并行执行的事务产生的数据不一致性。数据不一致性有丢失修改、读"脏"数据、不可重复读三种情况。并发控制方法有封锁、时间戳和乐观方法等。本章主要介绍了封锁方法。

数据库的恢复技术用来防止计算机故障等造成的数据丢失。恢复的基础是备份,根据恢复的需要备份相应的数据。根据不同的故障种类,采取相应的恢复策略。

数据库的安全性是为了防止非法用户访问数据库,DBMS 使用用户标识和密码防止非法用户进入数据库系统,存储控制防止非法用户对数据库对象的访问,审查记录了对数据库的各种操作。

　　数据库的完整性防止不合法数据进入数据库。DBMS通过实体完整性、参照完整性和用户定义完整性实现完整性控制。实体完整性就是定义关系的主码,参照完整性就是定义关系的外码。

习题

1. 什么是事务?事务有哪些性质?
2. 并发事务可能产生哪几类数据不一致?
3. 正确的并发事务调度原则是什么?并发控制的方法有哪些?
4. 什么是封锁?封锁的类型有哪几种?
5. 什么是死锁?如何预防死锁?死锁的解决方法有哪些?
6. 什么是封锁粒度?根据封锁粒度添加的意向锁有几种?它们的含义各是什么?
7. 什么是数据库的恢复?
8. 数据库故障的种类有哪些?简述每种故障的恢复方法。
9. 什么是数据库的安全性?
10. 什么是数据库的完整性?
11. 数据库完整性约束条件有哪些?
12. 什么是实体完整性?
13. 什么是参照完整性?违反参照完整性的附加操作有哪些?

第7章

SQL Server 2000 基本知识

本章关键词

数据库管理系统(data base management system)　　安装(install)

配置(configuration)　　　　　　　　　　　　　　组件(component element)

版本(versions)　　　　　　　　　　　　　　　　账号(account number)

口令(password)

本章要点

　　SQL Server 是一种面向高端的数据库管理系统,被称为新一代大型电子商务、数据仓库和数据库解决方案。本章将介绍 SQL Server 2000 的安装、配置和常用的管理器等基本知识。

7.1　SQL Server 2000 简介

　　SQL Server 具有强大的数据管理功能,它提供了丰富的管理工具,支持数据的完整性管理、安全性管理和并发控制。SQL Server 2000 的工作环境可以是 Windows NT (Server 或 Workstation)、Windows CE、Windows 2000 或 Windows 98、Windows XP 等。SQL Server 2000 具有如下主要特点:

　　(1) 多层客户机/服务器结构。

　　(2) 有完善的分布式数据库和数据仓库功能,能够进行分布式事务处理和联机分析处理。

　　(3) 具有强大的数据库管理功能,它提供了一套功能完善且具备可视化界面的管理工具。

　　(4) 具有强大的网络功能,它与 Internet 高度集成,能够轻易地将 Web 应用程序与企业营运应用程序集成在一起。

　　(5) 支持 ANSI SQL(标准 SQL),并将标准 SQL 扩展成为更加实用的 Transact-SQL。

7.2 SQL Server 2000 的安装

SQL Server 2000 的安装，包括安装前的准备、安装的步骤。安装 SQL Server 2000 之前，需要做以下准备工作：

(1) 保证计算机的软硬件环境能满足 SQL Server 2000 的需要。

(2) 根据所期望的用途和计算机的软、硬件环境选择合适的版本和部件。

(3) 创建 SQL Server 2000 使用的账号。

7.2.1 SQL Server 2000 安装部件和版本

SQL Server 2000 包含数据库服务器、联机分析服务和查询部件三大部件。其中，数据库服务器部件无疑是最重要的。数据库服务器有三种安装版本可供选择，分别是：

(1) 企业版(enterprise edition)，是最大的安装，包括高可用性解决方案，适合作为整个企业的数据库服务器。

(2) 标准版(standard edition)，适合用作小型工作组和部门数据库服务器。

(3) 个人版(personal edition)，相当于 SQL Server 7.0 的桌面版，用于在客户机上储存少量数据。

不同版本对操作系统和硬件的要求是不同的，所以在安装之前要根据计算机的硬件和实际需要的安装版本准备必要的操作系统。

7.2.2 SQL Server 2000 系统需求

安装开始之前必须先弄清楚 SQL Server 2000 对软件和硬件的要求，软件和硬件的不兼容性可能导致安装的失败。

1. 硬件要求

SQL Server 2000 对硬件的最低要求如下：

(1) 处理器：Intel 兼容处理器，奔腾 166 以上。

(2) 内存：企业版 SQL Server 2000 需要 64MB 以上的内存，标准版的要求低一些，需要至少 32MB。在安装 SQL Server 2000 的时候，如果机器上内存较少，则应关闭其他应用程序以及所有不必要的服务。

(3) 硬盘：SQL Server 2000 的三大部件，即数据库服务器、联机分析服务和查询部件，其中，数据库服务器的完全安装需要 180MB 的硬盘空间，典型安装需要 170MB 的硬盘空间，最小安装需要 65MB 的硬盘空间。如果只安装客户端工具，则需要 90MB 的硬盘空间。安装联机分析服务和查询部件则分别需要 50MB 和 12MB 的硬盘空间。

SQL Server 2000 没有专有的硬件兼容性列表，它可以运行在满足以上提到的最低系统要求的且与 Windows NT 兼容的硬件上。

2. 软件要求

(1) 操作系统需求。不同 SQL Server 2000 安装版本的操作系统需求见表 7.1。

表 7.1 不同 SQL Server 2000 安装版本的操作系统需求

安装版本	操 作 系 统
企业版	Windows NT Server 7.0，Windows NT Server Enterprise Edition，Windows 2000 Advanced Server，Windows 2000 Data Center Server，Windows 2000 Server
标准版	Windows NT Server 7.0，Windows NT Server Enterprise Edition，Windows 2000 Advanced Server，Windows 2000 Data Center Server，Windows 2000 Server
个人版	Windows 98，Windows NT Workstation 7.0，Windows 2000 Professional，Windows NT Server 7.0，Windows 2000 Server，以及所有其他更先进的 Windows 系统
客户工具	Windows NT 7.0，所有版本的 Windows 2000，Windows 98

(2) Internet 软件需求。任何 SQL Server 2000 的安装都需要 Microsoft Internet Explorer 5.0 或更高级的版本。如果机器中还没有安装 IE5，则可以只进行 IE5 的最小安装，SQL Server 2000 并不需要 IE5 作为默认浏览器。

3. SQL Server 2000 支持的客户端

SQL Server 2000 允许它的客户端运行在以下操作系统上：Windows NT Workstation、Windows 2000 Professional、Windows 98、Windows 95、Apple Macintosh、OS/2、Unix。但 Unix 上的客户端需要另外安装第三方厂家提供的 ODBC 客户端软件。

7.2.3 建立 Windows NT 账号

如果是在 Windows NT 或 Windows 2000 下进行安装，还需要为 SQL Server 创建服务账号。这是因为 SQL Server 及其组件(如 SQL Server Agent 和 MS DTC)在 Windows NT(包括 Windows 2000)下是作为一种服务来运行的，Windows NT 的每一个服务都必须运行在一个服务账号下。关于 Windows NT 服务以及服务账号的详细内容请查阅 Windows NT 的参考资料，这里不过多解释。SQL Server 服务可以在拥有特权的本地账号或拥有域内特权的域账号下运行。下面将对这两种账号分别予以解释。

1. 本地系统账号

本地系统账号也称系统内部账号，它不需要口令，但不具备网络访问的权限。使用本地系统账号的 SQL Server 服务是具有局限性的，它不能与网络上其他 SQL Server 服务器进行交互。

2. 域用户账号

SQL Server 服务的网络功能必须在域内的一个账号下运行,所以使用域账号是比较典型的方式,Microsoft Search Service 除外,它完全可以运行于本地账号下。

以下几种情况必须在 Windows NT 域用户下启动 SQL Server 服务:

(1) 需要在服务器之间进行数据复制。

(2) 需要将数据库备份到网络的远程备份设备或从网络的远程备份设备中恢复数据库。

(3) 需要跨机器的异构数据查询。

(4) 需要使用 SQL Server Agent 的邮件功能或 SQL Mail。

(5) 需要使用远程过程调用(RPC)。

为 SQL Server 服务创建的 Windows NT 域账号需要满足以下的条件:

(1) 最好是 Administrators 组的成员。

(2) 必须具备“作为服务登录”的用户权限。

(3) 口令永不会过期(否则口令过期将无法启动服务)。

可以使用 Windows NT 管理工具中的域用户管理器创建这个用户账号,并授予其作为服务登录的权限。

实际上,每个 SQL Server 服务都可以使用本地系统账号启动,所以完全可以在安装完毕后再创建域账号,并将修改 SQL Server 服务账号。也就是说,创建服务账号的工作并不是安装前必须做的。在 7.3.1 中将介绍如何修改 SQL Server 服务账号。

7.2.4   安装 SQL Server 2000

完成以上的准备工作后,可以开始安装 SQL Server 2000 了。如果是在 Windows NT 或 Windows 2000 下,应保证当前用户具有系统管理员权限。

一般情况下,安装程序提供多个版本供选择,标准版和个人版 SQL Server 2000 都包括三部分部件:数据库服务器、联机分析服务和英语查询。用户应根据自己的需要并结合机器的软硬件环境情况选择适当的安装版本。

1. 开始安装软件

启动 SQL Server 2000 光盘上的 Autorun. exe 程序,会出现如图 7.1 所示的 SQL Server 安装启动界面。用户可以选择安装 SQL Server 2000 预备软件、安装 SQL Server 2000 部件,也可以查看安装/升级帮助、查看发行说明(release notes)或访问微软的 SQL Server 2000 主页。单击安装 SQL Server 2000 组件,就会进入如图 7.2 所示的界面。

图 7.1　SQL Server 安装启动界面　　　　图 7.2　企业版选择安装部件界面

2. 安装 SQL Server 2000 数据库服务器

在如图 7.2 所示的界面中单击安装数据库服务器，SQL Server 2000 数据库服务器的安装程序首先生成一个安装向导。根据这个向导，用户可以非常简单地完成安装。

安装向导生成完毕后，正式开始了 SQL Server 2000 数据库服务器的安装，首先看到的是安装程序的欢迎界面。它提示用户这一安装向导可以指导用户安装一个新的数据库服务器实例或升级一个已经存在的实例。

1) 选择安装位置

在欢迎界面中单击【下一步】按钮，安装程序进入选择安装位置的界面。

SQL Server 既可以在本地计算机（即当前运行安装程序的计算机）上安装，也可以在远程计算机上安装。在此选择安装在本地计算机上。

2) 选择安装方式

完成了安装位置的选择后，单击【下一步】按钮，安装程序进入选择安装方式界面。如果是第一次安装 SQL Server，那么应该选择【创建新的 SQL Server 实例，或安装…】来创建一个新的 SQL Server 实例。当然，用户也可以通过选择【高级选项】来设置更高级的选项。如果计算机上已经安装了 SQL Server，则除了可以创建一个新的 SQL Server 实例外，还可以选择升级已存在的 SQL Server 实例或为其增加或删除组件。

3) 输入姓名和公司名

选择完毕后，单击【下一步】按钮，安装程序进入用户信息界面。在这一界面中需要输入姓名和公司名。安装程序自动在姓名框中显示系统的当前用户名，用户可以更改。公司名不是必须输入的。

4）阅读许可条款

姓名和公司名输入完毕，下一个界面中会显示许可条款和条件，用户在继续安装前应该认真阅读它们，接受条款，单击【接受】按钮即可。

5）选择安装类型

下一步需要用户选择安装类型，界面中提供了三种安装类型。

（1）仅客户端工具：只安装客户端工具，当已经安装过数据库服务器，只需要安装客户端工具与已存在的数据库服务器连接时，应该选择这一选项。

（2）服务器和客户端工具：安装客户端和服务器端工具，这是最全面的安装选项。

（3）仅连接：只安装微软的数据访问组件和网络库。

6）选择实例名称

完成安装类型选择，将出现选择实例名称界面。系统中可以同时运行多个 SQL Server 数据库服务器实例，其中包括 1 个默认实例和最多 16 个命名实例。默认服务器实例用计算机名标示。当一个应用程序以主机名发出连接数据库的请求时，它将被连接到默认服务器实例。命名实例用"计算机名\实例名"标示，应用程序请求其服务时，必须明确地提供实例名。

选择【默认】将当前安装的数据库服务器实例作为默认实例，否则在实例名编辑框中输入实例名。

7）选择安装类型和安装路径

SQL Server 2000 的安装类型有三种：自定义安装、典型安装和最小安装。其中，典型安装将安装大多数常用组件，这是大多数用户使用的选项；最小安装只安装保证系统运行的最基本的组件；而自定义安装则允许用户任意选择要安装的组件，对 SQL Server 比较熟悉的用户可以使用这一选项。

通过单击【浏览】按钮可以改变应用程序文件和数据文件的路径。在此选择自定义安装，然后单击【下一步】按钮进入下一个界面，如图 7.3 所示。

在这个界面中，可以选择需要安装的组件，还可以看到需要多少硬盘空间、当前有多少空间可用。左右两个列表框分别显示了组件类别和某一类别的组件。选择完毕，单击【下一步】按钮继续。

8）设置服务账号

在如图 7.4 所示的界面中输入在安装前为 SQL Server 创建的服务账号，单击【下一步】按钮。如果是在 Windows 95/98 下安装，则不会经过这一步骤。

在设置服务账号时可以选择所有 SQL Server 服务使用同一服务账号或使用不同账号，在如图 7.4 所示的界面中选择【对每个服务使用同一账号。自动启动 SQL Server 服务】表示所有 SQL Server 服务使用同一服务账号；选择【自定义每个服务的设置】表示分别为不同的服务设置不同的账号，这时用户可以选中 SQL Server 单选按钮和 SQL

Server Agent 单选按钮分别为这两个服务设置服务账号。

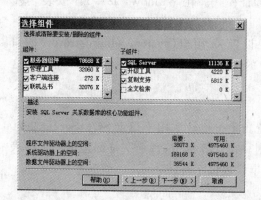

图 7.3 选择需要安装的组件

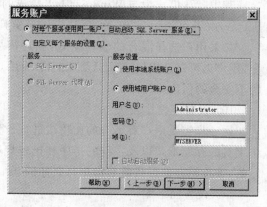

图 7.4 设置服务账号

9）设置服务器登录模式

这一步需要用户指定登录 SQL Server 服务器的验证模式，如图 7.5 所示。

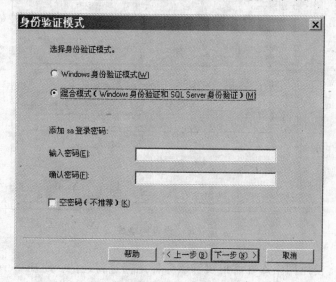

图 7.5 选择服务器登录验证模式

SQL Server 2000 支持两种登录验证模式：

（1）Windows 身份验证模式，即不使用 SQL Server 本身的用户管理，只允许 Windows NT 的用户具有访问数据库的权限。

（2）混合模式，即 Windows NT 用户和 SQL Server 的用户都可以获得访问数据库的权限。

其中默认模式为与 Windows NT 集成的验证模式。在 Windows 98/95 下安装 SQL Server，由于 Windows 98/95 无法提供身份验证机制，只能采用混合的验证模式。

如果用户选择混合的验证模式，则还需要设置 sa 用户（system administrator）的口令，用户也可以选中【空密码】复选框将 sa 用户的口令设置为空，但 SQL Server 不鼓励这种不安全的做法。

10）设置字符比较法

这一步需要用户对字符的比较法进行设置。字符比较法用于指定 SQL Server 2000 中字符的存储形式以及字符的排序和比较规则。在计算机中，每个字符都是用 0/1 串表示的，字符的存储形式就是指用什么样的 0/1 串代表该字符。

11）设置网络库

下一个安装任务是指定安装哪些网络库，如图 7.6 所示。

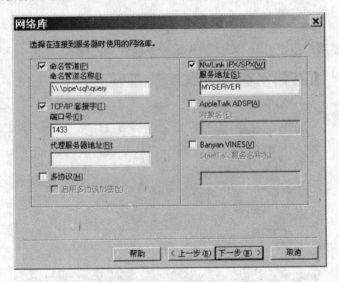

图 7.6　设置网络库

SQL Server 使用网络库在客户机和服务器之间进行通信。SQL Server 2000 支持多种网络库，如命名管道、TCP/IP 套接字、多协议、NWLink IPX/SPX、AppleTalk ADSP 和 Banyan VINES。这些网络库由一个或一些动态链接库提供，它们必须与网络协议（如 TCP/IP、NetNEUI、IPX/SPX 等）共同协调工作，才能实现客户机与服务器之间的通信。

其中，命名管道只有在 Windows NT 和 Windows 2000 中存在，所以在 Windows 98/XP 下安装 SQL Server 2000 时这一选项是禁止的。用户可以按照需要选择安装网络库，在安装完毕后还可以用服务器网络工具进行修改。

TCP/IP 协议默认监听 1433 端口来接受客户机的连接请求,如果网络管理员分配了另外的端口,则在【端口号】编辑框中填入它。

12)完成安装

到此为止,已经完成了对各种安装选项的设置,安装程序会显示提示界面,提示用户系统将根据输入的信息继续安装 SQL Server。这时如果想更改某些选项,可以使用【上一步】按钮;如果已经确定,则单击【下一步】按钮开始安装组件。安装程序将复制所需的文件,建立所需的目录。当全部工作完成后将显示完成界面。

SQL Server 数据库的安装完成后,会再次回到如图 7.1 所示的选择安装部件的界面,用户可以继续安装其他 SQL Server 部件,如联机分析服务和英语查询等。

7.2.5 检验安装

安装 SQL Server 2000 之后,在开始菜单中将会出现"Microsoft SQL Server"程序组,其中应该包括查询分析器、导入和导出数据、服务器管理器、服务器网络实用工具、客户端网络实用工具、《联机丛书》、企业管理器、事件探查器、在 IIS 中配置 SQL XML 的支持。

安装 SQL Server 2000 之后,系统将创建六个数据库:master、model、msdb、tempdb、pubs、Northwind。其中,master、model、msdb 为系统数据库,pubs 和 Northwind 为实例数据库,SQL Server 联机帮助中的许多例子就是基于这些数据库。

7.3 SQL Server 2000 配置

安装 SQL Server 2000 之后,需要对 SQL Server 2000 进行配置,最主要的配置工具是企业管理器。本节将介绍如何启动和停止 SQL Server 服务,如何注册服务器和创建服务器组。

7.3.1 启动 SQL Server 服务

在系统中用户有几个启动 SQL Server 服务的办法。既可以配置 Windows NT/2000 服务,使每次 Windows NT/2000 启动时都自动启动它,也可以用服务管理器启动。通过应用程序连接 SQL Server 时,也可以启动它。

1. 自动启动

Windows NT/2000 启动时,可以自动启动 SQL Server 服务。在安装 SQL Server 时,就可以选择使用此特性,方法是在设置服务账号的界面中的启动类别时,将其设置为【自动】。

安装 SQL Server 之后,也可以在 Windows NT/2000 的控制面版中,将 SQL Server 服务设置为自动启动。步骤如下:

(1) 打开 Windows NT/2000 控制面版。

(2) 双击【管理工具】,然后双击【服务】。

(3) 在服务对话框中,滚动服务列表框找到 MS SQL Server,此时 MS SQL Server 的启动类别为手动。

(4) 右击 MS SQL Server,在弹出的快捷菜单中有启动、暂停、停止或重新启动该服务等命令,如图 7.7 所示。可以使用这些命令启动、暂停、停止或重新启动 SQL Server 服务。

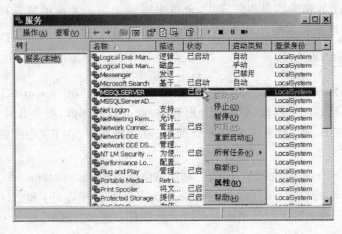

图 7.7　服务对话框

(5) 在如图 7.7 所示的快捷菜单上选择【属性】,打开对话框,将启动类型设置为【自动】。

(6) 单击【确定】,此时 Services 列表框中 MS SQL Server 的启动类别已经变为【自动】。

2. 使用 SQL Server 服务管理器启动

用户可以使用 SQL Server 服务管理器启动 SQL Server 服务,步骤如下:

(1) 在【开始】菜单的【程序】项中,单击 Microsoft SQL Server 程序组的服务管理器,打开如图 7.8 所示的对话框。

(2) 在如图 7.8 所示的 SQL Server 服务管理器对话框的【服务器】下拉列表框中选择服务器,在【服务】下拉列表框中选择要启动的服务。注意,此时对话框底部的状态栏上的信息是【停止】。

图 7.8　MS SQL Server 服务正在运行

（3）单击【开始/继续】按钮。SQL Server 服务管理器对话框底部的状态栏上的信息会从【停止】变为【开始】，启动完成后变为正在运行。

（4）关闭 SQL Server 服务管理器对话框，关闭它以后 SQL Server 服务仍继续运行。

另外，可以选中 SQL Server 服务管理器对话框中的【当启动 OS 时自动启动服务】复选框，这样使下一次操作系统启动时 SQL Server 服务自动启动。

单击 SQL Server 服务管理器对话框中的【暂停】或【停止】按钮可以暂停或停止 SQL Server 服务。

7.3.2　更改 SQL Server 服务账号

安装 SQL Server 2000 之后，可以使用企业管理器改变 SQL Server 数据库服务和其他 SQL Server 相关服务的账号，新的用户账号将在下一次服务启动时生效。步骤如下：

（1）在【开始】菜单中，单击 Microsoft SQL Server 程序组的【企业管理器】。

（2）展开一个服务器组，如图 7.9 所示。

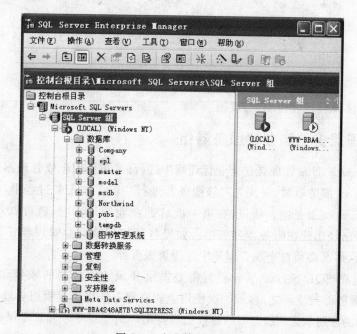

图 7.9　企业管理器界面

（3）右击一个服务器，在弹出的快捷菜单中选择【属性】。

（4）在如图 7.10 所示的属性对话框中选择【安全性】选项卡。

（5）在【启动服务账号】区域中，如果【本账号】被选中，则说明 SQL Server 服务账号是一个 Windows NT/2000 域账号，输入账号和口令。

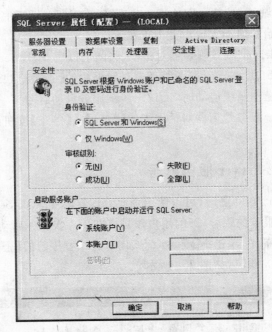

图 7.10　属性对话框

（6）确认修改后，单击【确定】按钮。

7.3.3　注册服务器和创建服务器组

SQL Server 的日常管理是在企业管理器中进行的，在使用企业管理器管理本地或者远程 SQL Server 服务器时，必须先对该服务器进行注册。在安装过程中，系统自动注册了本地 SQL Server 服务器。所以，在第一次启动企业管理器时，就可以看见本地 SQL Server 服务器已经出现在服务器列表中。如果打算使用该企业管理器管理其他的 SQL Server 服务器，那么必须在企业管理器中注册该服务器。

在注册远程 SQL Server 服务器时需要提供登录该服务器的账号和口令，在远程 SQL Server 服务器被注册之后，下一次使用企业管理器连接该远程服务器时就不需要登录了。这是因为注册该远程服务器的过程已经将用户的登录账号和口令保存在注册表中。这种处理方式的优点是，可以使用企业管理器管理网络上的多个 SQL Server 服务器，而且不必在每次启动企业管理器时对每个要管理的 SQL Server 服务器进行手工登录。

下面将介绍注册新的 SQL Server 服务器，以及创建服务器组的方法。

1. 注册 SQL Server 服务器

注册服务器时需要提供以下信息：服务器的名称、登录服务器使用的安全模式、登录服务器的账号和口令、需要将服务器注册到哪个服务器组中。

在企业管理器中注册 SQL Server 服务器的步骤如下：

（1）确保要注册的远程 SQL Server 服务器正在运行。

（2）启动企业管理器。

（3）右击 SQL Server 组，在弹出的快捷菜单中选择【新建 SQL Server 注册】命令，如图 7.11 所示。

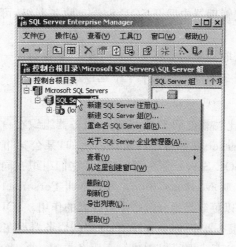

图 7.11　注册 SQL Server

（4）在如图 7.12 所示的注册 SQL Server 向导对话框中，选中向导对话框中的复选框，单击【下一步】按钮。打开注册 SQL Server 服务器对话框。

图 7.12　注册 SQL Server 向导对话框

（5）在 Server 框中输入要注册的 SQL Server 服务器名。

（6）选择登录该服务器的方式，并输入用户名和口令。在此选择 SQL Server 验证方式。

（7）在 Server 组下拉列表框中选择要把该服务器添加到哪一个服务器组（假设添加到 SQL Server 组）。

（8）单击【确定】，按钮并关闭注册服务器对话框。

注册完成后，在企业管理器中展开 SQL Server 服务器组，可以看到刚刚注册的 SQL Server 服务器。

注册服务器后，可以取消对这个服务器的注册。要做到这一点，只需要在企业管理器中右键单击服务器名，并在弹出的快捷菜单中选择【删除】命令。

2. 创建服务器组

服务器组是用来把比较相似的 SQL Server 服务器组织在一起的一种方式，便于对不同类型和用途的 SQL Server 服务器进行管理。比如，某公司市场部有两台 SQL Server 服务器，人事部有两台 SQL Server 服务器，可以将它们组织在同一个服务器组中，也可以创建两个服务器组，一个叫 Market Group，另一个叫 Personnel Group，分别存放两个部门的服务器。这样，就可以更容易地分辨每个服务器的作用。SQL Server 在安装后，创建一个叫【SQL Server 组】的服务器组，默认情况下，注册的服务器都在这个服务器组中。

使用企业管理器按以下步骤可以创建一个服务器组：

（1）在企业管理器中，右击 SQL Server 组，在弹出的快捷菜单中选择【新建 SQL Server 组】，如图 7.11 所示。

（2）弹出如图 7.13 所示的服务器组对话框。在该对话框的下部列出了当前存在的服务器组。在这个例子中，只存在默认服务器组 SQL Server 组。

（3）在【名称】框中输入新建的服务器组的名称。

（4）选择【顶层组】单选按钮（或创建某一个服务器组的子服务器组选择【下面项目的子组】单选按钮，并选中一个已经存在的服务器组作为它的父服务器组）。

（5）单击【确定】按钮创建服务器组。如图 7.14 所示，创建了一个顶级服务器组，组名为 Market Group。

创建完成后，新创建的服务器组 Market Group 出现在企业管理器中，但该组中还没有任何 SQL Server 服务器，如图 7.14 所示。

改变一个 SQL Server 所属的服务器组可以右击该服务器，并在弹出的快捷菜单中选择【编辑 SQL Server 注册属性】命令。

在对话框的 Server 组下拉列表框中选择新的服务器组。比如，将 MyServer 移动到 Market Group 服务器组，单击【确定】按钮关闭对话框，并使修改生效。

可以看到 MyServer 服务器移到了 Market Group 服务器组中，如图 7.15 所示。

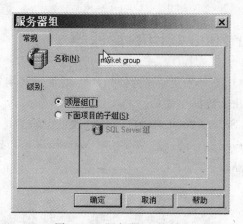

图 7.13 服务器组对话框

图 7.14 新建的服务器组 Market Group

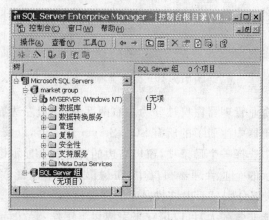

图 7.15 MyServer 在 Market Group 服务器组中

7.4 SQL Server 2000 常用的管理器

Microsoft 在提供 SQL Server 产品的同时，还提供了极其丰富的数据库工具集。本节将简单介绍最常用的几个数据库工具。

服务管理器是 SQL Server 2000 对以前版本修改最少的工具。服务管理器是用来启动、停止和暂停 SQL Server 服务的。这些服务在 Windows NT/2000 下也可以通过控制面板的服务项来启动或停止。

7.4.1 企业管理器

企业管理器是用于管理企业级 SQL Server 或者 SQL Server 对象的方便而实用的图形化工具，它是 SQL Server 工具中最重要的一个，通过它可以对 SQL Server 数据库进行管理和操作。

在【开始】菜单的 Microsoft SQL Server 程序组中选择【企业管理器】即可启动企业管理器，操作界面如图 7.16 所示。

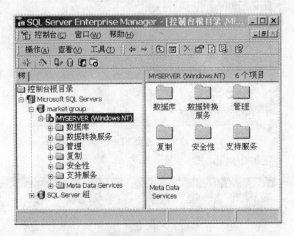

图 7.16　企业管理器

如图 7.16 所示，企业管理器窗口被分为左右两部分，窗口左边显示了一个树形目录，该目录包括在企业管理器中注册了的所有 SQL Server 服务器，以及每个服务器所能提供的服务。在树型目录中选择一个目录项，窗口右边的部分就会显示该目录项的具体内容。比如，若在图 7.16 所示的企业管理器窗口中，在树形目录中选择 MyServer 服务器中的 pubs 数据库，窗口右边部分则显示出该数据库的详细信息。

企业管理器的功能非常强大，可以用它来完成以下工作：

（1）注册服务器。

（2）配置本地和远程服务器。

（3）管理登录、用户、权限。

（4）创建脚本。

（5）管理备份设备和数据库。

（6）备份数据库和事务日志。

（7）管理表、视图、存储过程、触发器、索引、用户定义数据类型等数据库对象。

（8）创建全文索引、数据库图表。

（9）引入和导出数据。

（10）数据转换。

（11）多种网页发布和管理。

在后面的章节中，将会经常用到企业管理器。

7.4.2　查询分析器

查询分析器是一个可以交互执行 SQL 语句和脚本的图形工具，它的主要功能是编辑、编译和执行 T-SQL 语句，并显示命令结果。

在【开始】菜单的 Microsoft SQL Server 程序组中选择【查询分析器】即可启动，如图 7.17 所示。

图 7.17　查询分析器登录界面

在图 7.17 中的 SQL Server 下拉列表框中选择要登录的 SQL Server 服务器。如果该列表中没有服务器，可以单击███按钮，在对话框中查找服务器。

在图 7.17 中的窗口中选择身份验证方式，如果必要的话输入用户名和口令，选择【确定】按钮。如果用户合法，就可以成功地连接到选择的数据库，显示如图 7.18 所示的查询分析器主窗口。

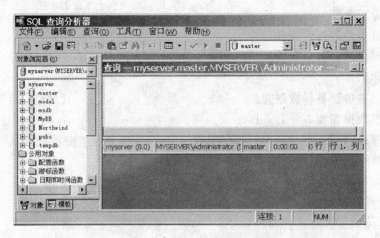

图 7.18　查询分析器主窗口

在如图 7.18 所示的查询分析器主窗口的左部为对象浏览器,这是 SQL Server 2000 的新功能,利用对象浏览器可以浏览当前服务器的所有数据库对象,单击工具栏上的 按钮就可以打开或关闭对象浏览器。

如图 7.18 所示的查询分析器主窗口的右部为查询窗口,在查询窗口中用户可以输入 SQL 语句,并按 F5 键,或单击工具栏上的执行 按钮将其送到服务器执行,执行的结果将显示在输出窗口中。用户也可以打开一个含有 SQL 语句的文件来执行,执行的结果同样显示在输出窗口中。

在查询分析器中,也可控制查询结果的显示方式,T-SQL 语句的执行结果可以以文本方式、表格方式显示,还可以保存到文件。切换结果显示方式,可以单击工具栏上的 按钮,并在下拉菜单中选择一种显示结果的方式,如图 7.19 所示。

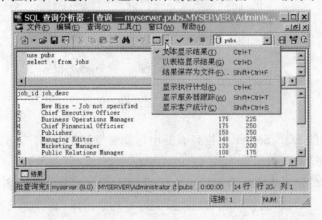

图 7.19　选择结果显示方式

查询分析器是一个真正的分析工具,它不仅能执行 T-SQL 语句,还能对一个查询语句的执行进行分析,给出查询执行计划,为查询优化提供直观的帮助。

在如图 7.19 所示的下拉菜单中,如果选择【显示执行计划】,则可以在结果窗口中显示查询执行计划;如果选择【显示服务器跟踪】,则可以在结果窗口中显示服务器动作跟踪;如果选择【显示客户统计】,则可以在结果窗口中显示客户机状态。其中,后两个功能是 SQL Server 2000 的新增功能,通过它们可以了解一个特定的查询在客户端和服务器端造成的影响。

7.4.3　联机丛书

联机丛书也叫做在线手册。严格地说,在线手册并不是一个管理工具。但是,无论是数据库管理员,还是数据库开发人员,都离不开在线手册。

在【开始】菜单的 Microsoft SQL Server 程序组中选择【联机丛书】,即可启动在线手册。SQL Server 2000 的在线手册采用了 IE 风格的界面和经过特殊编译的 HTML 文件格式,如图 7.20 所示。

图 7.20　SQL Server 2000 联机丛书

SQL Server 2000 联机丛书是学习使用 SQL Server 2000 的很好的工具,从联机丛书中用户可以获得各种帮助,基本上用户在使用 SQL Server 2000 中遇到的所有问题都可以在联机丛书中找到答案。

7.4.4　事件探查器

事件探查器即服务器活动跟踪程序,用于监视与分析 SQL Server 活动、SQL Server 服务器的网络进出流量或发生在 SQL Server 上的事件。SQL Server 事件是指在 SQL Server 引擎中发生的任何行为,它通常包括登录、T-SQL 语句、存储过程、安全认证等,可以对事件的不同方面进行有选择地监视。例如,正在执行的 SQL 语句及其状态。

事件探查器可以把一个操作序列保存为一个.trc 文件,然后在本机或其他机器上按原来的次序重新执行一遍,这在服务器纠错中非常实用。

在事件探查器界面中,如果选择【文件】中的打开命令,会出现事件选择页面,可以通过它选择需要跟踪的事件,如图 7.21 所示。

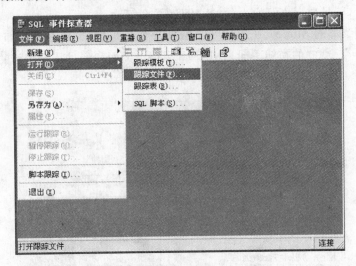

图 7.21　事件探查器事件选择页面

通常情况下,不选择过多的事件进行监视和跟踪,因为这样会影响 SQL Server 的性能。跟踪文件的最大默认值为 5MB,若跟踪文件的大小超过了最大限制,SQL Server 的事件探查器就会创建一个新跟踪。

7.4.5　导入与导出数据

导入数据是从 Microsoft SQL Server 的外部数据源(如 ASCII 文本文件)中检索数据,并将数据插入到 SQL Server 表的过程。导出数据是将 SQL Server 实例中的数据析取为某些用户指定格式的过程。例如,将 SQL Server 表的内容复制到 Microsoft Access 数据库中。

导入和导出数据通过一个向导程序"数据转换服务"(简称 DTS)实现,其作用是使

SQL Server 与任何 OLE DB、ODBC、JDBC 或文本文件等多种不同类型的数据库之间实现数据传递。

　　DTS(数据转换服务)向导最常见的应用为：实现 SQL Server 2000 数据与桌面数据库 Access 或 Foxpro 等的数据传递；将查询结果转换为文本文件；在大型数据库间实现迁移数据库；在其他大型数据库系统间传递数据等。

1. 导出为文本文件数据

　　导出数据库图书管理系统中的数据的过程如下：

　　(1) 在企业管理器树形目录中展开要使用的服务器组、服务器。在数据库目录中，单击并选中要操作的数据库图书管理系统。右击图书管理系统，单击【所有任务】→【导出数据】命令，出现如图 7.22 所示的选择数据源对话框。

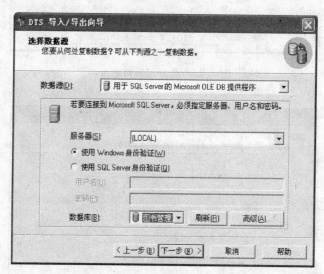

图 7.22　DTS 选择数据源对话框

　　(2) 选择数据源对话框中，实现选择源数据的数据源，包括数据源所在的服务器、连接方式及账号等。选择数据源即选择与源数据的数据存储格式相匹配的数据专用驱动程序。用【数据源】下拉列表框选择。在此用默认数据源，【数据库】选择 LOCAL 服务器上的数据库图书管理系统。

　　(3) 单击【下一步】按钮，打开指定目的对话框，指定目的数据源。通过【数据源】下拉列表框选择【文本文件】后，出现如图 7.23 所示的对话框。在【文件名】文本框中，可以直接输入目的文本文件，可以单击███按钮，从弹出的对话框中输入文件名。

　　(4) 单击【下一步】按钮，打开如图 7.24 所示的指定表复制或查询的对话框。使用此对话框指定想要作简单数据复制还是较复杂的数据复制，后者将要求使用 SQL 语句收集

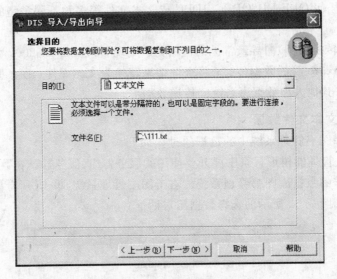

图 7.23　选择目的对话框

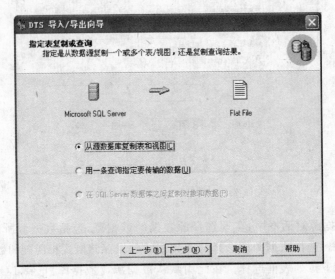

图 7.24　指定表复制或查询的对话框图

和选择要复制的适当行。在这选择【从源数据库复制表和视图】单选项。

　　(5) 单击【下一步】按钮，打开如图 7.25 所示的指定目的文件格式的对话框，指定输出的目的文件"C:\111.txt"的格式。在【源】下拉框中，从图书管理系统数据库的所有表及视图对象生成的列表项中选择表 books 项。

　　(6) 单击【下一步】按钮，出现如图 7.26 所示的保存 DTS 包对话框，可将源、目的和

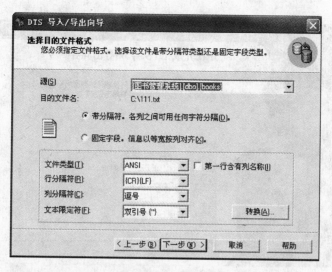

图 7.25　指定目的文件格式的对话框

转换属性保存为数据转换服务(DTS)包。【立即运行】表示当向导结束后,立即运行转换并创建目的数据。在此使用默认选项。

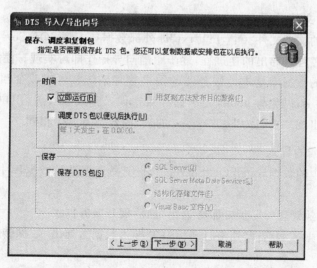

图 7.26　保存 DTS 包对话框图

(7) 单击【下一步】按钮,出现如图 7.27 所示的完成 DTS 向导对话框。用户可以审阅指定的参数,并单击【上一步】返回作更正以产生正确数据。单击【完成】按钮,数据开始转换。最后,单击【完成】按钮,数据导出过程完成。用户可以用记事本程序查看文本文件"C:\111.txt",其内容即是数据库图书管理系统中表 books 的内容。

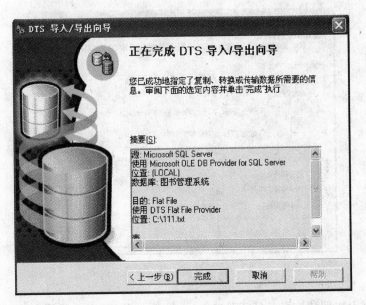

图 7.27　完成 DTS 向导对话框

2. 导入文本文件数据

将上节生成的文本文件"C:\ 111.txt"即外部数据导入到 SQL Server 2000 数据库图书管理系统中的过程是导出的逆过程,逐步跟随向导操作即可实现。注意,数据源是文本文件 111.txt,目的数据库是本地服务器的图书管理系统。可以改变目的表 books 的名称,改为 books_new,以免与 books 重名而导致错误。完成导入后,用户可以查到数据库图书管理系统中出现一个名为 books_new 的表,内容与 books 相同。

3. Excel 数据的导入

将 Excel 表中的数据导入 SQL Server 中的图书管理系统数据库中。具体操作步骤如下:

(1) 打开"企业管理器",展开服务器组,然后展开服务器。

(2) 右击"数据库",选择"所有任务"中的"导入数据",弹出"数据转换服务导入/导出向导"。

(3) 单击【下一步】,出现【选择数据源】对话框,在【数据源】下拉列表框中选择"Microsoft Excel 97-2000",出现如图 7.28 所示的对话框。在【文件名】框中选择需要导入的文件的路径和文件名。

(4) 单击【下一步】,出现如图 7.29 所示的对话框。选择目的,在数据库框中选择图书管理系统。

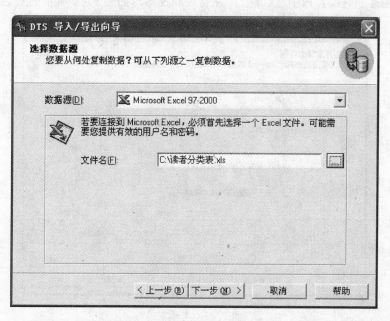

图 7.28　导入/导出选择数据源对话框

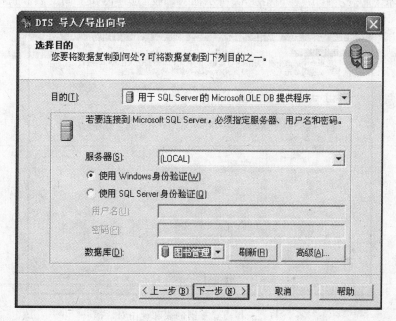

图 7.29　选择目的

（5）单击【下一步】，选中"从源数据复制表和视图"，如图7.30所示的对话框。

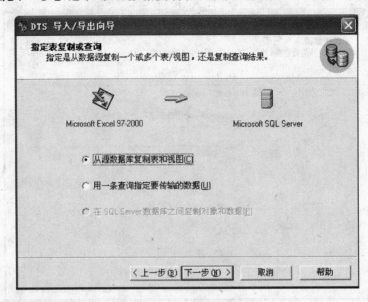

图7.30　选择方式

（6）单击【下一步】，出现如图7.31所示的对话框，选择需要复制的表和视图。

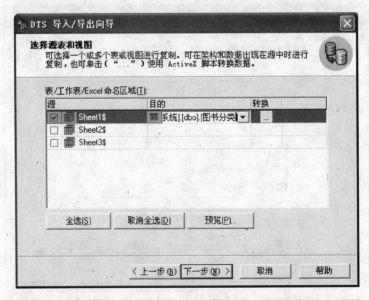

图7.31　选择需要复制的表和视图对话框

(7) 单击【下一步】,出现【保存、调度和复制包】对话框,如图 7.32 所示。

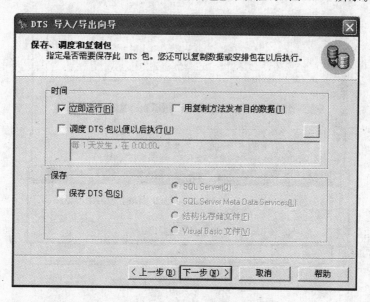

图 7.32　保存、调度和复制包对话框

(8) 单击【下一步】,出现【完成】对话框,如图 7.33 所示。

图 7.33　完成对话框

（9）单击【完成】按钮，开始复制数据，如图 7.34 所示。

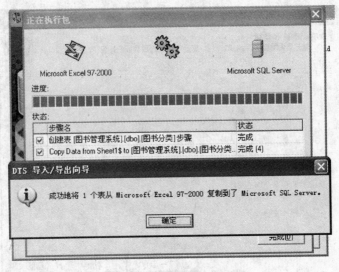

图 7.34　数据导入对话框

习题

1. 简述 SQL Server 2000 的特点。

2. SQL Server 2000 包含的三大部件是什么？

3. SQL Server 2000 有几种安装版本？简述各版本的功能。

4. 简述 SQL Server 2000 客户/服务器的体系结构特点。

5. 启动 SQL Server 的有哪几种方法？

6. SQL Server 2000 有几种身份验证方式？它们有什么区别？

7. 服务器注册的含义是什么？

8. 简述 SQL Server 2000 提供的主要管理工具及功能。

第8章

SQL Server 2000 基本操作与应用

本章关键词

SQL Server 2000　　　　　　　　　表（table）

视图（view）　　　　　　　　　　　索引（index）

本章要点

　　SQL Sever 数据库保存了所有系统数据和用户数据，这些数据被组织成不同类型的数据库对象，包括关系图、表、视图、存储过程、用户、角色、规则、默认、用户定义的数据类型、用户定义的函数等。本章将主要介绍 SQL Server 2000 对表、视图、索引的基本操作及其应用。

8.1　SQL Server 2000 数据库基本操作

　　从逻辑结构来看，每个 SQL Sever 数据库由不同的数据库对象组成；从物理结构（即存储结构）来看，每个 SQL Sever 数据库由两个或多个操作系统文件组成，通过文件组管理这些文件。

　　很多操作既可以使用图形界面，也可以用 Transact-SQL 命令。本章只介绍使用图形界面的操作，Transact-SQL 命令请参考第 3 章。

8.1.1　SQL Server 数据库概述

1. 数据库文件和文件组

　　SQL Server 数据库的物理结构对用户是透明的。每个数据库由保存该库所有数据对象和操作日志的两个或多个操作系统文件组成。根据功能不同，可将这些文件分为以下几种文件类型：

　　（1）主数据文件（.mdf），即存储数据信息和数据库的启动信息。一个数据库有且仅有一个主数据文件。

（2）次数据文件（.ndf），即存储主数据文件未存储的数据信息。一个数据库可以没有次数据文件，也可以有多个次数据文件。

（3）日志文件（.ldf），即存储数据库的所有事务日志信息，用于恢复数据库，一个数据库至少有一个日志文件。

可见，一个数据库至少由两个文件组成：主数据文件和日志文件。

为了方便管理、提高系统性能，将多个数据库文件组织成一组，称为数据库文件组。数据库文件组控制各个文件的存放位置，常常将每个文件建立在不同的硬盘驱动器上。这样就可以减轻单个硬盘驱动器的存储负载，提高数据库的存储效率，从而实现提高系统性能的目的。

在使用数据库文件和文件组时，应该注意以下几点：

（1）每个文件或文件组只能用于一个数据库。

（2）每个文件只能属于一个文件组。

（3）日志文件是独立的。数据库的数据和日志信息不能放在同一个文件或文件组中，数据文件和日志文件总是分开的。

2. 系统数据库和示例数据库

SQL Server 支持系统数据库、示例数据库和用户数据库。系统和示例数据库是在安装 SQL Server 后自动创建的，用户数据库是由系统管理员或授权的用户创建的数据库。

1）系统数据库

SQL Server 的系统数据库包括以下几个数据库。

Ⅰ. master 数据库

它是 SQL Server 的总控数据库，保存了 SQL Server 系统的全部系统信息、所有登录信息和系统配置，保存了所有建立的其他数据库及其有关信息。用户应随时备份该数据库，以保证系统的正常运行。

master 数据库中包含大量的系统表、视图和存储过程，用于保存 Server 级的系统信息，并实现系统管理。

Ⅱ. tempdb 数据库

tempdb 是一个临时数据库，是全局资源，它保存全部的临时表和临时存储过程。每次启动 SQL Server 时，tempdb 数据库都被重建。因此，该数据库在系统启动时总是干净的。

使用 tempdb 不需要特殊的权限。不管 SQL Server 中安装了多少数据库，临时数据库 tempdb 只有一个。tempdb 是系统中负担最重的数据库，几乎所有的查询都可能使用它。

Ⅲ. model 数据库

它是一个模板数据库。每当创建一个新数据库时，SQL Server 就复制 model 数据库的内容到新建数据库中,因此,所有新建数据库的内容都和这个数据库完全一样。

如果用户想使每个新建的数据库一开始就具有某些对象,可以将这些对象放到 model 数据库中,这样所有新建的数据库都将继承这些内容。model 数据库中有 18 个系统表(master 数据库中也有这些系统表)、视图以及存储过程,用于保存数据库级的系统信息。

Ⅳ. msdb 数据库

msdb 数据库是一个和自动化有关的数据库。SQL Server 代理(SQL Server agent)使用 msdb 数据库来安排报警、作业,并记录操作员。如完成一些调度性的工作,备份和复制等。

2) 示例数据库

SQL Server 的示例数据库主要包括以下两个数据库。

Ⅰ. pubs 数据库

它是一个图书出版方面的示例数据库,被广泛用于 SQL Server 文档的实例中。该数据库相当简单,提供了很好的实例。虽然用户可以随时修改甚至删除该数据库,但是建议用户保留该数据库,以便更好地学习 SQL Server。

Ⅱ. Northwind 数据库

它是一个涉及虚构的 Northwind 贸易公司在世界范围内进出口食品的销售情况示例数据库,也被广泛用于 SQL Server 文档的实例中。

SQL Server 的系统数据库、示例数据库的默认安装在 Mssql 文件夹下的 Data 子文件夹下。

8.1.2　创建数据库

创建数据库的过程就是为数据库确定名称、大小、存放位置、文件名和所在文件组的过程。数据库的名称(逻辑名)必须满足 SQL Server 标识符命名规则,最好使用有意义的名称命名数据库。在同一台 SQL Server 服务器上,各数据库的名称是唯一的。创建数据库的信息存放在 master 数据库的 sysdatabases 系统表中。创建数据库后,系统会自动把 model 数据库中的信息复制到新建的数据库中。

创建数据库之前,首先要考虑数据库的拥有者、数据库的初始容量、最大容量、增长量以及数据库文件的存放路径等因素。

SQL Server 2000 默认为 sysadmin 和 dbcreator 两个服务器角色成员有权创建数据库,而且创建数据库的用户是数据库的所有者。

SQL Server 2000 提供了三种创建数据库的方法:使用企业管理器创建数据库、使用 Transact-SQL 语句创建数据库、使用向导创建数据库。下面将介绍使用企业管理器创建数据库。

使用企业管理器创建数据库的步骤如下：

（1）启动企业管理器，连接服务器，展开其树形目录，用鼠标右键单击【数据库】文件夹，在弹出的快捷菜单中，单击【新建数据库…】项，打开如图 8.1 所示的对话框。

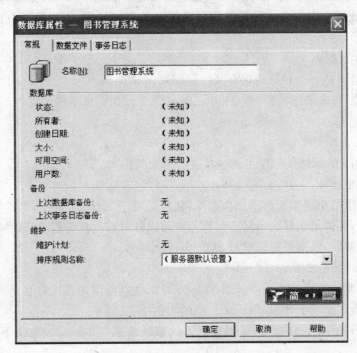

图 8.1　数据库属性对话框

（2）在【数据库属性】对话框的【名称】文本框内输入数据库名（逻辑名）。例如，图书管理系统，这个对话框自动以该数据库名命名，系统默认用该数据库名与"_data"串的连接命名数据文件（图 8.2），该数据库名与"_log"串的连接命名日志文件（图 8.3）。这两个不同选项卡界面内的设置，分别为数据主文件和日志文件的名称、存储位置、初始大小、所属文件组（默认为主文件组 PRIMARY）、文件是否自动增长、增长的方式和文件大小的限制等。

实际上，用户可以根据实际需要进行设置，修改图中显示的默认值。【文件名】处指定的文件名为数据和日志文件逻辑名，【位置】处显示的文件名为数据和日志文件的物理文件名，是实际储存的文件名。默认情况下，逻辑名和物理文件名相同，但允许用户修改使这两个名称不同，用户也可以通过双击【位置】列的 ▓ 指定文件的存储路径。

（3）单击【确定】按钮，数据库就创建好了，在默认位置、采用默认设置创建了一个名为图书管理系统的数据库。

图 8.2　数据文件选项卡界面

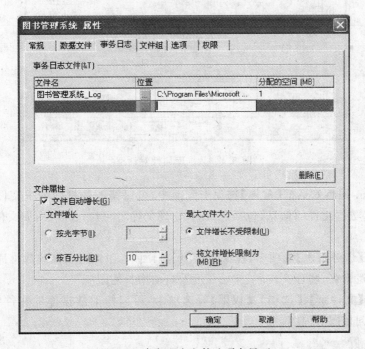

图 8.3　事务日志文件选项卡界面

8.1.3 修改数据库

创建数据库后,可能会由于某种原因需要对其进行修改。例如,增加和删除数据库的文件和文件组、修改文件和文件组的属性。

使用企业管理器修改数据库的步骤如下:

(1)启动企业管理器,连接服务器,展开其树形目录,展开【数据库】文件夹,用鼠标右键单击要修改的数据库名,如 ep1,在弹出的快捷菜单中,单击【属性】命令,则弹出如图 8.4 所示的对话框。

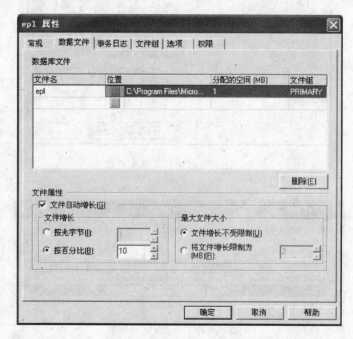

图 8.4 数据库属性对话框

(2)在 ep1 属性对话框【常规】选项卡画面中,可以修改数据库的主文件组和用户定义文件组中各数据文件的信息,包括逻辑名、物理文件名、初始长度、所属文件组及自动增长的限制等。

(3)单击【事务日志】选项卡,在这个选项卡画面中,用户可以修改数据库的日志文件的信息,包括逻辑名、物理文件名、初始长度及自动增长的限制等。

(4)单击【文件组】、【选项】、【权限】等选项卡,可以修改数据库的文件组、数据库选项、数据库访问权限等内容。

8.1.4　删除数据库

对于一些不再需要的数据库,用户可以删除它,以释放所占用的磁盘空间。但是,删除数据库要谨慎,因为系统无法轻易恢复被删除的数据库,除非作过数据库备份。

使用企业管理器每次只能删除一个数据库。方法是启动企业管理器后,展开【数据库】文件夹,单击要删除的数据库名如 ep2,用鼠标右键单击要删除的数据库名,从弹出的快捷菜单中单击【删除】命令,系统弹出警告对话框,要求用户确认是否删除该数据库,单击【是】按钮,就删除了该数据库。

8.2　表和视图的基本操作

8.2.1　基本知识

在 SQL Server 中,一个表就是一个关系,用来存储实体集和实体之间的联系。不同的表有不同的名字。SQL Server 的一个数据库中可以存储 20 亿个表,一个表最多允许定义 1024 个列。表的行数和总大小仅受可使用空间的限制。表的每一列必须具有相同的数据类型。

在为一个数据库设计表之前,应该完成了需求分析,确定了概念模型,将概念模型转换为关系模型。关系模型中的每一个关系对应数据库中的一个表。为一个数据库设计表之前,应考虑该数据库中要存放的数据以及数据如何划分到表中。例如,"图书管理系统"数据库需要存储图书信息、工作人员信息、学生信息等,而在"图书信息表"中将存储图书的详细信息(即"图书明细表")、借出信息(即"借出信息表")、图书类型信息(即"图书类别表")、出版社信息(即"出版社信息表")、作者信息(即"作者表")。

具体对于某一个表,在创建之前,最好先在纸上画出其轮廓。此时要考虑每个表中的内容有:表中要存储的数据类型;表中需要的列以及每一列的类型;列是否可以为空;列的长度;是否需要在列上使用约束、默认值和规则;需要使用什么样的索引;哪些列作为主键。

表的设计要体现完整性约束的实现。实体完整性约束的体现是主键约束,即主键的各列不能为空,且主键作为行的唯一标识;外键约束是参照完整性约束的体现;默认值和规则等是用户定义的完整性约束的体现。

下面将介绍 SQL Server 2000 中实现用户定义完整性的方法。

1. 检查（CHECK）

检查约束使用逻辑表达式来限制列上可以接受的数据。比如,可以指定表 books 中的定价必须大于零,这样当插入表中的图书记录的定价为 0 或负数时,插入操作不能成功执行,从而保证了表中数据的正确性。

可以在一列上使用多个检查约束,在表上建立的一个检查约束也可以在多个列上使用。

2. 默认值(DEFAULT)

数据库中每一行中的每一列都应该有一个值,当然这个值也可以是空值。但有时向一个表中添加数据(添加一行记录)时,某列的值不能确定,或该列的值大量重复的取同一个值,这时可以将该列定义为允许接受空值或给该列定义一个默认值。例如,读者信息表(readers)中的列"读者类型",大量的值为"学生",则可以定义该列的默认值就是"学生"对应的类型值"1"。如此,当向表中插入数据时,如果用户没有明确给出该列的值,SQL Server 自动为该列添加值"1"。

3. 空值(NULL)

空值(NULL)意味着数据的值不确定。比如,图书信息表中某一行的"出版社"列为空值,并不表示该书没有出版社,而是表示目前还不知道它的出版社。

又如,图书信息表中的书名列设置为不允许取空值,则输入数据时,必须给该列指定非空值,否则输入失败。

使用以上这些约束实施的完整性被称为声明型数据完整性,它们是作为表和列定义的一部分在语法中实现的,可以在 CREATE TABLE 语句或 ALTER TABLE 语句中定义或修改。

8.2.2 创建表

本小节以数据库图书管理系统为例,介绍创建表。创建表实际上就是创建表结构,再向表中输入数据。

利用企业管理器提供的图形界面来创建表,步骤如下:

(1) 在树形目录中展开【服务器组】→【服务器】→【数据库】→【图书管理系统】。

(2) 选择【表】,单击鼠标右键,在弹出的快捷菜单中选择【新建表...】命令,打开【设计表】对话框。

(3) 如图 8.5 所示,【设计表】对话框的上半部分有一个表格,在这个表格中输入列的列名、数据类型、长度(有的数据类型不需要指定长度,如 datetime 类型的长度为固定值8)、是否可以为空,在允许空域中单击鼠标左键,可以切换是否允许为空值的状态,打钩说明允许为空值,空白说明不允许为空值,默认状态是允许为空值的。

(4) 如图 8.5 所示的设计表对话框的下半部分是特定列的详细属性,包括是否是标识列、是否使用默认值等。

(5) 用如图 8.5 所示的方法逐个定义好表中的列。

(6) 设置主键约束,选中要作为主键的列,单击工具条上的【设置主键】按钮,主键列的前上方将显示钥匙标记,如图 8.6 所示。

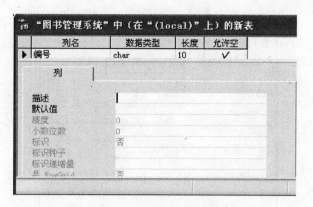

图 8.5　创建表对话框

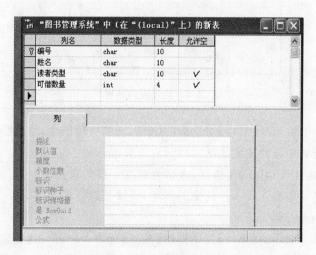

图 8.6　将编号设为主

（7）鼠标右键单击表中的任意一行（即任意一个列的定义），在弹出的快捷菜单中选择【属性】命令，可以打开如图 8.7 所示的表属性对话框。在该对话框中选择表选项卡，可以指定表的属性，如表名、所有者、表的标识列等。在图 8.7 中将表的名称设置为 Readers，将所有者设置为 dbo。

（8）在属性对话框中选择【关系】选项卡，可以设置列上的外键约束。选择【索引/键】选项卡，可以设置列上的索引，以及主键约束和唯一性约束。选择【check 约束】选项卡，可以设置列上的检查约束。这些操作的详细步骤将在后面介绍。

（9）定义好所有列后，单击图 8.6 工具栏上的【🖫】按钮，表就创建完成了。

创建唯一性约束的步骤如下：

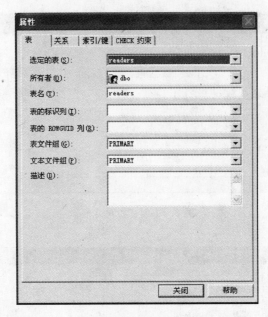

图 8.7　指定表的属性

（1）在如图 8.7 所示的【属性】对话框的【索引/键】选项卡中，单击【新建】按钮。

（2）在列名列表中选择要定义唯一性约束。

（3）选中【创建 UNIQUE】复选框，表示创建唯一性约束。

（4）在索引名框中输入唯一性约束的名字，或接受默认的名字。

创建外键约束的步骤如下：

（1）在如图 8.7 所示的【属性】对话框的【关系】选项卡中，单击【新建】按钮。

（2）在【外键表】下拉列表框中选择要定义外键约束的表，并在其下的列表中选择表中要定义外键约束的列。

（3）在【主键表】下拉列表框中选择外键引用的表，并在其下的列表中选择表中外键引用的列。

（4）在【关系名】框中输入约束的名称，或接受默认的名称。

（5）选择【级联更新相关的字段】复选框可以指定使用级联修改。

（6）选择【级联删除相关的记录】复选框可以指定使用级联删除。

创建检查约束的步骤如下：

（1）在如图 8.7 所示的【属性】对话框的【check 约束】选项卡中，单击【新建】按钮。

（2）在【约束表达式】框中输入检查表达式。

（3）在【约束名】框中输入约束的名称，或接受默认的名称。

8.2.3　修改表及其数据

　　使用企业管理器修改表,可以用鼠标右键单击要修改的表,在弹出的快捷菜单中选择【设计表】命令,将弹出如图 8.5 所示的设计对话框,此时可以与新建表时一样,向表中加入列、从表中删除列或修改列的属性,修改完毕后单击【保存】按钮即可。使用属性对话框可以修改检查、外键或主键约束及索引等。

　　修改表中的数据,最方便的方法是使用企业管理器。类似于添加数据,打开表的数据窗口,如图 8.8 所示,就可以修改表中的所有数据了。

	编号	姓名	读者类型	限借阅数量	借阅期限	性别
1	2008060001	赵强	1	3	6	M
2	2008060002	李云云	1	3	6	F
3	2009060001	王飞	3	2	6	F
4	2009060002	吴鹏	2	2	6	M
*						

图 8.8　表 readers 的数据窗口

8.2.4　向表中添加数据

　　启动企业管理器后,展开【数据库】文件夹,再展开要添加数据的数据库(如图书管理系统),可以看到所有的数据库对象,单击【表】,用鼠标右击右边列表中要操作的表(如readers),运行弹出快捷菜单中的【打开表】命令,在弹出的子菜单中单击【返回所有行】命令,打开该表的数据窗口,如图 8.8 所示。

　　在数据窗口中,用户可以添加多行新数据,还可以修改表中数据。使用该窗口的快捷菜单,可以实现表中数据各行记录间的跳转、剪贴、复制和粘贴等。

8.2.5　删除表

　　删除一个表时,它的结构定义、数据、约束、索引都将被永久地被删除。

　　如果一个表被其他表通过 FOREIGN KEY 约束引用,那么必须先删除定义FOREIGN KEY 约束的表,或删除其 FOREIGN KEY 约束。当没有其他表引用它时,这个表才能被删除,否则,删除操作就会失败。比如,表 borrowinf 通过外键约束引用了表readers,如果尝试删除表 readers,会出现警告对话框,删除操作被取消。

　　使用企业管理器的步骤如下:

　　展开【服务器组】→【服务器】→【数据库】→【表】,在右边的窗口中用鼠标右击要删除的表,在弹出的快捷菜单中选择【删除】选项。如果确定要删除该表,则在弹出的【除去对象】对话框中单击【全部除去】按钮,便完成了对表的删除。

8.2.6 视图的创建、修改和删除

视图常用于集中、简化和定制显示数据库中的信息。视图像一个过滤器,对于一个或多个基表中的数据进行筛选、引用。

一般对于视图的查询不受任何限制,但要通过视图来修改基表的数据则有一些限制。

1. 创建视图

在 SQL Server 中创建视图主要通过以下三种方法:使用向导、使用企业管理器、使用 Transact-SQL 命令。

使用向导创建视图

(1) 启动企业管理器,展开要操作的数据库服务器。在企业管理器的【工具】菜单中选择【向导】项。打开【选择向导】对话框,展开【数据库】文件夹,单击【创建视图向导】项,如图 8.9 所示。单击【确定】按钮,打开创建视图的【欢迎】对话框,该对话框向用户介绍了利用创建向导创建视图的主要步骤。

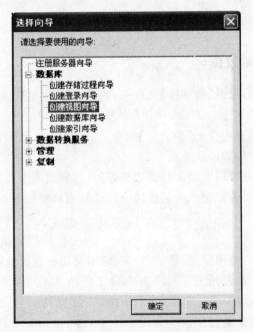

图 8.9 选择创建视图

(2) 单击【下一步】按钮,打开【数据库选择】对话框(视图必须创建在一个数据库中),在数据库下拉列表中选择所需要的数据库,如图书管理系统。

(3) 单击【下一步】按钮,打开【数据表选择】对话框(图 8.10),此对话框中可以选择一

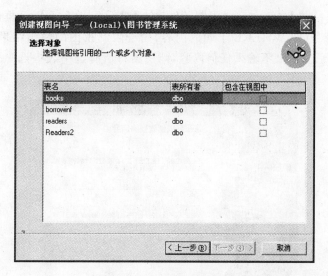

图 8.10 数据表选择对话框

个或多个创建视图时被引用的数据表,单击数据表右侧的复选框,选中所需的数据表如
borrowinf。

(4) 单击【下一步】按钮,打开【选择列】对话框显示上一步选择的所有表中的列名、列
的数据类型和选择状态(选择列),单击选择状态栏的复选框中选择视图中需要显示的列,
如图 8.11 所示。

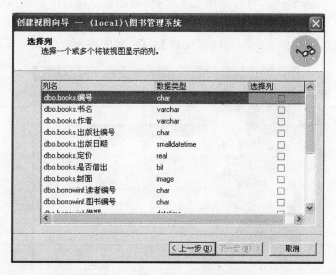

图 8.11 选择列对话框

（5）单击【下一步】按钮，打开【限制条件输入】对话框，在这个对话框的文本框中输入 Transact-SQL 命令（即 WHERE 子句的内容）用于限制视图的输出结果，这里不输入内容，如图 8.12 所示。如果不输入任何内容，则视图将所有选中表中选中列的所有数据行全部显示。

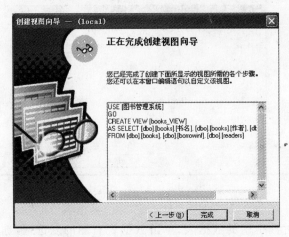

图 8.12　限制条件输入对话框

（6）单击【下一步】按钮，打开视图名输入对话框，在输入文本框中输入创建的视图名，如 books_view。

（7）单击【下一步】按钮，打开如图 8.13 所示对话框。在这个对话框中系统会根据上面几步用户定义视图时的所有选择，形成定义视图的 Transact-SQL 语句，用户可以直接在该对话框中修改视图定义，最后单击【完成】按钮，视图在所选的数据库中创建完成。

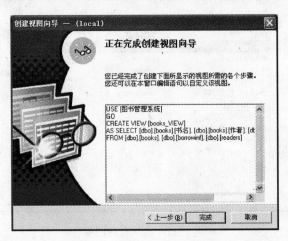

图 8.13　完成定义视图对话框

使用企业管理器创建视图的步骤如下：

（1）启动企业管理器，展开要使用的数据库（如图书管理系统）。

（2）鼠标右击该数据库中的【视图】图标，在弹出的菜单中选择【新建视图】命令，打开的窗口如图 8.14 所示，右键单击图标窗格打开【添加表】对话框，如图 8.15 所示。

图 8.14　新打开的创建视图对话框

图 8.15　添加表对话框

（3）基表或视图选择完成之后，表 books 的结构出现在视图创建/修改窗口的数据表显示区。在表中选择需要在视图中显示的列，此时在窗口下边的视图定义列显示表格中相应地出现所选择的列，在窗口下边的 SQL 语句区也会出现选择的对应列的 SQL 语句。如需加入限制条件、函数或计算列，可以手动在 SQL 语句区输入，如图 8.16 所示。

图 8.16　创建视图对话框

（4）单击工具栏 ▮ 运行所定义的视图，在视图执行结果显示区显示出这个视图的查询结果，如图8.16下部分所示。

用户可以发现，当定义了WHERE子句时，视图执行之后，在基表相应列的右边会出现一个"✓"图标，并且在视图定义列的表格中出现相应的列名与准则，即视图的查询条件。

2. 使用企业管理器修改视图

视图建立之后，由于某种原因（如基表中的列发生了改变或需要在视图中增/删若干列等），需要对视图进行修改。

利用企业管理器修改视图的步骤如下：

（1）展开服务器，展开数据库。

（2）单击【视图】图标，在窗口右边显示出当前数据库中的所有视图。

（3）右键单击要修改的视图名，在弹出的快捷菜单中选择【设计视图】命令，便可进入视图设计窗口，用户可以在这个窗口中对视图进行修改。

这种方法不能修改加密过的视图定义，即使是管理员或数据库的所有者也不可以。当试图以这种方法修改加密视图时，系统会弹出如图8.17所示的对话框。

图8.17　不能修改视图的提示窗口

还有一种利用视图属性对话框修改视图的方法，即用鼠标双击要修改的视图名，弹出视图属性对话框，在这个对话框中显示出定义视图的Transact-SQL命令，用户可以直接在这个对话框中修改。但这种方法同样只适用于未被加密的视图。

3. 使用视图

对于视图的使用主要包括视图的检索、通过视图对基表进行插入、修改、删除行的操作。对于视图的检索几乎没有什么限制，但是对通过视图实现表的插入、修改、删除操作则有一定的限制条件。

利用Transact-SQL的SELECT命令和企业管理器都可以对视图操作，其使用方法与基本表一样，这里不再赘述。

4. 删除视图

视图创建后，随时都可以删除。删除操作很简单，通过企业管理器或DROP VIEW命令都可以完成。

利用企业管理器删除视图的操作步骤如下：

（1）在当前数据库中单击视图图标。

（2）在右边视图列表窗口内单击需删除的视图（如 readers_VIEW）。

（3）单击工具栏上的【删除】图标，弹出【删除视图】对话框，如图 8.18 所示。

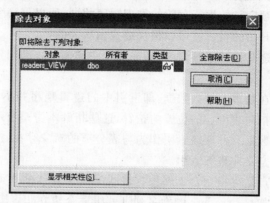

图 8.18　删除视图对话框

（4）单击【全部除去】按钮，将选中的视图删除。

在【删除视图】对话框中，单击【显示相关性】按钮，显示对象的相关性。

如果某视图在另一视图定义中被引用，当删除这个视图后，如果调用另一视图，则会出现错误提示。

8.2.7　索引

SQL Server 的索引是一种物理结构，它能提供一种以一列或多列的值为基础迅速查找表中行的能力，还可利用索引的唯一性来控制记录的唯一性。创建索引的原则如下：

（1）在经常用来检索的列上创建索引（如经常在 where 子句中出现的列）。

（2）在表的主键、外键上创建索引。

（3）在经常用于表间连接的字段上建立索引。

一般而言，如下情况的列不考虑在其上创建索引：

（1）在查询中几乎不涉及的列。

（2）很少有唯一值的列（即包含太多重复得列，如性别字段）。

（3）数据类型为 text、ntext 或 image 的列。

（4）只有较少行数的表没有必要创建索引。

（5）当写的性能比查询更重要时，应少建或不建索引。

下面将介绍索引的分类、索引的创建、修改和删除。

1. 索引的类型

SQL Server 2000 中提供了以下几种索引。

1）聚簇索引

将表中的记录在物理数据页中的位置按索引字段值重新排序，再将重排后的结果写回到磁盘上。每个表只能有一个聚集索引。

由于聚簇索引的顺序与数据行存放的物理顺序相同，所以聚簇索引最适合范围搜索。因为找到一个范围内开始的行后就可以很快地找出后面的行。

如果表中没有创建其他的聚簇索引，则在表的主键列上自动创建聚簇索引。

2）非聚簇索引

非聚簇索引并不在物理上排列数据，即索引中的逻辑顺序并不等同于表中行的物理顺序。索引仅仅记录指向表中行的位置的指针，这些指针本身是有序的，通过这些指针可以在表中快速地定位数据。非聚簇索引作为与表分离的对象存在，所以，其可以为表中每一个常用于查询的列定义非聚簇索引。

非聚簇索引的特点是它很适合于那种直接匹配单个条件的查询，而不太适合于返回大量结果的查询。比如，表 readers 的姓名列上就很适合建立非聚簇索引。

为一个表建立索引默认都是非聚簇索引，在一列上设置唯一性约束也自动在该列上创建非聚簇索引。

3）唯一性索引

聚簇索引和非聚簇索引是按照索引的结构划分的。按照索引实现的功能还可以将其划分为唯一性索引（unique indexes）和非唯一性索引。

唯一性索引能够保证在创建索引的列或多列的组合上不包括重复的数据，聚簇索引和非聚簇索引都可以是唯一性索引。

在创建主键约束和唯一性约束的列上会自动创建唯一性索引。

2. 索引的创建

创建唯一性索引时，应保证创建索引的列不包括重复的数据，并且没有两个或两个以上的空值。因为创建索引时将两个空值也视为重复的数据。如果有这种数据，必须先将其删除，否则索引不能成功创建。

SQL Server 有三种创建索引的方法：使用企业管理器、使用 Transact-SQL 语句、使用向导。使用企业管理器创建索引，是一种图形化方法，其操作简单，比较容易，这里不再赘述。

使用 SQL Server 2000 提供的向导创建索引的步骤如下：

（1）在企业管理器树形目录中展开要使用的服务器组、服务器。

（2）打开企业管理的工具菜单，选择【向导】命令。

（3）在打开的【选择】对话框中展开【数据库】目录，选中【创建索引向导】，并单击【确定】按钮。

（4）接下来出现【欢迎】对话框，选择【下一步】按钮，然后按照向导的提示一步一步地完成。

索引创建了以后,可以查看索引。在企业管理器中,可以使用与创建索引同样的方法打开管理索引对话框,即可看到表上所有的索引,选中其中的一个索引,并单击【编辑】按钮,还可以修改这一索引的定义。

使用系统存储过程 sp_helpindex 也可以查看特定表上的索引信息。比如,在查询分析器中执行语句:

```
USE 图书管理系统
EXEC sp_helpindex Borrowinf
```

结果给出了表 Borrowinf 上所有索引的名称、类型和建索引的列,如图 8.19 所示。

图 8.19　查看表上的索引

3. 索引的删除

在企业管理器中,右击某张表可以打开快捷菜单,选择【所有任务】,打开【管理索引】对话框,在该对话框的【索引】列表中选中要删除的索引,如图 8.20 所示,单击【删除】按钮,在出现的确认对话框中单击【是】按钮即可。

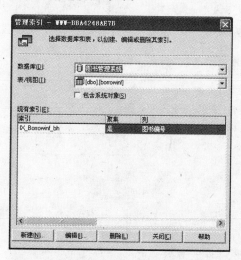

图 8.20　删除索引对话框

习题

1. 设要建立学生选课数据库,库中包括学生、课程和选课三个表,其表结构如下:

   学生(学号,姓名,性别,年龄,所在系);

   课程(课程号,课程名,先行课);

   选课(学号,课程号,成绩)。

   用 T-SQL 完成下列操作:

   建立学生选课库。

   建立学生、课程和选课表。

   建立各表以主码为索引项的索引。

   建立性别只能为"男"、"女"的规则,性别为"男"的默认。

2. 简述 SQL Server 2000 的四个系统数据库的功能。

3. 简述索引的作用。

4. 视图与表有何不同? 其与查询有何不同?

5. 创建第 3 章习题 1 中的所有数据对象。

第 9 章
SQL Server 2000 编程和应用

本章关键词

Transact-SQL   存储过程(stored procedure)
触发器(trigger)

本章要点

Transact-SQL(简称为 T-SQL)是微软公司在数据库管理系统 SQL Server 上的 SQL 扩展,利用 T-SQL 不仅可以完成数据库上的各种操作,而且可以很容易地编制复杂的例行程序。本章介绍 T-SQL 编程的基本知识、各种语句的语法及其应用,利用 T-SQL 创建其他数据对象(数据类型、存储过程、触发器等)以及这些数据对象的应用等内容。

9.1 SQL Server 2000 Transact-SQL 编程

Transact-SQL 语言的主要特点如下:

(1) 是一种交互式查询语言,功能强大,简单易学;

(2) 既可以直接查询数据库,也可以嵌入到其他高级语言中执行;

(3) 非过程化程度高,语句的操作执行由系统自动完成;

(4) 所有的 Transact-SQL 命令都可以在查询分析器中完成。

Transact-SQL 不仅支持所有的 SQL 语句,而且提供了丰富的编程功能,允许使用变量、运算符、函数、流程控制语句等。

9.1.1 变量

Transact-SQL 中的变量分为局部变量和全局变量。

1. 局部变量

局部变量是用户自定义的变量。使用范围是定义它的批、存储过程或触发器。局部变量前面通常加上@标记。用 DECLARE 对局部变量进行定义,并指明此变量的数据类型,用 SET 或 SELECT 命令对其赋值。局部变量的数据类型可以是用户自定义的数据类型,也可以是系统数据类型,但不能将其定义为 TEXT 或 IMAGE 数据类型。

(1) 定义局部变量的语法如下:

```
DECLARE @ local_variable data_type [,local_variable data_type]...
```

可以看出,DECLARE 命令可以定义多个局部变量,之间用逗号分隔。

(2) 用 SELECT 为局部变量赋值的语法如下:

```
SELECT @ variable_name=expression select statement
['@ variable.name=expression select statement]
[FROM list of tables]
[WHERE expression]
[GROUP BY:..]
[HAVING...]
[ORDER BY]
```

说明:

SELECT 命令既可以将一个表达式的值赋给一个局部变量,也可以将一个 SELECT 查询的结果赋给一个局部变量。

SELECT 命令通常返回一个值给局部变量,但当返回多个值时也不会出现错误。例如,expression 为一个表列的名字时,SELECT 命令可能会返回多个值,则变量的值为最后一个返回值。如果 SELECT 命令没有返回值,则局部变量保持原值不变。如果 expression 为一个分级查询且没有返回值时,变量被置为 NULL。

编号	姓名
▶ 2008060001	赵强
2008060002	李云云
2008060003	李茜
2009060001	王飞
2009060002	吴鹏

图 9.1

【例 9.1】 数据库图书管理系统中表 readers 中的两列内容如图 9.1 所示,执行下面脚本。

```
USE 图书管理系统
DECLARE @ var1 varchar(8)          ——声明局部变量
SELECT @ var1='xxxxx'              ——为局部变量赋初值
SELECT  @ var1=姓名
FROM readers
WHERE 编号='2008060002'
SELECT @ var1 AS '读者姓名'        ——显示局部变量结果
```

执行过程如图 9.2 所示。

此例中,打开数据库后,定义了一个变量 var1 为字符串类型,并且赋初值为"xxxxx",然后 SELECT 命令从表 readers 中查询编号为"2008060002"的读者的姓名,并将查询结果赋予 var1 变量。由于在表 readers 中符合条件的记录存在且只有一条,所以 var1 变量

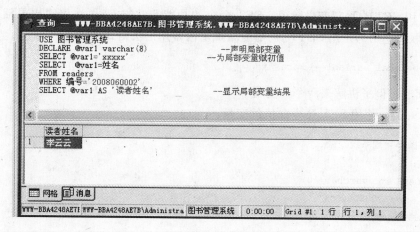

图　9.2

的值为查询结果：李云云。

【例 9.2】　多个返回值的赋值。

```
USE 图书管理系统
DECLARE @var1 varchar(8)              ——声明局部变量
SELECT @var1='xxxxx'                  ——为局部变量赋初值
SELECT  @var1=姓名
FROM readers
SELECT @var1 AS '读者姓名'             ——显示局部变量结果
```

执行结果如图 9.3 所示。

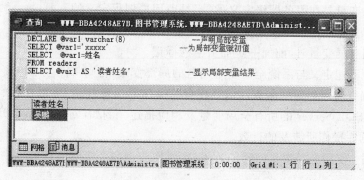

图　9.3

　　此例中的 SECET 查询由于没有条件限制，会检索出 readers 表中所有行的"姓名"值，但为变量赋值时，只取最后一个返回值。因此，执行结果为最后一行的"姓名"值。

（3）用 SET 为局部变量赋值。SET 命令的功能非常丰富,语法格式也灵活多样(可以查阅《联机丛书》)。用 SET 为局部变量赋值的常用语法格式如下:

```
SET @ local_variable=expression
```

下面通过例子讲解该命令的使用。

【例 9.3】 使用 SET 命令赋值的变量。

```
USE 图书管理系统
GO
DECLARE @no varchar(10)
SET @no='2009060001'
SELECT 编号,姓名
FROM readers
WHERE 编号=@no
GO
```

执行结果为:

编号	姓名
2009060001	王飞

2. 全局变量

全局变量是由 SQL Server 系统提供并赋值的变量。用户不能建立全局变量,也不能修改全局变量的值。与局部变量不同,全局变量在所有存储过程内均有效。通常将全局变量的值赋给局部变量,以便保存和处理。在使用全局变量时请注意以下规则:

（1）全局变量是在服务器级定义的,不是由用户例程定义的。

（2）用户只能使用系统预定义的全局变量。

（3）引用全局变量时,前面一定加上@@标记。

（4）用户不能定义与系统全局变量同名的局部变量,否则将产生不可预测的结果。

利用全局变量可以访问服务器信息或有关操作的信息,读者可以在《联机丛书》中查找 Microsoft SQL Server 的所有全局变量及相应描述。例如,@@ROWCOUNT,是返回最近一次数据库操作所涉及的行数。

【例 9.4】 使用全局变量@@ROWCOUNT,查询命令影响的行数。

```
UPDATE Readers SET  借阅期限=2      ——改变每条记录的借阅期限 2 涉及的行数为 5
SELECT @ @ ROWCOUNT AS 行数
GO
```

执行结果为

　　行数

....
5

9.1.2　运算符

为了实现编程的功能,与其他高级语言一样,Transact-SQL 运用运算符和函数实现各种计算和处理功能。

Transact-SQL 提供了如下几种类型的运算符:算术运算符、比较运算符、字符连接运算符和逻辑运算符。

1. 算术运算符

算术运算符用于数字之间的运算,其种类与含义如表 9.1 所示。

表 9.1　算术运算符

运算符	含义	运算符	含义
＋	加	/	除
.	减	％	取模
*	乘		

2. 比较运算符

比较运算符用于在多个数据或表达式之间进行比较,结果为布尔值。其种类与含义如表 9.2 所示。

表 9.2　比较运算符

运算符	含义	运算符	含义
＝	等于	!＞	不大于
＞	大于	!＜	不小于
＜	小于	＜＞,!＝	不等于
＞＝	大于或等于	( )	控制实行优先级
＜＝	小于或等于		

3. 字符连接运算符

连接运算符只有一种:＋,其用于将两个字符数据连接起来。

4. 逻辑运算符

逻辑运算符一般用于条件判断,其运算符与含义如表 9.3 所示。设 a 和 b 是两个逻辑量,各逻辑运算情况如表 9.4 所示。

表 9.3 逻辑运算符

运 算 符	含 义
NOT	取反操作
AND	与操作
OR	或操作

表 9.4 逻辑运算情况

a	b	NOT a	a AND b	a OR b
假	假	真	假	假
假	真	真	假	真
真	假	假	假	真
真	真	假	真	真

逻辑运算符之间的优先级从高到低的顺序为 NOT、AND、OR。各运算符之间运算优先级从高到低的顺序为算术运算符、比较运算符、逻辑运算符。

9.1.3 函数

和其他程序设计语言一样,SQL Server 2000 提供了非常丰富的内置函数,而且也允许用户自定义函数。利用这些函数可以方便地实现各种运算和操作。一般函数的返回值返回给 SELECT 请求。

1. 内置函数

1) 内置函数的分类

SQL Server 2000 提供的函数按功能分为若干类,函数分类情况如表 9.5 所示。

表 9.5 Transact-SQL 函数分类

函 数 类 型	功 能
基本 SQL 函数	通用 SQL 函数,一般用于统计数据
数据转换函数	将一种数据类型转换为另一种数据类型
字符串函数	操作字符串
算术函数	完成数学运算
文本与图像函数	执行有关文本或图像的操作
日期与时间函数	完成有关日期或时间的操作
系统函数	返回有关系统对数据、对象和设置的信息

这里只给出基本 SQL 函数和系统函数,其他函数请查看《联机丛书》。

2) 基本 SQL 函数

通常情况下基本的 SQL 函数,在 SELETE、ORDER BY 和 WHERE 等查询子句中使用。这些函数及其功能如表 9.6 所示。

表 9.6　基本 SQL 函数

基本 SQL 函数	功 能 描 述
AVG	计算相对列值的平均值
COUNT	返回符合 SELECT 命令中条件的列数
MAX	返回某一列的最大值
MIN	返回某一列的最小值
SUM	返回数值表达式中非 NULL 值的总和

【例 9.5】　在表 books 中，查找最贵的书价。

```
USE 图书管理系统
Go
SELECT MAX(定价)
FROM Books
```

3）系统函数

系统函数使用户能够获取计算机系统、数据库及对象信息。系统函数在存储过程等对象中发挥了重要的作用，可以让用户根据不同的系统反馈信息采取不同的动作。

系统函数可用于 SELECT 目标列和 WHERE 子句中，主要系统函数如表 9.7 所示。

表 9.7　系统函数

函数及语法格式	功　能
APP_NAME()	返回当前应用程序的名称
DATABASEPROPERTY(database,property)	返回指定数据库的属性信息
DATALENGTH(expression)	返回表达式的长度（以字节表示）
DB_ID(['database_name'])	返回数据库的 ID
DB_NAME(database_ID)	返回数据库的 ID 返回数据库名称
HOST_ID()	返回服务器端计算机的 ID 号
HOST_NAME()	返回服务器端计算机的名字
ISNULL(check_expr,replacement_value)	用指定的值来代替空值
NULLIF(expr1,expr2)	当两个表达式相等时返回空值
OBJECT_ID('object_id')	返回数据库对象的 ID
OBJECT_NAME(object_id)	返回数据库对象的名字
SUSER_lD(['login'])	返回登录用户的 ID
SUSER_NAME([server_user_id])	返回登录用户的用户名
TYPEPROPERTY(type,property)	返回数据类型信息
USER_ID(['user'])	用户数据库的用户 ID
USER_NAME([id])	用户数据库的用户名

【例 9.6】　系统函数举例。

表 readers 状态如图 9.4 所示。

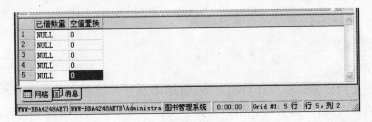

图　9.4

```
SELECT 已借数量,ISNULL(已借数量,0)   AS 空值置换
FROM readers   WHERE ISNULL(已借数量,0)=0
```

执行结果如图 9.5 所示。

图　9.5

2. 用户自定义的函数

除系统提供的内置函数以外,用户还可以根据需要自己定义函数,即通过编程实现特定的功能。SQL Server 2000 支持三种用户自定义函数:

(1) 返回数值的用户自定义函数。

(2) 内联(单语句)的返回表的用户自定义函数。

(3) 多语句返回表的用户自定义函数。

用户自定义函数可以接受零个或多个输入参数,返回值可以是数值或表,不支持输出参数。创建用户自定义函数用 CREATE FUNCTION 语句实现。下面将介绍两种简单的 CREATE FUNCTION 语句格式,更多的信息用户可以查看《联机丛书》。

(1) 返回数值的用户自定义函数语句格式:

```
CREATE FUNCTION function_name
([ { @parameter_name   scalar_parameter_data_type [ =default ] } [ ,...n ] ])
RETURNS scalar_return_data_type
[ WITH ENCRYPTION ]
[ AS ]
BEGIN
```

```
function_body
RETURN scalar_expression
END
```

(2) 内联(单语句)的返回表的用户自定义函数语句格式：

```
CREATE FUNCTION  function_name
([ { @ parameter_name  scalar_parameter_data_type [ =default ] } ] [ ,...n ] ])
RETURNS TABLE
[ WITH ENCRYPTION ]
[ AS ]
RETURN  (select.statement)
```

其中,function_name 为函数的名称；

@parameter_name 为输入参数名；

scalar_parameter_data_type 为输入参数的类型；

RETURNS scalar_return_data_type 子句定义了函数返回值的类型,该类型不能是 text、ntext 等类型。RETURNS TABLE 子句的含义是该用户自定义函数的返回值是一个表。

WITH 子句指出了创建函数的选项,如果指定了 ENCRYPTION 参数,则创建的函数是被加密的,函数定义的文本将以不可读的形式存储在表 syscomments 中,任何人不能查看该函数的定义,包括函数的创建者和系统管理员。

BEGIN 与 END 之间定义了函数体,该函数体中包含了一条 RETURN 语句,用于返回一个值。

【例 9.7】　创建一个返回数值的用户自定义函数,返回某读者借书的数量。

```
USE 图书管理系统
Go
CREATE FUNCTION books_num
(@ bh char(10))
RETURNS int
BEGIN
    DECLARE @ num int
    SELECT @ num=已借数量
    FROM  readers
    WHERE 编号=@ bh
  RETURN @ num
END
```

该函数可以用以下语句来调用：

select ＊ from books_num('2009060001')　//该语句返回编号为 2009060001 的读者所借的书数。

【例 9.8】 创建一个返回表的用户自定义函数,返回到某日到期的读者及所借的书的列表。

```
USE 图书管理系统
GO
CREATE FUNCTION books_due
(@days datetime)
RETURNS TABLE
RETURN (
SELECT *
FROM borrowinf
WHERE 应还日期< @days
)
```

表 borrowinf 如图 9.6 所示。

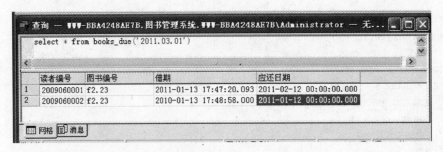

图 9.6

该函数可以用以下语句来调用,如图 9.7 所示。

```
select *  from books_due('2011.01.01')
```

图 9.7

9.1.4 流程控制语句

在 Transact-SQL 程序设计中,流程控制语句用于改变或优化程序的执行顺序,提高执行效率。

1. IF…ELSE

IF…ELSE 属于分支语句，根据条件测试的结果执行不同的命令体。其语法结构如下：

```
IF Boolean_expressionC
    {sql_statement | statement_block}
[ELSE
{sql_statement | statement_block}]
```

程序执行到 IF…ELSE 命令时，测试 IF 后面的表达式。若为真，则执行 IF 下的程序体，否则，执行 ELSE 下面的程序体或直接执行接下来的程序体(当没有 ELSE 分支时)。IF…ELSE 允许嵌套使用。

【例 9.9】 查询表 books 中英语类图书的数量，如果查不到，则显示提示。表 books 中的内容如图 9.8 所示。

表"books"中的数据，位置是"图书管理系统"中、"(LOCAL)"上

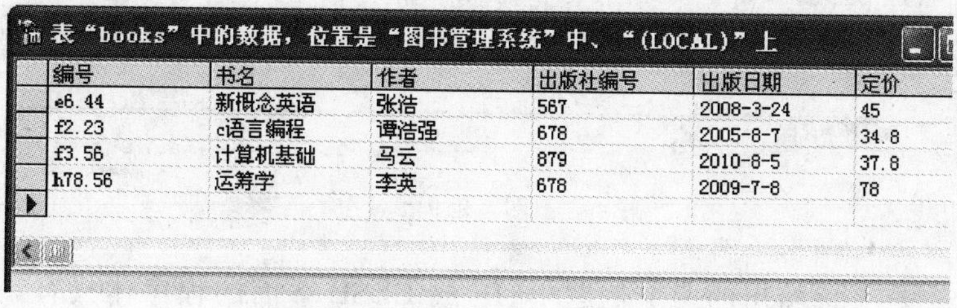

编号	书名	作者	出版社编号	出版日期	定价
e6.44	新概念英语	张浩	567	2008-3-24	45
f2.23	c语言编程	谭浩强	678	2005-8-7	34.8
f3.56	计算机基础	马云	879	2010-8-5	37.8
h78.56	运筹学	李英	678	2009-7-8	78

图 9.8　表 books 的内容

```
USE 图书管理系统
GO
IF exists(SELECT *  FROM books WHERE 书名='英语')
    SELECT COUNT(* ) AS 英语图书数量 FROM Books
    WHERE 书名='英语'
ELSE
    PRINT'数据库中没有英语书'
```

执行结果如下：

```
数据库中没有英语书
```

【例 9.10】 利用嵌套 IF…ELSE 编程。

```
USE 图书管理系统
GO
IF exists(SELECT *  FROM books WHERE 书名='英语')
```

```
        SELECT COUNT(* ) AS 英语书数量 FROM books
WHERE 书名='英语'
ELSE
    IF exists(SELECT *  FROM books WHERE 书名='计算机基础')
        SELECT COUNT(* ) As 计算机基础书数量
FROM books WHERE 书名='计算机基础'
ELSE
        PRINT '英语及计算机文化基础两种书都没有！'
```

执行结果如图9.9所示。

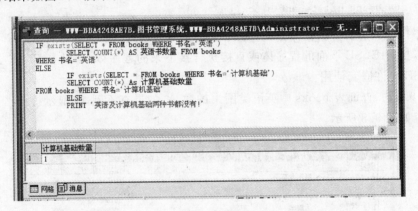

图 9.9

可以看到,在上面给出的两个例题中,IF 或 ELSE 下面的程序体只有一条命令。要想在 IF 或 ELSE 中执行多条命令,则必须将多条命令作为一个整体来执行,这就需要下面讲的 BEGIN…END 结构。

2. BEGIN…END

BEGIN…END 结构使一组 Transact-SQL 命令作为一个整体或一个单元来执行。BEGIN 定义了一个单元的起始位置,END 作为一个单元的结束。BEGIN…END 多用于 IF…ELSE 结构和 WHILE 结构中。其语法结构如下:

```
BEGIN
    {
    sql.statement
    statemen.block
    }
END
```

【例 9.11】 查询表 books 中英语类和计算机类图书的数量。

```
USE 图书管理系统
```

```
GO
DECLARE @ebook int, @cbook int
IF exists(SELECT *  FROM books WHERE 书名='新概念英语')
    BEGIN
        SELECT @ebook=COUNT(* ) FROM books WHERE 书名='新概念英语'
        PRINT '新概念英语书的数量为：'+RTRIM(CAST(@ebook AS char(4))) +'册'
    END
ELSE
      PRINT '新概念英语书没有库存！'
IF exists(SELECT *  FROM books WHERE 书名= '计算机基础')
    BEGIN
        SELECT @cbook= COUNT(* )FROM books WHERE 书名= '计算机基础'
        PRINT '计算机基础数量为：'+ RTRIM(CAST(@cbook AS char(4)))+ '册'
    END
ELSE
    PRINT '计算机基础没有库存！'
```

执行结果如下：

新概念英语书数量为：1 册
计算机基础数量为：1 册

3．WHILE

WHILE 命令用于执行一个循环体。其语法结构如下：

```
WHILE Boolean_expression
    {sql.statement | statement_block}
    [BREAK]
    {sql.statement | statement_block}
    [CONTINUE]
```

当程序执行到 WHILE 语句时，先判断 WHILE 后面的条件（称为循环条件）是否为真。若是，则执行循环体，否则不执行 WHILE 循环体内的程序，直接向下执行。

有两条命令与 WHILE 循环有关：BREAK 和 CONTINUE。这两条命令只用于 WHILE 循环体内。BREAK 用于终止循环的执行，而 CONTINUE 用于将循环返回到 WHILE 开始处，重新判断条件，以决定是否重新执行新的一次循环。

需要说明的是，在 WHILE 循环中必须有修改循环条件的语句，或有终止循环的命令，以使循环停止，否则将陷入死循环。

【例 9.12】　一个小循环程序。

```
DECLARE @x int
SET @x=3
```

```
WHILE @ x< 7
BEGIN
        SET @ x= @ x+ 2
        PRINT 'x= '+ CONVERT(char(1),@ x)
END
```

GO 循环执行两次,结果如下:

```
x= 5
x= 7
```

4. GOTO 标签

GOTO 命令与其他使用 GOTO 命令的高级语言一样,将程序的执行跳到相关的标签处。GOTO 命令的语法结构如下:

```
GOTO  label
```

说明:label 表示程序要跳到的相应标签处。程序中定义标签的语法结构如下:

```
label: 程序行
```

5. WAITFOR 命令

WAITFOR 命令产生一个延时,使存储过程或程序等候或直到一个特定时间片后继续执行。其语法结构如下:

```
WAITFOR  {DELAY 'time'  |  TIME 'time'}
```

说明:

DELAY 指明 SQL Server 需要等候的时间长度,最长为 24h;TIME 指明 SQL Server 需要等候的时刻;DELAY 与 TIME 使用的时间格式为 hh:mm:ss。

【例 9.13】 延迟 30s 执行查询命令。

```
WAITFOR DELAY '00:00:30'
SELECT*  FROM readers
```

【例 9.14】 在时刻 12:30:00 时执行查询命令。

```
WAITFOR TIME  '12:30:00'
SELECT *  FROM readers
```

6. RETURE 命令

RETURN 命令使一个存储过程或程序退出并返回到调用它的程序中。其语法结构如下:

```
RETURN[integer_expression]
```

说明：

此命令中的可选项[integer. expression]为整型表达式。使用 RETURN 命令只可以返回一个整型值给其调用程序，如果想返回其他类型的数据，必须使用输出参数。

调用存储过程时，SQL Server 用数值 0 表示返回成功，用负数表示返回出现错误。0～0.99 由 SQL Server 系统保留。表 9.8 列出了一些返回值信息。

表 9.8　一些系统 RETURN 返回值信息

返回值	描　述	返回值	描　述
0	过程已成功执行	0.7	资源出错，如没有空间
0.1	对象丢失	0.8	遇到非致命内部问题
0.2	数据类型出错	0.9	达到系统界限
0.3	选定过程出现死锁	0.10	出现致命内部矛盾
0.4	许可权限出错	0.11	出现致命内部矛盾
0.5	语法出错	0.12	表或索引损坏
0.6	各种用户错误	0.14	硬件出错

7. 注释语句

Transact-SQL 的注释语句共有两种：行注释语句和块注释语句。在 Transact-SQL 程序中，由多条命令语句组成的一组程序称为块。使用注释语句主要是为了增加程序的可读性，为日后编辑、修改程序提供方便。程序执行时，注释部分不参与执行。

行注释语句为：以两个减号（－－）开始的若干字符，一般位于程序行之后。

块注释语句为：以/＊开始到＊/结束的若干字符。

当在查询分析器中使用注释语句时，相应被注释的部分变为蓝绿色。

9.1.5　CASE 表达式

数据库的数据很多是用代码来表示的，例如，在图书管理系统数据库中，表 readers 中的"读者类型"字段是用 1 来表示教师，用 2 表示研究生，用 3 表示大学生。但是，当用户利用应用程序检索这个表时，对于"读者类型"这个字段需要看到的是"教师"、"研究生"或"学生"，而不是 1、2 或 3。对于这种情况，Transact-SQL 利用 CASE 表达式来完成。

CASE 表达式有两种不同形式：简单 CASE 表达式和搜索式 CASE 表达式。因为 CASE 是表达式，所以可以用在任何允许使用表达式的地方。

1. 简单 CASE 表达式

简单 CASE 表达式的语法结构如下：

```
CASE   lnput_expression
WHEN   when_expression   THEN result_expression
      [...n]
[ . ELSE else_result expression   ]
END
```

说明：

语法结构中[...n]可选项表示有 n 个类似于 WHEN when_expression THEN result_expression 的子句。CASE 表达式中要求至少有一个 WHEN 子句。

使用简单的 CASE 表达式的 Transact-SQL 语句首先在所有 WHEN 子句中查找与 input_expression 相匹配的第一个表达式，并计算相应的 THEN 子句。如果没有相匹配的表达式，执行 ELSE 子句。

【例 9.15】 显示表 readers 中读者的借书量。

```
SELECT 姓名,rt.类型名称 as 类型,借阅量=
    CASE r.读者类型
        WHEN 3 THEN '可以借 8 本书！'
        WHEN 2 THEN '可以借 20 本书！'
        WHEN 1 THEN '可以借 50 本书！'
    ELSE '无规定！'
    END
FROM readers r,readertype rt
```

WHERE r.读者类型＝rt.读者类型 执行结果如图 9.10 所示。

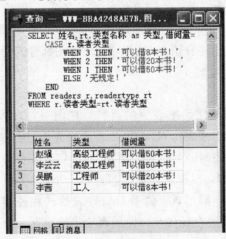

图　9.10

2. 搜索式 CASE 表达式

搜索式 CASE 的语法结构如下：

```
CASE
WHEN Boolean_expression THEN result_expression
    [...n]
[ELSE else_result_expression ]
END
```

说明：

语法结构中[...n]可选项表示有 n 个类似于 WHEN Boolean_expression THEN result_expression 的子句。有搜索式 CASE 表达式的 Transact-SQL 语句首先查找值为真的表达式。如果没有一个 WHEN 子句的条件计算值为真,则返回 ELSE 表达式的值。

【例 9.16】　修改上例。

```
SELECT 姓名,rt.类型名称 as 类型,借阅量=
CASE
    WHEN r.读者类型=3 THEN '可以借 8 本书!'
      WHEN r.读者类型=2 THEN '可以借 20 本书!'
    WHEN r.读者类型=1 THEN '可以借 50 本书!'
    ELSE '无规定!'
    END
FROM readers r,readertype rt
WHERE r.读者类型=rt.读者类型
```

执行结果同上例。

9.1.6　显示和输出语句

PRINT 命令

PRINT 命令用于在指定设备上显示信息,可以输出的数据类型只有 char、nchar、varchar、nvarchar 以及全局变量@@VERSION 等。

PRINT 命令的语句如下：

```
PRINT 'any ASCII text' |@local_variable |@@FUNCTION | string_expr
```

说明：

'any ASCII text'：文本或字符串。

@local_variable：字符类型的局部变量。

@@FUNCTION：返回字符串结果的函数。

string_expr：字符串表达式，最长为 8 000 个字符。

【例 9.17】 查询《C 语言编程》的数量。

```
DECLARE @count int
IF EXISTS(SELECT 书名 FROM books WHERE 书名='C 语言编程')
BEGIN
    SELECT @count=count(书名) FROM books WHERE 书名='C 语言编程'
    PRINT 'C 语言编程书数量为：'+CONVERT(CHAR(5),@count)+'册'
```

END 执行结果如下：

c 语言编程书数量为：1 册

9.2 存储过程

9.2.1 存储过程基本知识

1. 存储过程的概念

在开发 SQL Server 应用程序的过程中，T-SQL 语句是应用程序与 SQL Server 数据库之间使用的主要编程接口。应用程序与 SQL Server 数据库交互执行某些操作有两种方法：一种是存储在本地的应用程序记录操作命令，应用程序向 SQL Server 发送每一个命令，并对返回的数据进行处理；另一种是在 SQL Server 中定义某个过程，其中记录了一系列的操作，每次应用程序只需调用该过程就可完成该操作。这种在 SQL Server 中定义的过程称为存储过程。

2. 存储过程的功能

SQL Server 中的存储过程类似于编程语言中的过程和函数，它具有以下功能：

（1）接受输入参数并返回多个输出值。

（2）包含 T-SQL 语句用以完成特定的 SQL Server 操作。

（3）返回一个指示成功与否及失败原因的状态代码给调用它的过程。

存储过程是一组预编译的 Transact-SQL 语句，主体构成是标准 SQL 命令，同时包括 SQL 的扩展：语句块、结构控制命令、变量、常量、运算符、表达式、流程控制等，所有这些组合在一起用于构造存储过程。

3. 存储过程的优点

存储过程有以下几个优点：

（1）允许模块化编程，增强代码的重用性和共享性。

（2）使用存储过程可以加快运行速度。

（3）使用存储过程可以减少网络流量。

（4）存储过程可以作为安全性机制。

4. 存储过程的分类

存储过程有以下几种类型：系统存储过程、用户存储过程、临时存储过程、扩展存储过程、远程存储过程。

系统存储过程是由系统提供的过程，可以作为命令直接执行。系统存储过程还可以作为模板存储过程，指导用户如何编写有效的存储过程。系统存储过程存储在 master 数据库中，其前缀为 sp_。系统存储过程可以在任意一个数据库中执行。

用户存储过程是创建在用户数据库中的存储过程，其名称前一般不加 sp_ 前缀。主要在应用程序中使用，以完成特定的任务。

临时存储过程属于用户存储过程。如果用户存储过程前面加上符号"♯"，则该存储过程称为局部临时存储过程，只能在一个用户会话中使用；如果用户存储过程前面加上符号"♯♯"，则该过程称为全局存储过程，可以在所有用户会话中使用。

扩展存储过程是在 SQL Server 环境之外执行的动态链接库 DLL，其前缀为 xp_。尽管这些动态链接库在 SQL Server 环境之外，但它们可以被加载到 SQL Server 系统中，并且按照存储过程的方式执行。

远程存储过程是指从远程服务器上调用的存储过程，或者是从连接到另外一个服务器上的客户机上调用的存储过程，是非本地服务器上的存储过程。

下面主要介绍用户存储过程中的创建、修改、删除等操作。

9.2.2　创建存储过程

在 SQL Server 中创建存储过程主要有以下三种方法：使用向导、使用企业管理器、使用 Transact-SQL 命令。

1. 使用向导创建存储过程

使用向导创建存储过程的步骤如下：

（1）启动企业管理器，展开数据库目录。

（2）在企业管理器的【工具】菜单中选择【向导】项。

（3）在【选择向导】对话框中展开【数据库】，单击【创建储存过程向导】项。

（4）单击【确定】按钮，打开创建存储过程的【欢迎】对话框（图 9.11），这个对话框向用户介绍了利用创建向导创建存储过程的主要步骤。

（5）单击【下一步】按钮，打开【数据库选择】对话框（存储过程必须创建在一个数据库中），在数据库下拉列表中选择所需要的数据库图书管理系统。

（6）单击【下一步】按钮，打开【选择储存过程】对话框，对话框中共四个列表框，第一

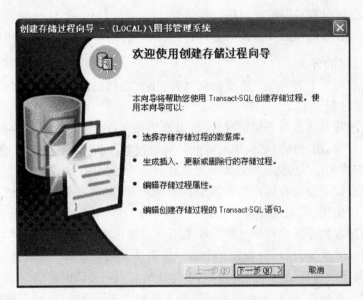

图 9.11　创建存储过程的欢迎对话框

列为选定的数据库中的所有表,第二列为插入复选框,第三列为删除复选框,第四列为更新复选框。在这个对话框中选择将要包含在存储过程中的表 books 和对该表的操作【插入】,如图 9.12 所示。

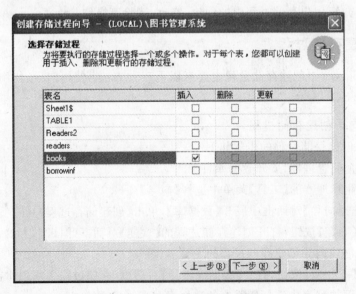

图 9.12　选择存储过程对话框

（7）单击【下一步】按钮，打开完成创建储存过程对话框，如图 9.13 所示，对话框中显示了系统赋予存储过程的名称及其描述信息。单击【编辑…】按钮可以进入【编辑存储过程】对话框，使用这个对话框可以修改存储过程的名称。列表框中设有四列信息，依次为列名、数据类型、长度和是否选择复选框。默认情况下选择所有列，单击复选框来选择所需要的列，如图 9.14 所示。

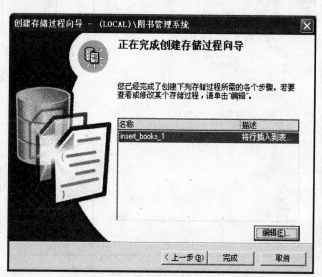

图 9.13　完成创建存储过程对话框

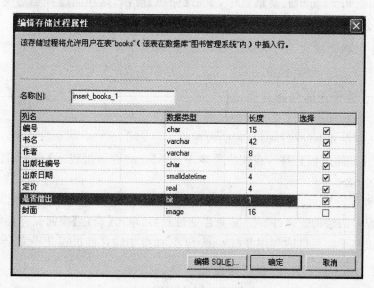

图 9.14　编辑存储过程对话框

在【编辑存储过程】对话框中单击【编辑 SQL...】按钮,打开编辑储存过程 SQL 对话框,进行 Transact-SQL 的编辑,如图 9.15 所示。编辑完成后,单击【确定】按钮,返回上一个对话框。

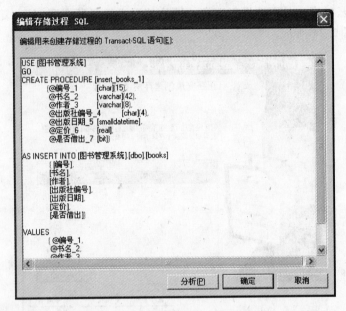

图 9.15 编辑存储过程 SQL 对话框

(8) 在如图 9.13 所示的对话框中,单击【完成】按钮,则存储过程创建完毕。在选定的数据库中,就会形成一个新的存储过程。

💡注意:利用创建向导的存储过程功能有限,只适用于对表的简单操作。若需创建功能复杂的存储过程,则要使用 CREATE PROCEDURE 命令完成。

2. 使用企业管理器创建存储过程

利用企业管理器创建存储过程的步骤如下:

(1) 展开要在其中创建存储过程的数据库。

(2) 右击【存储过程】图标,在快捷菜单中选择【新建存储过程...】命令,打开新建存储过程对话框,如图 9.16 所示。

(3) 在【新建存储过程】对话框的文本框中书写存储过程定义。【检查语法】按钮用于检查存储过程中语法的正确性。定义完存储过程后,单击【确定】按钮保存存储过程。

这种方法与下面所讲的利用 Transact-SQL 命令创建存储过程几乎完全相同。

3. 使用 Transact-SQL 命令创建存储过程

使用 Transact-SQL 命令创建存储过程的语法结构如下:

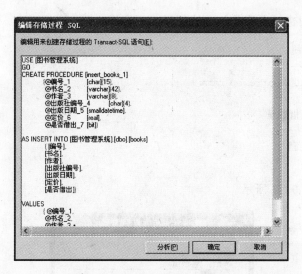

图 9.16 新建存储过程对话框

```
CREATE PROC[EDURE] procedure_name [; number][{@parameter data_type}
[VARYING] [=default] [OUTPUT]][,...n]
[WITH {RECOMPILE | ENCRYPTION | RECOMPILE,ENCRYPTION}]
[FOR REPLICATION] AS  sql_statement [...n]
```

说明：

procedure_name：存储过程名，其命名规则遵守 SQL Server 标识符的命名规则，最长为 128 个字符。

[; number]：可选整数，用于将同名的存储过程分成组，以便用单独的一条 DROP PROCEDURE 将其语句撤销。

@parameter：创建存储过程时可以声明一个或多个参数，最多为 1024 个。

VARYING：只用于光标参数。

default：参数的默认值，可以为 NULL，也可以包含通配符（%或_）。

OUTPUT：表明参数为一个输出参数，当使用 EXEC[UTE]执行时作为返回值，不能是 TEXT 类型。

WITH RECOMPILE：每次执行存储过程时重新编译，产生新的执行计划，不能与 FOR REPLICATION 同时使用。

WITH ENCRYPTION：将表 syscomments 中的存储过程文本进行加密，使用户不能利用 sp_helptext 查看存储过程内容。

FOR REPLICATION：表示该存储过程不能在订阅器上执行，只能在复制期间执行。

sql_statement：作为存储过程主体部分的 Transact-SQL 内容。

【例9.18】 创建一个简单的存储过程。

```
USE 图书管理系统
Go
CREATE PROCEDURE borrowed_numw
As
SELECT 姓名,已借数量
FROM readers
WHERE 姓名='吴鹏'
Go
```

执行结果如图9.17所示。

图 9.17

【例9.19】 通过多表连接查询,创建较复杂的存储过程。

```
Use 图书管理系统
Go
CREATE PROCEDURE borrowed_books1
As
SELECT r.编号,r.姓名,b.图书编号,k.书名,b.借期
FROM readers r inner join borrowinf b
ON r.编号=b.读者编号 INNER JOIN books k
ON b.图书编号=k.编号
WHERE 姓名='吴鹏'
```

执行结果如图9.18所示。

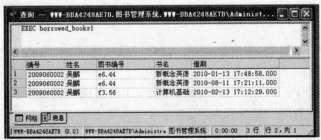

图 9.18

9.2.3　存储过程中的参数

SQL Server 中存储过程的参数包括输入参数和输出参数。参数扩展了 SQL Server 的功能,通过存储过程每次执行时不同的参数值,实现其灵活性。

1. 输入参数

输入参数用于把值传入存储过程。

【**例 9.20**】　使用输入参数,使得能够显示某人借阅书籍的情况。

```
Use 图书管理系统
Go
CREATE PROCEDURE borrowed_books2
@ name varchar(10)
As
SELECT r.编号,r.姓名,b.图书编号,k.书名,b.借期
FROM readers r inner join borrowinf b
ON r.编号=b.读者编号 INNER JOIN books k
ON b.图书编号=k.编号
WHERE 姓名=@ name
```

此例因为利用了输入参数,使得存储每次执行时都可以指定不同的查询条件。

将值传入存储过程有以下几种方法:

(1) 直接将值传入,如 EXEC borrowed_books2 '吴鹏'。

(2) 利用与声明时相同类型的变量来传递。如 EXEC borrowed_books2 @templ (此处,@templ 为已声明的字符类型变量,且已赋值)。

> 注意:指定的输入参数值必须与其定义时的类型相同,并且输入参数值必须与参数在存储过程中声明的顺序相同。

(3) 使用参数名进行传递。这种形式对于有多个输入参数时,可以以任意的顺序进行参数传递。但如果对一个参数使用了名字,则必须对随后的参数都使用名字。

若没有将值传入相应的参数,并且在创建存储过程时也没有给参数赋默认值,则执行存储过程会出错。

【**例 9.21**】　修改【例 9.20】,使用默认参数。

```
Use 图书管理系统
Go
CREATE PROCEDURE borrowed_books3
@ name varchar(10)=NULL
As
IF @ name IS NULL
```

```
SELECT r.编号,r.姓名,b.图书编号,k.书名,b.借期     ——查找所有人的借书情况
FROM readers r inner join borrowinf b
ON r.编号=b.读者编号 INNER JOIN books k
ON b.图书编号=k.编号
ELSE
SELECT r.编号,r.姓名,b.图书编号,k.书名,b.借期     ——查找指定人的借书情况
FROM readers r inner join borrowinf b
ON r.编号=b.读者编号 INNER JOIN books k
ON b.图书编号=k.编号
WHERE 姓名=@name
Go
```

执行结果如图 9.19、图 9.20 所示。

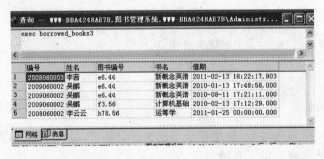

图　9.19

图　9.20

2. 输出参数

输出参数用于把返回值赋予变量并传给调用它的存储过程或应用程序。声明输出参数时需在声明参数的后面加上 OUTPUT,以表明此参数为输出参数。

【例 9.22】 利用输出参数计算阶乘。

```
USE 图书管理系统
IF EXISTS  (SELECT name FROM sysobjects
        WHERE name= 'factorial' AND type='P')
```

```
        DROP PROCEDURE factorial    ——如果已存在此过程就删除此过程
GO
CREATE   PROCEDURE factorial
    @in float,
    @out float OUTPUT
AS
DECLARE @i int
DECLARE @s float
SET @i=1
SET @s=1
WHILE @i< =@in
    BEGIN
    SET @s=@s* @i
    SET @i=@i+ 1
    END
SET @out=@s
```

在查询分析器中，用下面一段代码执行此存储过程：

```
DECLARE @ou float
EXEC factorial 10,@ou OUT
PRINT '其阶乘为：'+ CAST(@ou AS varchar(20))
```

要执行一个带有输出参数的存储过程，必须声明一个变量来接受返回值（此变量不一定与创建存储过程时声明的输出参数同名），并且在变量后必须使用关键字 OUT（OUTPUT）。

其结果如下：

其阶乘为：3.6288e+ 006

9.2.4　修改存储过程

1. 使用企业管理器进行修改

修改存储过程只需在相应数据库的存储过程对象项中找到要修改的存储过程，双击存储过程打开存储过程属性窗口，如图 9.21 所示，在窗口中直接进行修改，完成后单击【确定】按钮。

2. 使用 T-SQL 命令进行修改

使用 ALTER PROCEDURE 可以修改存储过程，其语法结构如下：

```
ALTER PROC[EDURE] procedure_name [;number]
```

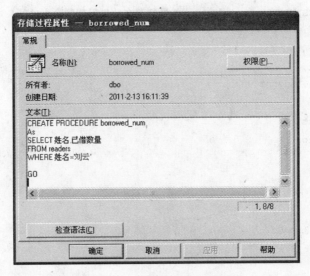

图 9.21　存储过程属性对话框

[{@parameter data_type} [VARYING] [=default] [OUTPUT]][,...n]
[WITH {RECOMPILE|ENCRYPTION|RECOMPILE,ENCRYPTION}]
{FOR REPLICATION}
AS
sql.statement [...n]

说明：ALTER PROCEDURE 与 CREATE PROCEDURE 很类似。在 CREATE PROCEDURE 命令中使用的选项也必须在 ALTER ROCEDURE 中使用。ALTER ROCEDURE 只能修改一个存储过程。如果该存储过程调用了其他存储过程,则不影响被调用的存储过程。

3. 使用查询分析器进行修改

打开查询分析器,按 F8 键(或单击工具栏上的对象浏览器按钮），在对象浏览器窗口中,打开存储过程所在的数据库,打开【存储过程】文件夹,右击要修改的存储过程名(如 test),在弹出的菜单中选择【编辑】(图 9.22),则存储过程出现在查询分析器的编辑窗口中,修改完毕,保存即可。

9.2.5　运行存储过程

1. 存储过程的编译

首次运行存储过程时,SQL Server 编译并检验其中的程序,如果发现错误,系统将拒绝运行此存储过程。

图 9.22　在查询分析器中编辑存储过程

即使只执行一条 Transact-SQL 语句，也要创建一份执行计划。执行计划包括存储过程所需的表行的索引。执行计划保留在缓存中，用于后续执行时完成存储过程的查询任务，提高执行速度。当出现下列几种情况时，存储过程被重新编译：

（1）当 SQL Server 重新启动，或存储过程第一次被执行时。

（2）存储过程修改后或其引用的表索引被删除后，执行计划被重新创建。

（3）当一个用户在使用缓冲区中的执行计划，重新编译为第二个用户创建第二个执行计划。

（4）存储过程删除或重建后，缓冲区中所有的执行计划备件都被删除，执行时自动进行重新编译，形成一份新的执行计划。

2. 存储过程的执行

在查询分析器中,可以直接输入存储过程名,指定相应的输入参数和输出参数后执行,或者利用 EXECUTE 命令执行。这种方法同样适用于应用程序中调用存储过程。存储过程与函数不同,它不能直接用过程名返回值,也不能直接在表达式中使用。EXECUTE 的语法结构如下:

```
[[EXEC[UTE]]
  {[@return status = ]
procedure_name[; number]| @procedure_name_var)
[[ @parameter= ] {value| @variable [OUTPUT] |[DEFAULT]} [,...n]
[WITH RECOMPILE]
```

说明:

(1) 利用 WITH RECOMPILE 可选项可以在执行存储过程时强制重新编译。

(2) @return status 为一整型变量,用于保存存储过程的返回状态。

9.2.6 删除存储过程

1. 使用企业管理器删除存储过程

利用 SQL Server 企业管理器删除存储过程是一种简单有效的方法。展开数据库后,单击【存储过程】图标,在右边窗口中出现的存储过程中选择要删除的过程,单击右键,在弹出的快捷菜单中单击【删除】选项,即将存储过程删除。

2. 使用 T-SQL 命令删除存储过程

利用 DROP PROCEDURE 命令删除存储过程,其语法结构如下:

```
DROP PROCEDURE{procedure}  [,...n]
```

【例 9.23】 删除上例中创建的存储过程 borrowed_num。

```
USE 图书管理系统
GO
DROP  PROCEDURE  borrowed_num
```

9.2.7 查看存储过程的有关信息

使用 sp_helptext 系统存储过程,可以查看定义存储过程的 T-SQL 语句。图 9.23 显示了如何使用查询分析器查看存储过程 factorial 的定义。

使用企业管理器,用与上节介绍的修改存储过程相同的步骤打开存储过程属性对话框,也可以查看存储过程的定义。

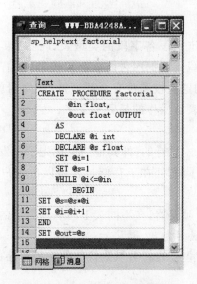

图 9.23　显示存储过程的定义

如果存储过程的定义是被加密的,即在定义或修改存储过程的语句中使用了 WITH ENCRYPTION 子句,则存储过程的定义以不可读的形式保存在表 syscomments 中。这时,将不能查看存储过程的定义。

9.3　触发器

9.3.1　触发器基本知识

1. 触发器及其作用

触发器是一种特殊的存储过程,是 SQL Server 为保证数据完整性、确保系统正常工作而设置的一种高级技术。触发器在特定的表上定义,该表也称为触发器表。当触发器所保护的数据发生变化时,触发器就会自动运行,以保证数据的完整性与正确性。

触发器有如下作用:

(1) 可以对数据库进行级联修改。

(2) 可以完成比 CHECK 更复杂的约束。与 CHECK 约束不同,在触发器中可以引用其他的表。比如,当向表 borrowinf 中插入一条借阅记录时,可以查看对应读者在表 readers 中的是否借书数量已超过限借数量,从而判定能否再为该读者借书。

(3) 可以发现改变前后表中不同的数据,并据此来进行相应的操作。

(4) 对于一个表上不同的操作(INSERT、UPDATE 或 DELETE)可以采用不同的触发器,即使是对相同的语句也可以调用不同的触发器完成不同的操作。

2. 触发器的特点

在创建数据表时,已经定义了各字段的类型及其他约束条件,如主键、外键关系等。这些作为预选过滤,在数据写入数据库之前就会被校验,只有当这些校验全都通过后,触发器才会执行。如果前面的这些校验没有全部通过,触发器就不会执行。因为触发器是在操作之后才执行,所以它表示操作的最后一个字。

触发器具有以下特点:

(1) 它是在操作有效后才执行的,即其他约束优先于触发器。

(2) 它与存储过程的不同之处在于存储过程可以由用户直接调用,而触发器不能被直接调用,是由事件触发的。

(3) 一个表可以有多个触发器,在不同表上同一种类型的触发器也可以有多个。

(4) 触发器允许嵌套,最多为 32 层。

(5) 触发器可以提高对表及表行有级联操作的应用程序的性能。

9.3.2 创建触发器

只有数据库所有者才能创建触发器。在一个表上创建同名的触发器,将覆盖原有的旧触发器。创建触发器有以下几种方法。

1. 使用企业管理器创建触发器

在 SQL Server 企业管理器中创建触发器的主要步骤如下:

(1) 展开服务器,展开数据库(如图书管理系统)。

(2) 单击【表】图标,在右边的窗口中,用鼠标右击需要在上面创建触发器的表(如 readers),在弹出的快捷菜单中选择所有任务选项下的【管理触发器】项。

(3) 打开【触发器属性】对话框,如图 9.24 所示。在【名称】下拉列表中选择<新建>,在【文本】框中系统给出了定义触发器的基本格式,在此基础上输入具体的触发器定义语句。【检查语法】按钮用于检查定义语句的语法正确性。

(4) 单击【完成】按钮完成触发器的定义。

2. 使用 Transact-SQL 命令创建触发器

因为触发器是一种特殊的存储过程,所以它的创建方式与存储过程有些类似。利用 Transact-SQL 命令创建触发器的语法格式如下:

```
CREATE TRIGGER trigger_name
ON table
[WITH ENCRYPTION]
{{FOR{ [DELETE] [,] [INSERT] [,] [UPDATE] }
         [NOT FOR REPLICATION]
```

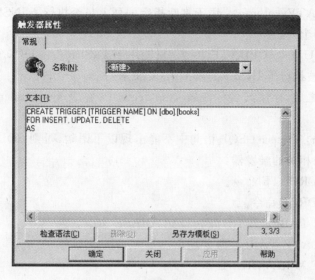

图 9.24　触发器属性对话框

```
    AS                        /
                 sql statement  [...n]
}  |
  {FOR{ [INSERT] [,] [UPDATE] }
  [NOT FOR REPLICATION]
  AS
  { IF UPDATE  (column)
  [{AND | OR} UPDATE  (column)]
       [...n]
  |IF( COLUMNS_UPDATED(){bitwise_operator} updated_bitmask)
  {comparison_operator} column_bitmask [...n]}
       sql_statement  [...n]
  }}
```

说明：

（1）INSERT、UPDATE 和 DELETE：这三个可选项指定触发器动作，它们可以写成任何可能的组合。但如果后边使用 IF UPDATE，则不允许使用 DELETE 语句。

（2）WITH ENCRYPTION：指定此项，为存入系统表 syscomments 中触发器的定义文本加密。但使用此项后，如果原始触发器文件丢失，将不能从表 syscomments 中找出加密文本原文。

（3）NOT FOR REPLICATION：表明当一个复制过程中包含了触发器中用到的表时，触发器不应该执行。

(4) IF UPDATE(column)：用于判断指定的列上是否执行了 INSERT 和 UPDATE 操作，可以判断多个列。

(5) IF(COLUMNS UPDATED())：只能用于 INSERT 和 UPDATE 型的触发器，用于判断列是否被执行了 INSERT 或 UPDATE 操作。

触发器定义之后，存储其名称在表 sysobjects 中，在表 syscomments 中存储其定义语句。

定义触发器的 Transact-SQL 语句中不能出现以下语句，否则 SQL Server 将拒绝编译、存储这些语句相关的触发器：

(1) 所有的 CREATE 命令。

(2) 所有的 DROP 命令。

(3) ALTER TABLE 和 ALTER DATABASE 命令。

(4) TRUNCATE TABLE 命令。

(5) GRANT 和 REVOKE 命令。

(6) UPDATE STATISTICS 命令。

(7) SELECT INTO 命令等。

另外，在创建触发器时，还要遵循以下原则：

(1) 触发器的定义必须是一段批文件的第一条命令。

(2) 触发器只能在表上定义。

(3) 触发器不能在视图上定义。

(4) 触发器不能处理 TEXT 和 IMAGE 数据类型的大型二进制对象表列。

(5) 建议不要使用触发器返回一个结果集。

【例 9.24】 对图书管理系统库中表 readers 的 DELETE 操作定义触发器。当对表中的记录进行删除时，跳出一个确认对话框，单击"是"继续删除操作，单击"否"停止删除操作。

```
USE 图书管理系统
GO
IF  EXISTS(SELECT name FROM  sysobjects
    WHERE name= 'reader_d' AND type='TR')
    DROP TRIGGER reader_d
    GO
    CREATE TRIGGER reader_d
    ON readers
    FOR DELETE
    AS
    PRINT '数据被删除！'
    GO
```

9.3.3　触发器的类型

SQL Server 2000 提供了两种触发器：INSTEAD OF 和 AFTER 触发器。这两种触发器的差别在于它们被激活的时机不同。

（1）INSTEAD OF 触发器用于替代引起触发器执行的 T-SQL 语句。除表外，INSTEAD OF 触发器还可以用于视图，用来扩展视图可以支持的更新操作。

（2）AFTER 触发器在一个 INSERT、UPDATE 或 DELETE 语句之后执行，进行约束检查等动作都将在 AFTER 触发器被激活之前发生。AFTER 触发器只能用于表。

一个表或视图的每个修改动作（INSERT、UPDATE 和 DELETE）都可以有一个 INSTEAD OF 触发器，一个表的每个修改动作都可以有多个 AFTER 触发器。本小节只介绍 AFTER 触发器。

当使用触发器时，有时需要知道一个列在触发器执行后的值，SQL Server 用两个特殊名称的虚表 DELETED 和 INSERTED 来测试结果。这两个表的结构与触发器表相同。

1. INSERT 与 UPDATE 触发器

当向表中插入数据时，所有数据约束都通过之后，INSERT 触发器就会执行。新的记录不但加入到触发器表中，而且还会有副本加入到表 INSERTED 中。表 INSERTED 与表 DELETED 一样，它们的记录是可读的，可以进行比较，以便确认这些数据是否正确。

利用 UPDATE 修改一条记录时，相当于删除一条记录然后再增加一条新记录。所以，UPDATE 操作使用 DELETED 和 INSERTED 两个表。当使用 UPDATE 操作时，触发器表中原来的记录被移到表 DELETED 中，修改过的记录插入到表 INSERTED 中，触发器可以检查这两个表，以便确定应执行什么样的操作。

【例 9.25】　在数据库图书管理系统中，当在表 borrowinf 中添加借阅信息记录时，得到该书的应还日期。

```
USE 图书管理系统
IF EXISTS   (SELECT name FROM sysobjects
WHERE   name  ='T_return_date' AND   type  = 'TR')
DROP TRIGGER T_return_date
GO
CREATE TRIGGER T_return_date
ON borrowinf
After INSERT
AS
```

```
DECLARE @type varchar(8)
SELECT @type=读者类型
FROM readers
    WHERE 编号=(select 读者编号 from INSERTED )

update borrowinf set 应还日期=getdate()+
case
    when @type=3 then 45
    when @type=2 then 180
    when @type=1 then 720
end
```

触发器创建之后,用户执行下面一条命令验证:

```
insert into borrowinf(读者编号,图书编号) Values('2009060002','f3.56')
```

系统出现结果提示:

(所影响的行数为 1 行)

【例 9.26】 在数据库图书管理系统中,当读者还书时,实际上要修改表 borrowinf 中相应记录还期列的值,请计算出是否过期。

```
USE 图书管理系统
IF EXISTS   (SELECT name FROM sysobjects
WHERE name  ='T_fine_js' AND type  ='TR')
DROP TRIGGER T_fine_js
GO
CREATE TRIGGER T_fine_js
ON borrowinf
After UPDATE
AS
DECLARE @days int
SELECT @days=DATEDIFF(day,getdate(),应还日期)
FROM borrowinf
IF @days>0
    print '没有过期! '
else
    print '过期'+convert(char(2),@days)+'天'
```

触发器创建之后,用户执行一条命令:

```
UPDATE borrowinf SET 还期=getdate()
```

```
WHERE    读者编号='200960001'
```

系统出现结果提示：

没有过期！
（所影响的行数为 2 行）

2. DELETE 触发器

对表进行删除时，如果此表有 DELETE 型的触发器，则触发器被触发执行。被删除的记录存于表 DELETED 中。当执行 DELETE 操作时，应注意以下几点：

（1）被放到表 DELETED 中的记录，不再存于触发器表中，因此触发器表与表 DElETED 没有共同的记录。

（2）表 DELETED 放在内存中，执行效率很高。

【例 9.27】　对图书管理系统库的表 Readers 中的 DELETE 操作定义触发器。

```
USE 图书管理系统
GO
IF  EXISTS(SELECT name FROM  sysobjects
  WHERE name='reader_d' AND type='TR')
  DROP TRIGGER reader_d
  GO
  CREATE TRIGGER reader_d
  ON readers
  FOR DELETE
  AS
      DECLARE @data_yj int
      SELECT   @data_yj=已借数量
      FROM deleted
IF @data_yj>0
      PRINT '该读者不能删除！还有'+ convert(char(2),@data_yj)+ '本书没还。'
ELSE
      RINT '该读者已被删除！'
  GO
```

触发器创建之后，用户执行一条命令：

```
DELETE readers WHERE 读者编号='200960001'
```

系统出现结果提示：

该读者不能删除！还有 3 本书没还。
（所影响的行数为 1 行）

9.3.4　嵌套触发器

当一个表上的触发器执行时改变了表数据,从而又激活了此表上的另外一个触发器,第二个触发器对表的改变又触发了第三个触发器,以此类推,称为触发器嵌套。触发器最多可以嵌套32级。当系统检测到触发器嵌套陷入死循环或超出最大嵌套级时,触发器被取消。

系统默认允许触发器嵌套,SQL Server 使用系统过程 sp_configure 来设置是否允许触发器嵌套。在使用嵌套触发器时,需要注意以下几点:

(1) 默认情况下,触发器不能自己调用自己。

(2) 在嵌套的触发器中,只要任一触发器中的任一点发生错误,则整个事务和数据都会全部 ROLLBACK。

9.3.5　修改触发器

利用 Transact-SQL 命令修改触发器的语法与创建触发器类似:

```
ALTER TRIGGER trigger.name
ON table
[WITH ENCRYPTION]
{ {FOR { [DELETE] [,] [UPDATE] [,][INSERT] }
[NOT FOR REPLICATION]
AS  sql.statement[...n]  }|
{FOR{ [INSERT] [,] [UPDATE] }
[NOT FOR REPLICATION]
AS
{ IF UPDATE  (column)
[{AND | OR) UPDATE(column)]
[...n]
| IF(COLUMNS_UPDATED(){bitwise_operator}updated.bitmask)
  {comparison_operator}column.bitmask[...n]  }
sql_statement[...n]
} }
```

语法中的参数与创建触发器时的意义相同。

9.3.6　删除触发器

当与触发器相关的表被删除时,触发器也随之被删除。删除触发器的语法如下:

```
DROP TRIGGER{trigger}  [...n]
```

例如,删除【例 9.27】中建立的触发器 reader_d 的命令如下:

```
DROP TRIGGER reader_d
```

9.3.7　显示触发器内容

为了确定表的触发器,可以执行系统存储过程 sp_depends table_name。为了查看触发器的定义,可以执行系统存储过程 sp_helptext trigger_name;为了确定触发器存在哪一个表上以及触发器的操作,可以执行系统存储过程 sp_helptrigger table_name。

查看表 borrowinf 上有哪些触发器,命令和结果见图 9.25。查看触发器的内容的命令和结果如图 9.26 所示。

图 9.25　sp_depends 的执行结果

图 9.26　sp_helptext 的执行结果

习题

1. 创建自定义数据类型 Tel_No,然后用自定义数据类型 Tel_No,分别在表 readers 中加入读者的电话号码,在表 books 中加入出版社的电话号码字段。

2. 用函数在表 books 中,查找最便宜的书价。

3. 写出下列程序段的运行结果。

   (1) SELECT getdate() AS 系统日期,convert(char(12),getdate(),10) AS 转换日期

   (2) DECLARE @f1 float
      SELECT @f1=24567
      SELECT convert(char(25),@f1,1) as v1,
             convert(char(25),@f1,2) as v2,
             convert(char(25),@f1)   as v0

   (3) DECLARE @f1 Money
      SELECT @f1= 24569.8
      SELECT convert(char(10),@f1,1)as v1,
             convert(char(10),@f1,2) as v1,
             convert(char(10),@f1) as v0

4. 创建一个用户自定义函数 BooksPrice,以图书的名称为参数,返回该书的价格。并使用该函数查看《计算机文化基础》的价格。

5. 创建存储过程计算用户指定图书的价格,并将价格作为返回值。再写出调用该存储过程的命令。

6. 建立学生选课数据库,用 T-SQL 完成下列操作:

   (1) 建立在选课表输入或更改数据时,必须服从参照完整性约束的 INSERT 和 UPDATE 触发器。

   (2) 用存储过程和用户自定义函数两种方法实现查询某个系(已知系名)的学生数。

7. 总结如何用 T-SQL 查看本章介绍的各种对象的信息。

8. 存储过程、触发器及用户自定义函数各有特点,总结并讨论其各适用于何处。

第 10 章
SQL Server 2000 的数据恢复机制

本章关键词

保护措施(protective measures)   安全性(safety)

完整性(integrity)   故障(fault)

备份(backups)   恢复(recover)

附加(addition)   分离(separate)

本章要点

数据库系统采用的恢复技术是否行之有效,不仅对系统的可靠程度起着决定性作用,而且对系统的运行效率也有很大影响,它是衡量系统性能优劣的重要指标之一。

尽管数据库系统中采取了各种保护措施来保障数据库的安全性和完整性不被破坏、保证并发事务能够正确执行,但是计算机系统中的硬件故障、软件错误、操作失误以及恶意破坏仍然是不可避免的。这些故障轻则造成运行事务非正常中断,影响数据库中数据的正确性;重则破坏数据库,使数据库中全部或部分数据丢失。因此,数据库管理系统必须具有把数据库从错误状态恢复到某一已知的正确状态的功能,这就是数据库的恢复功能。

10.1 SQL Server 2000 的数据备份和数据恢复机制

SQL Server 是一种高效的网络数据库管理系统,它具有比较强大的数据备份和恢复功能。用户可以使用 Transact-SQL 语句,也可以通过企业管理器进行数据备份和数据恢复。

SQL Server 支持以下三种数据备份和恢复策略,系统管理员(SA)可从中选择合适的方法。

1. 完全备份

完全备份就是通过海量转储形成的备份。其最大优点是恢复数据库的操作简便,它只需要将最近一次的备份恢复。完全备份所占的存储空间很大且备份的时间较长,只能在一个较长的时间间隔上进行完全备份。其缺点是当根据最近的完全备份进行数据恢复时,完全备份之后对数据所作的任何修改都将无法恢复。当数据库较小、数据不是很重要或数据操作频率较低时,可采用完全备份的策略进行数据备份和恢复。

2. 完全备份加事务日志备份

事务日志备份必须与数据库的完全备份联合使用,才能实现数据备份和恢复功能。将完全备份和事务日志备份联用进行数据备份和恢复时,备份步骤如下:

(1) 定期进行完全备份,如一天一次或两天一次。

(2) 更频繁地进行事务日志备份,如一小时一次或两小时一次等。

当需要数据库恢复时,首先用最近一次完全备份恢复数据库,然后用最近一次完全备份之后创建的所有事务日志备份,按顺序恢复完全备份之后发生在数据库上的所有操作。

完全备份和事务日志备份相结合的方法,能够完成许多数据库的恢复工作。但它对那些不在事务日志中留下记录的操作,仍无法恢复数据。

3. 同时使用三种备份

在同时使用数据库完全备份和事务日志备份的基础上,再以增量备份(即增量转储)作为补充,可以在发生数据丢失时将损失减到最小。同时使用三种备份恢复数据时,要求数据备份操作按以下顺序进行:

(1) 定期执行完全备份,如一天一次或两天一次等。

(2) 进行增量备份,如四小时一次或六小时一次等。

(3) 进行事务日志备份,如一小时一次或两小时一次等。

当发生数据丢失或操作失败时,按下列顺序恢复数据库:

(1) 用最近一次的完全备份恢复数据库。

(2) 用最近一次的增量备份恢复数据库。

(3) 用在最近一次的完全备份之后创建的所有事务日志备份,按顺序恢复最近一次完全备份之后发生在数据库上的所有操作。

10.2 数据库的备份

数据库的备份和恢复工作不仅对用户数据库很重要,对于 master、msdb、model、tempdb 这四个系统数据库来说,备份和恢复工作也是很重要的。因为系统数据库中存放着系统运行时的有关信息,它一旦遭到破坏,系统就不能正常工作。

1. 备份设备的管理

备份设备是用来存放备份数据的物理设备。它包括磁盘、磁带和命名管道。执行备份的第一步是创建备份设备。备份设备亦称永久性的备份文件,它应在数据库备份操作前预先创建。下面介绍备份设备的创建、查看和删除操作。

1) 创建备份设备

在企业管理器中,扩展要操作的数据库服务器,在【管理】文件夹中找到【备份】文件夹。右击该文件夹,在菜单中选择【新建备份设备】项,则出现如图 10.1 所示的【备份设备属性】对话框。

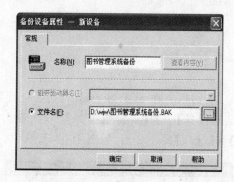

图 10.1　备份设备属性对话框

在【备份设备属性】对话框中,输入备份设备的逻辑名称,确定备份设备的文件名,单击【确定】按钮。

在确定备份设备的文件名时,需要单击文件名右边的　　,并在【弹出文件名】对话框中确定或改变备份设备的默认磁盘文件路径和文件名。

也可以使用系统存储过程 sp_addumpdevice 来添加备份设备,这个存储过程可以添加磁盘和磁带设备。备份设备的类型可以是以下设备类中的一种:disk、tape 和 pipe。

【例 10.1】　创建本地磁盘备份设备。

```
USE master
EXEC sp_addumpdevice 'disk',' masterbackup','c:\mssql\ masterbackup.Bak'
```

2) 查看备份设备的相关信息

在企业管理器中扩开服务器,选择【管理】文件夹和【备份】文件夹,在右窗口中找到要查看的备份设备;右击该备份设备,在快捷菜单上选择【属性】项,会弹出与图 10.1 相似的备份设备属性对话框;单击设备名称右边的【查看内容】按钮,出现备份设备的信息框,从中可以得到备份数据库及备份创建日期等信息。

也可以使用系统存储过程 sp_helpdevice 来查看服务器上每个设备的有关信息,其中包括备份设备。

3) 删除备份设备

选中并右击该备份设备,在快捷菜单中选择【删除】项,在【确认删除】对话框中,单击

【确认】按钮即可完成。

也可以使用系统存储过程 sp_dropdevice,从服务器中删除备份设备。这个存储过程不仅能删除备份设备,还能删除其他设备。

【例 10.2】 删除【例 10.1】建立的 masterbackup 备份设备。

```
EXEC sp_dropdevice 'masterbackup'
```

2. 备份数据库

1) 使用企业管理器备份数据库

操作步骤如下:

(1) 进入【数据库备份】对话框。在 SQL Server 的企业管理器中,右击要备份的数据库;在快捷菜单上单击【全部任务】中的【备份数据库】项,则弹出一个【数据库备份】对话框。该对话框中有【常规】和【选项】两个页面,如图 10.2 和图 10.3 所示。

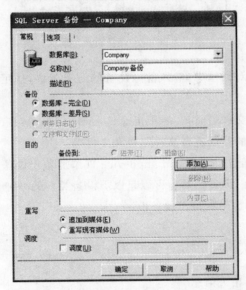

图 10.2 数据库备份对话框常规页面

(2) 在【常规】页面中完成以下操作。在数据库框中选择要备份的数据库,在名称框中为备份取一个便于识别的名称,备份方法可选择完全备份、差异备份(增量备份)、事务日志、文件或文件组之一。为磁盘备份设备或备份文件选择目的地,即通过列表右边的【添加】按钮或【删除】确定备份文件的存放位置,列表框中显示要使用的备份设备或备份文件。在重写栏中选择将备份保存到备份设备时的覆盖模式。在调度栏中设置数据库备份计划。

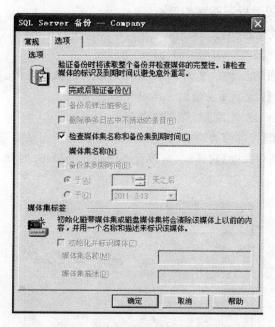

图 10.3　数据库备份对话框选项页面

覆盖模式通过两个单选项指定:【追加到媒体】为将数据库备份追加在备份设备已有内容之后;【重写现有媒体】为用本次数据库备份覆盖备份设备中原有的内容。

(3) 设定备份计划需要执行的操作。在如图 10.2 所示的【数据库备份】对话框【常规】页面中,选则【调度】复选框,并单击文本框右边的 █ 按钮,则出现如图 10.4 所示的编辑备份计划对话框。

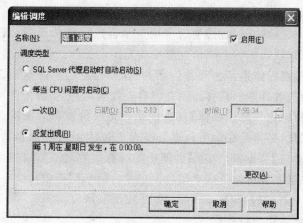

图 10.4　编辑备份计划对话框

在对话框中可以设置以下四种备份类型：

- SQL Server 代理启动时自动启动。每当 SQL Server Agent 启动工作时，都自动进行数据库备份。
- 每当 CPU 闲置时启动。每当 CPU 空闲时进行数据库备份。
- 一次。设定进行数据库备份的一次性时间。
- 反复出现。按一定周期进行数据库备份。

当选择【反复出现】的备份类型后，还要用鼠标单击位于对话框右下方的【更改】按钮，在【编辑反复出现的作业调度】对话框中，设置备份的发生频率、时间、持续时间等参数，如图 10.5 所示。

图 10.5　反复出现的作业调度对话框

(4) 设置选项页面内容。【数据库备份】对话框的【选项】页面如图 10.3 所示。在选项卡中，需要设置以下内容：

- 通过设置【完成后验证备份】复选框决定是否进行备份设备验证。备份验证的目的是为了保证数据库的全部信息都准确无误地保存到备份设备上。
- 通过设置【检查媒体集名称和备份集到期时间】复选框决定是否检查备份设备上原有内容的失效日期。只有当原有内容失效后，新的备份才能覆盖原有内容。
- 通过设置【初始化并标识媒体】复选框初始化备份设备。备份设备的初始化相当于磁盘格式化，必须是在使用的覆盖模式是重写时，才可以初始化备份设备。
- 在完成了【常规】页面和【选项】页面中的所有设置之后，单击【确定】按钮，并在随后出现的数据库备份设备成功信息框中单击【确定】按钮。

不执行步骤(2)~(4)时，SQL Server 2000 使用默认值。

2) 使用 T-SQL 语句备份数据库

BACKUP 命令可以用来对指定数据库进行全库备份、差异备份、日志备份或文件和文件组备份,使用 BACKUP 命令需要指定备份的数据库、备份的目标设备、备份的类型以及一些备份选项。

(1) 全库备份和差异备份。

```
BACKUP DATABASE   database_name
TO< backup_device> [,...n]
[WITH
DIFFERENTIAL
[[  ,] NAME: backup_set_name]
[[  ,] DESCRIPTION='text' ]
[[  ,]  {INIT | NOINIT}  ]]
```

其中,database_name 指定了要备份的数据库; backup_device 为备份的目标设备,采用"备份设备类型=设备名"的形式。WITH 子句指定备份选项,这里仅介绍三个,更多的备份选项可以参考《联机丛书》:

- INIT|NOINIT: INIT 表示新备份的数据覆盖当前备份设备上的每一项内容; NOINIT 表示新备份的数据添加到备份设备上已有内容的后面。
- DIFFERENTIAL:用来指定差异备份数据库。若默认该项,执行全库备份。
- DESCRIPTION='text' 给出备份的描述。

【例 10.3】 对图书管理系统数据库作一次全库备份,备份设备为已创建好的图书管理系统备份本地磁盘设备,并且此次备份覆盖以前所有的备份。

```
BACKUP DATABASE 图书管理系统
TO DISK='图书管理系统备份'
WITH INIT,NAME='图书管理系统 backup',DESCRIPTION='Full Backup Of 图书管理系统'
```

执行结果如图 10.6 所示。

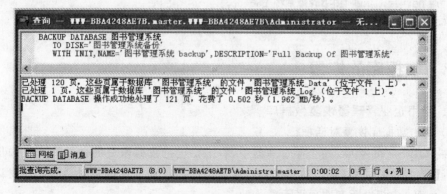

图 10.6 对图书管理系统数据库作一次全库备份

【例 10.4】 对图书管理系统数据库作差异备份,备份设备为"图书管理系统备份"本地磁盘设备。

BACKUP DATABASE 图书管理系统
TO DISK='图书管理系统备份'
WITH DIFFERENTIAL,NOINIT,NAME='图书管理系统 backup',
DESCRIPTION='Differential Backup Of 图书管理系统'

执行结果如图 10.7 所示。

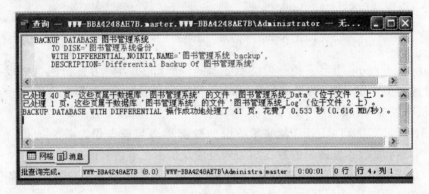

图 10.7 对图书管理系统数据库作一次差异备份

(2) 日志备份。是指将从最近一次日志备份以来所有事务日志备份到备份设备。

【例 10.5】 对图书管理系统数据库作日志备份,备份设备为图书管理系统备份本地磁盘设备。

BACKUP LOG 图书管理系统
TO DISK='图书管理系统备份'
WITH NOINIT,NAME='图书管理系统 backup',
DESCRIPTION='Log Backup Of 图书管理系统'

10.3 数据库的恢复

1. 使用企业管理器恢复数据库

1) 调出数据库恢复对话框

在 SQL Server 2000 的企业管理器中,右击要进行数据恢复的数据库。在弹出菜单中选择【所有任务】中的【还原数据库】项,屏幕上会出现数据库恢复对话框。该对话框中有两个页面:常规页面和选项页面。

2）常规页面

常规页面中有三个单选按钮分别对应三种数据库恢复方式：【数据库】按钮说明恢复数据库；【文件组或文件】按钮说明恢复数据使用的文件组或文件；【从设备】按钮说明根据备份设备中包含的内容恢复数据库。不同的选项，其选项卡和设置恢复的方法也不同。

若选择恢复数据库单选项，常规选项卡界面如图 10.8 所示。

图 10.8　选择恢复数据库单选项

恢复数据库的操作步骤如下：

选择还原栏中的【数据库】单选项，说明进行恢复数据库工作；在参数栏中，选择要恢复的数据库名和要还原的第一个备份文件；在备份设备表中，选择数据库恢复要使用的备份文件，即在单击还原列中的小方格出现【√】表明已选中；单击【确定】按钮。

如果选择恢复文件或文件组单选项，则常规选项卡如图 10.9 所示。

若恢复文件或文件组，可执行下列操作：在参数栏中选择要恢复的数据库名；如果要进行部分恢复或有限制的恢复，可选中【选择备份集中的子集】复选框，使它有效，并单击它右边的【选择条件】按钮，则在弹出一个过滤备份设备对话框中设置选择条件；在备份设备表中选择出数据库恢复使用的备份设备，即单击还原列中的小方格出现【√】；单击【确定】按钮。

如果选择了从备份设备中恢复单选项，则常规卡如图 10.10 所示。

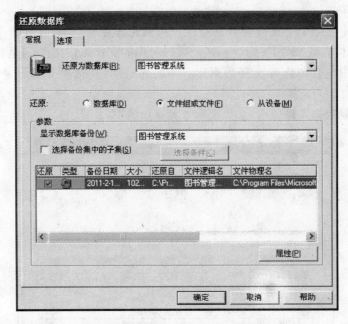

图 10.9　选择恢复文件或文件组单选项

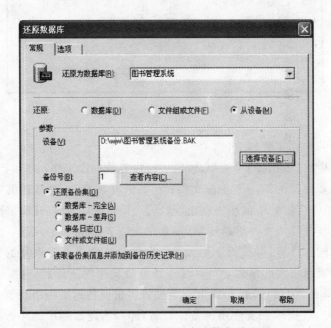

图 10.10　选择从备份设备中恢复单选项

进行参数设置时,首先单击位于窗口右边的【选择设备】按钮,并在弹出框中选择备份设备;设置还原类型单选框。

　　还原类型有两种:①【还原备份集】选项,一般应选择该项;②【读取备份集信息并添加到备份历史记录】选项,获取备份设备信息和增加备份历史。

　　若选择了还原备份集的类型,还应选择恢复方式。恢复方式通过四个单选项实现:①【数据库-完全】选项,从完全数据库备份中恢复;②【数据库-差异】选项,从增量备份中恢复;③【事务日志】选项,从事务日志备份文件中恢复;④【文件或文件组】选项,从文件或文件组中恢复。

　　3) 选项页面

　　数据库还原的选项卡如图 10.11 所示。页面中使用三个复选框设置附加特征:①【在还原每个备份后均弹出磁带】选项,是否在恢复完每个备份之后都弹出磁带,它仅对磁带备份设备有效;②【在还原每个备份前提示】选项,是否在恢复每个备份之前提示用户;③【在现有的数据库上强制还原】选项,恢复过程中是否强行覆盖数据库中现有的数据。

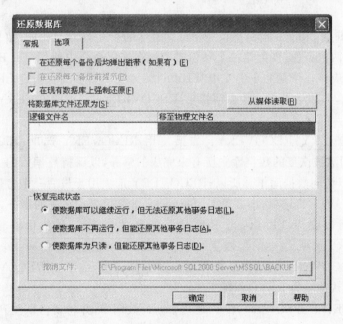

图 10.11　数据库还原的选项卡页面

　　在选项页中还列出了数据库的原文件名和恢复后的新文件名,默认时两者是一样的,可以直接在表中修改恢复后的新文件名。此外,还要设置数据库恢复完成状态。

　　当完成了常规卡和选项卡的参数设置后,单击【确定】按钮。SQL Server 开始数据库恢复操作,屏幕上会显示恢复进度的对话框,并显示恢复的进度。

2. 使用 T_SQL 语句恢复数据库

RESTORE 语句可以完成对整个数据库的恢复，也可以恢复数据库的日志，或者是指定恢复数据库的某个文件或文件组。

1）恢复数据库

语法如下：

```
RESTORE DATABASE database_name
[FROM< backup_device>  [ ,…n ] ]
[WITH
[FILE=flie_number ]
[ [ , ] MOVE 'logical_file_name' TO 'operating_system file_name'][ ,…n ]
[ [ , ]  {NORECOVERY | RECOVERY} ]
[ [ , ]  REPLACE]
[ [ , ]  RESTART]
```

其中，

FILE=file_number：指出从设备上的第几个备份中恢复。比如，数据库在同一个备份设备上作了两次备份，恢复第一个备份时应该在恢复命令中使用"FILE=1"选项，恢复第二个备份时应该在恢复命令中使用"FILE=2"选项。如果没有指定 FROM 子句，不发生备份的还原，只发生恢复，且必须指定 RECOVERY、NORECOVERY 或 STANDBY 选项。

NORECOVERY | RECOVERY：如果使用 RECOVERY 选项，那么恢复完成后，SQL Server 回滚被恢复的数据库中所有未完成的事务，以保持数据库的一致性。在恢复后，用户就可以访问数据库了。所以，RECOVERY 选项用于最后一个备份的恢复。如果使用 NORECOVERY 选项，那么 SQL Server 不回滚所有未完成的事务，在恢复结束后，用户不能访问数据库。所以，当不是对要恢复的最后一个备份作恢复时，应使用 NORECOVERY 选项。比如，要恢复一个全库备份、一个差异备份和一个日志备份，那么应先用 NORECOVERY 选项恢复全库备份和差异备份，最后用 RECOVERY 选项恢复日志备份。默认选项为 RECOVERY。

REPLACE：指明 SQL Server 创建一个新的数据库，并将备份恢复到这个新数据库。如果服务器上已经存在一个同名的数据库，则原来的数据库被删除。

STANDBY：是 NORECOVERY | RECOVERY 选项的替换，指定以后用于回滚恢复影响的文件。STANDBY 选项允许使数据库在生产系统恢复每个事务日志之间的时间段，处于只读状态。

从全库备份中恢复数据和从差异备份中恢复数据都使用上述语法。

2) 恢复事务日志

语法如下：

```
RESTORE LOG database_name
 [FROM<backup_device>[,...n] ]
 [WITH
 [FILE=file_number]
 [ [,] {NORECOVERY | RECOVERY}]
 [ [,] RESTART]
 [ [,] STOPAT=date_time]
 [ [,] STOPATMARK= 'mark_name' ]
 [ [,] STOPBEFOREMARK: 'mark_name']
```

"其中"与恢复数据库命令中相同的参数,此处不再赘述,只对恢复事务日志中特有的几个参数作简要说明。

RESTART：指明此次恢复从上次中断的地方重新开始。

STOPAT：指定恢复在某一时间以前的事务日志。

STOPATMARK='mark name'：在前面曾经介绍,可以为事务命名,并将它在事务日志中做标记,恢复事务日志时可以指定恢复到某个有标记的事务。STOPATMARK子句指定恢复到某个有标记的事务且重新执行该事务,mark_name 为事务名。

STOPBEFOREMARK：指定恢复到某个有标记的事务之前,不重新执行该事务,mark_name 为事务名。

【例 10.6】 图书管理系统数据库在"图书管理系统备份"本地磁盘设备上作了五次备份,包括一次全库备份、两次差异备份和两次日志备份。现在存储介质发生故障,需要从备份中恢复,这时需要执行以下几个步骤：

（1）恢复全库备份

```
RESTORE DATABASE 图书管理系统
FROM 图书管理系统备份
WITH
FILE=1,
NORECOVERY
```

（2）恢复差异备份

```
RESTORE  DATABASE  图书管理系统
FROM  图书管理系统备份
WITH
FILE =2,
```

NORECOVERY

（3）恢复第一个日志备份

```
RESTORE  LOG 图书管理系统
FROM 图书管理系统备份
WITH
FILE = 3,
NORECOVERY
```

在此时，数据库仍不可用，在企业管理器中，该数据库的图标为灰色的，而且显示Loading。

（4）恢复第二个日志备份

```
RESTORE  LOG  图书管理系统
FROM 图书管理系统备份
WITH
FILE = 4
```

执行这一步后，数据库图书管理系统便可以访问了。

【例 10.7】 上一个例子恢复第二个日志备份时，只想恢复 2010 年 11 月 25 日 8 点前的数据。原因可能是此后有人对数据库进行了恶意的修改，造成了数据库的崩溃。这时在第（4）步中可以使用以下代码：

```
RESTORE  LOG 图书管理系统
FROM 图书管理系统备份
WITH
FILE  = 4
STOPAT= 'November,25,2010 8：00 AM'
```

10.4 数据库的分离和附加

如果某个数据库因为暂时不再使用或其他原因要从 SQL Server 中脱离出来，则使用分离数据库的操作。分离数据库是指该数据库从 SQL Server 服务器中脱离出来（表现为从企业管理器中消失），但是组成该数据库的数据文件和事务日志文件还是完整无损地保存在硬盘上。

数据库被分离后随时可通过附加数据库的操作重新装入原来的 SQL Server 服务器或另外一台 SQL Server 服务器中。

1. 分离数据库

分离数据库是指将数据库从 SQL Server 服务器中分离出去,但并没有删除数据库,数据库文件依然存在。如果需要使用数据库,可以通过附加的方式将数据库附加到服务器中。

下面以"图书管理系统"数据库为例介绍如何分离数据库。

打开企业管理器,展开"数据库"结点,选中欲分离的数据库,鼠标右键单击,将弹出一个快捷菜单,单击"所有任务"→"分离数据库"命令,如图 10.10 所示。

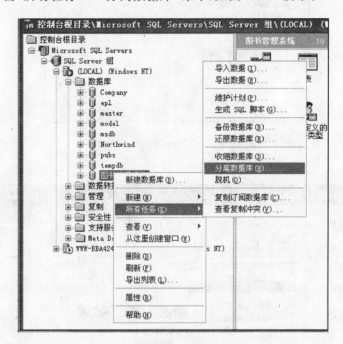

图 10.10　分离的数据库

打开如图 10.11 所示的【分离数据库】对话框,单击【确定】按钮,分离数据库。应注意,只有"使用本数据库的连接"数为 0 时,该数据库才能分离。所以,分离数据库时应尽量断开所有对要分离数据库操作的连接。如果还有连接数据库的程序,会出现数据库的连接状态窗口,显示正在连接此数据库的机器以及名称,点击【清除】按钮将从服务器强制断开现有的连接。

2. 附加数据库

通过附加方式可以向服务器中添加数据库,前提是要存在数据库文件和数据库日志文件。下面以"图书管理系统"数据库为例介绍如何附加数据库。

打开企业管理器,鼠标右键单击【数据库】选项,将弹出一个快捷菜单,单击"所有任务"→"附加数据库"命令,如图 10.12 所示。

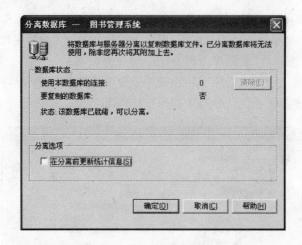

图 10.11　"分离数据库"对话框

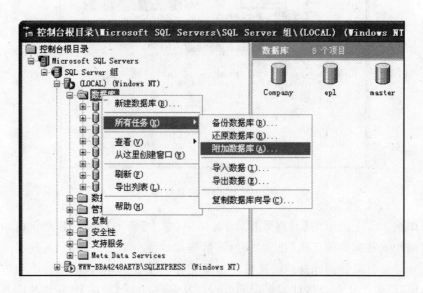

图 10.12　选择欲附加的数据库

　　在打开的【附加数据库】对话框中,单击【要附加数据库的.MDF 文件】文本框后面的按钮,设置.MDF 文件所在路径,如图 10.13 所示。单击【确定】按钮,完成附加数据库操作。

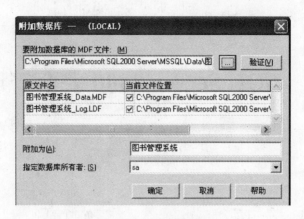

图 10.13 附加数据库

习题

1. 备份设备有哪些？
2. 全库备份、差异备份、日志备份各有什么特点？以你所知的一台服务器为例，设计一种备份方案。
3. 某企业的数据库每周日晚 12 点进行一次全库备份，每晚 12 点进行一次差异备份，每小时进行一次日志备份，数据库在 2011-08-23 3:30 崩溃，应如何将其恢复使数据库损失最小？
4. 举一实例说明数据导入/导出的使用。
5. 对图书管理系统数据库进行数据备份与恢复操作。

第11章

SQL Server 2000 安全管理

本章关键词

安全体系结构(security architecture)　　　　角色(role)

用户账号(user account number)　　　　　登录账号(login ID)

权限(limits of authority)　　　　　　　授权(authorization)

撤销(revoke)　　　　　　　　　　　　禁止(deny)

认证(authentication)　　　　　　　　　对象(object)

本章要点

数据库的安全性是指保护数据库,以防止不合法的使用造成的数据泄密、更改或破坏。数据库管理系统安全性保护,就是通过种种防范措施来达到防止用户越权使用数据库的目的。安全保护措施是否有效是衡量数据库系统的主要性能指标之一。

11.1　SQL Server 的安全体系结构

SQL Server 2000 的安全机制是比较健全的,它为数据库和应用程序设置了四层安全防线,用户要想获得 SQL Server 2000 数据库及其对象,必须通过这四层安全防线。

11.1.1　SQL Server 2000 的安全体系结构

SQL Server 2000 提供以下四层安全防线。

1. 操作系统的安全防线

Windows(Windiws NT 或 Windows 2000 Server 等)网络管理员负责建立用户组,设置账号并注册,同时决定不同的用户对不同系统资源的访问级别。用户只有拥有了一个有效的 Windows NT 登录账号才能对网络系统资源进行访问。

2. SQL Server 的运行安全防线

SQL Server 通过登录账号设置来创建附加安全层。用户只有登录成功,才能与 SQL

Server 建立一次连接。

3. SQL Server 数据库的安全防线

SQL Server 的特定数据库都有自己的用户和角色,该数据库只能由它的用户或角色访问,其他用户无权访问其数据。数据库系统可以通过创建和管理特定数据库的用户和角色来保证数据库不被非法用户访问。

4. SQL Server 数据库对象的安全防线

SQL Server 可以对权限进行管理。SQL Server 完全支持 SQL 标准的 DCL 功能,Transact-SQL 的 DCL 功能保证合法用户即使进入了数据库也不能有超越权限的数据存取操作,即合法用户必须在自己的权限范围内进行数据操作。

11.1.2　SQL Server 2000 的安全认证模式

安全认证是指数据库系统对用户访问数据库系统时所输入的账号和口令进行确认的过程。安全认证的内容包括确认用户的账号是否有效、能否访问系统、能访问系统中的哪些数据等。

安全性认证模式是指系统确认用户身份的方式。SQL Server 2000 有两种安全认证模式,即 Windows 安全认证模式和 SQL Server 安全认证模式。

1）Windows 安全认证模式

Windows 安全认证模式是指 SQL Server 服务器通过使用 Windows 网络用户的安全性来控制用户对 SQL Server 服务器的登录访问。它允许一个网络用户登录到一个 SQL Server 服务器上时不必再提供一个单独的登录账号及口令,从而实现 SQL Server 服务器与 Windows 登录的安全集成。因此,这种模式也称为集成安全认证模式。

2）SQL Server 的安全认证模式

SQL Server 安全认证模式要求用户必须输入有效的 SQL Server 登录账号及口令。这个登录账号独立于操作系统的登录账号,从而可以在一定程度上避免操作系统层上对数据库的非法访问。

使用 SQL Server 2000 企业管理器功能选择需要的安全认证模式,其操作步骤如下:

（1）在企业管理器中扩展开 SQL 服务器组,右击需要设置的 SQL 服务器,在弹出的菜单中选择【编辑 SQL Server 注册属性】命令。

（2）在弹出的【已注册的 SQL Server 属性】对话框(图 11.1)的【连接】区域有身份验证的两个单选框。单击【使用 Windows 身份验证[W]】为选择集成安全认证模式,单击【使用 SQL Server 身份验证[Q]】则为选择 SQL Server 2000 安全认证模式。

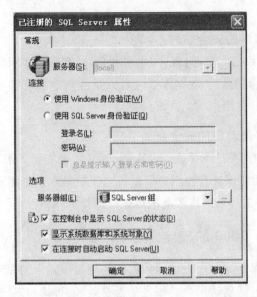

图 11.1　编辑已注册的 SQL Server 属性对话框

11.2　SQL Server 数据库安全性管理

数据库的安全管理主要是对数据库用户的合法性和操作权限的管理。数据库用户（在不至于引起混淆的情况下简称用户）是指具有合法身份的数据库使用者，角色是具有一定权限的用户组。SQL Server 的用户或角色分为两级：一级为服务器级用户或角色；另一级为数据库级用户或角色。

SQL Server 的安全性管理包括以下几个方面：数据库系统登录管理、数据库用户管理、数据库系统角色管理以及数据库访问权限管理。

11.2.1　数据库系统登录管理

1. 登录账号

登录账号也称为登录用户或登录名，是服务器级用户访问数据库系统的标识。为了访问 SQL Server 系统，用户必须提供正确的登录账号。这些登录账号既可以是 Windows 登录账号，也可以是 SQL Server 登录账号，但它必须是符合标识符规则的唯一名字。登录账号的信息是系统信息，存储在 master 数据库的 sysxlogins 系统表中，用户如需要有关登录账号的信息可以到该表中查询。

SQL Server 2000 有一个默认的登录账号 sa（SystemAdministrator），在 SQL Server 系统中它拥有全部权限，可以执行所有的操作。

2. 查看登录账号

使用企业管理器可以创建、查看和管理登录账号。"登录账号"存放在 SQL 服务器的安全性文件夹中。当进入企业管理器,打开指定的 SQL 服务器组和 SQL 服务器,并选择【安全性】文件夹的系列操作后,就会出现如图 11.2 所示的屏幕窗口。通过该窗口可以看出安全性文件夹包括四个文件夹:登录、服务器角色、连接服务器和远程服务器。单击【登录】可以看到当前数据库服务器的合法登录用户的一些信息。

图 11.2　安全性文件夹的屏幕界面

3. 创建一个登录账号

创建一个登录账号的操作步骤为:右击【登录】文件夹,在弹出的菜单中选择【新建登录】选项后,会出现如图 11.3 所示的【新建登录】对话框界面,回答相应信息即可。也可以通过此界面设定该登录用户的服务器角色和要访问的数据库,这样该登录账号也作为数据库用户。

4. 编辑或删除登录账号

单击【登录】文件夹,在出现的显示登录账号的窗口中,用鼠标右击需要操作的登录号:选择【属性】便可对该用户已设定内容进行重新编辑;选择【删除】便可删除该登录用户。

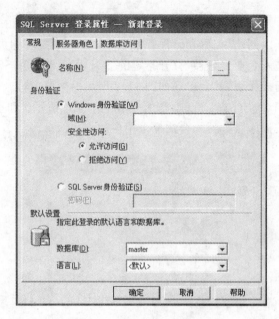

图 11.3　新建登录对话框

进行上述操作需要对当前服务器拥有管理登录(security administrators)及其以上的权限。

11.2.2　数据库用户管理

1. 用户账号

用户账号也称为用户名,或简称为用户。它是数据库级用户,即是某个数据库的访问标识。在 SQL Server 的数据库中,对象的全部权限均由用户账号控制。用户账号可以与登录账号相同也可以不相同。

数据库用户必须是登录用户。登录用户只有成为数据库用户(或数据库角色)后才能访问数据库。用户账号与具体的数据库有关。例如,图书管理系统数据库中的用户账号 use1 不同于 STUDENTES 数据库中的用户账号 use1。

每个数据库的用户信息都存放在系统表 sysusers 中,通过查看该表就可以看到当前数据库所有用户的情况。在该表中每一行数据表示一个 SQL Server 用户或 SQL Server 角色信息。创建数据库的用户称为数据库所有者(dbo),他拥有这个数据库的所有权限。创建数据库对象的用户称为数据库对象的所有者(dbo),他拥有该对象的所有权限。在每一个 SQL Server 2000 数据库中,至少有一个名称为 dbo 用户。系统管理员 sa 是他所管理系统的任何数据库的 dbo 用户。

2. 查看用户账号

使用企业管理器可以创建、查看和管理数据库用户。每个数据库中都有"用户"文件夹。当进入企业管理器,打开指定的 SQL 服务器组和 SQL 服务器,并打开【数据库】文件夹,选定并打开要操作的数据库后,单击【用户】文件夹就会出现如图 11.4 所示的用户信息窗口。通过该窗口可以看到当前数据库合法用户的一些信息。

图 11.4　查看用户信息窗口

3. 创建新的数据库用户

创建新的数据库用户有以下两种方法:

一种方法是在创建登录用户时,指定他作为数据库用户的身份。例如,在图 11.3【新建登录】对话框中,输入登录名称(如 user1),单击【数据库访问】选项卡,在【指定此登录可以访问的数据库[S]】区域的【许可】栏目下指定访问数据库(如图书管理系统),如图 11.5 所示,登录用户 user1 同时也成为数据库图书管理系统的用户。

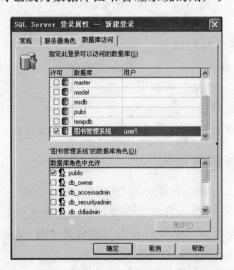

图 11.5　指定此登录可以访问的数据库

另一种方法是单独创建数据库用户。这种方法适于在创建登录账号时没有创建数据库用户的情况,操作步骤如下:鼠标右击【用户】文件夹,在弹出的菜单中选择【新建数据库用户】命令后,会出现如图11.6所示的【新建用户】对话框界面,在【登录名】下拉框中选择预创建用户对应的登录名,然后在【用户名】的文本框中键入用户名即可,如图11.6所示。通过此界面也可以设定该数据库用户的权限和角色的成员。

图 11.6　单独创建数据库用户对话框

4. 编辑或删除数据库用户账号

单击【用户】文件夹,在出现的显示用户账号的窗口中,右击需要操作的用户账号,选择【属性】命令,出现该用户的角色和权限窗口,可对该用户已设定内容进行重新编辑;选择【删除】便可删除该数据库用户。

进行上述操作需要对当前数据库拥有用户管理(db_accessadmin)及其以上的权限。

11.2.3　数据库系统角色管理

在 SQL Server 2000 中可以把某些用户设置成某一角色,这些用户称为该角色的成员。当对该角色进行权限设置时,其成员自动继承该角色的权限。这样,只要对角色进行权限管理就可以实现对属于该角色的所有成员的权限管理,从而大大减少了工作量。

SQL Server 中有两种角色,即服务器角色和数据库角色。

1. 服务器角色

一台计算机可以承担多个 SQL Server 服务器的管理任务。固定服务器角色是对服务器级用户即登录账号而言的。它是指在登录时授予该登录账号对当前服务器范围内的权限。这类角色可以在服务器上进行相应的管理操作,完全独立于某个具体的数据库。

固定服务器角色的信息存储在 master 数据库的 sysxlogins 系统表中。SQL Server 2000 提供了 8 种固定服务器角色,如图 11.7 所示。

图 11.7　固定服务器角色

可以使用企业管理器将登录账号添加到某一指定的固定服务器角色作为其成员,步骤如下:登录服务器后,展开【安全性】文件夹,单击【服务器角色】文件夹,则会出现如图 11.7 所示的固定服务器角色窗口,右击某一角色,在弹出的菜单中选择【属性】命令,可以查看该角色的权限,并可以添加某些登录账号作为该角色的成员,也可以将某一登录账号从该角色的成员中删除。

💡注意:

(1) 固定服务器角色不能被删除、修改何增加。

(2) 固定服务器角色的任何成员都可以将其他的登录账号增加到该服务器角色中。

2. 数据库角色

在一个服务器上可以创建多个数据库。数据库角色对应于单个数据库。数据库的角色分为固定数据库角色和用户定义的数据库角色。

固定数据库角色是指 SQL Server 2000 为每个数据库提供的固定角色。SQL Server 2000 允许用户自己定义数据库角色,称为用户定义的数据库角色。

1) 固定数据库角色

固定数据库角色的信息存储在 sysuers 系统表中。SQL Server 2000 提供了 10 种固定数据库角色,如表 11.1 所示。

表 11.1　固定数据库角色

角　　色	描　　述
public	维护默认的许可
db_ owner	执行数据库中的任何操作
db_accessadmin	可以增加或删除数据库用户、组和角色
db_addladmin	增加、修改或删除数据库对象
db_securityadmin	执行语句和对象权限管理
db_backupoperator	备份和恢复数据库
db_datareader	检索任意表中的数据
db_datawriter	增加、修改和删除所有表中的数据
db_denydatareader	不能检索任意一个表中数据
db_denydatawriter	不能修改任意一个表中的数据

可以使用企业管理器查看固定数据库角色,还可以将某些数据库用户添加到固定数据库角色中,使数据库用户成为该角色的成员。也可以将固定数据库角色的成员删除。

将用户添加到某一数据库角色的步骤为:打开指定的数据库,单击【角色】文件夹,右击某个固定数据库角色,在出现的菜单中选择【属性】命令,就会出现如图 11.8 所示的数据库角色属性对话框,单击【添加】按钮,则会出现该角色的非成员用户,按提示信息操作可以将他们添加到该角色中;选中某一用户后,单击【删除】按钮可以将此用户从该角色中删除。

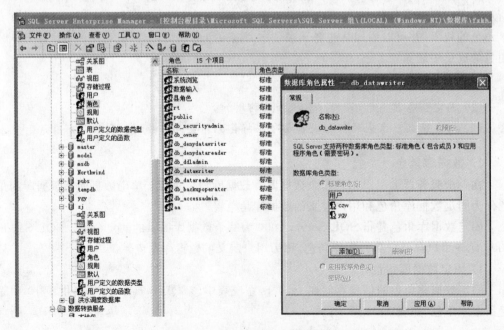

图 11.8　数据库角色属性对话框

2）用户定义的数据库角色

在许多情况下，固定数据库角色不能满足要求，需要用户自定义数据库新角色。

使用企业管理器创建数据库角色的步骤为：在企业管理器中打开要操作的数据库文件夹，右击【角色】文件夹，并在弹出的菜单中选择【新建数据库角色】命令，则出现【新建数据库角色】对话框，如图 11.9 所示，按提示回答角色名称等相应信息后，单击【确定】按钮即可。

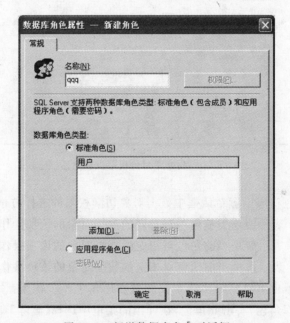

图 11.9 新增数据库角色对话框

在新建数据库角色对话框中可完成三种操作：①在名称栏中输入新角色名；②在用户栏中添加或删除角色中的用户；③确定数据库角色的类型。

用户定义的数据库角色类型有两种：标准角色（standard role）和应用程序角色（application role）。标准角色用于正常的用户管理，它可以包括成员。而应用程序角色是一种特殊角色，需要指定口令，是一种安全机制。

对用户定义的数据库角色，可以设置或修改其权限。使用企业管理器进行操作的步骤为：打开操作数据库，选中用户定义的数据库角色，右击此角色，在弹出的菜单中选择【属性】命令，然后单击【权限】按钮，则会出现当前数据库的全部数据对象以及该角色的权

限标记(若对角色设置过权限,也可以仅列出该角色具有权限的数据对象),如图 11.10
所示。

图 11.10　数据库角色权限设置对话框

单击数据库角色权限设置对话框中数据对象访问权限的选择方格有以下三种状况:

√:授予权限。表示授予当前角色对指定的数据对象的该项操作权限。

×:禁止权限。表示禁止当前角色对指定的数据对象的该项操作权限。

空:撤销权限。表示撤销当前角色对指定的数据对象的该项操作权限。

使用企业管理器也可以删除用户定义的数据库角色。步骤为:打开操作数据库,选
中用户定义的数据库角色,右击此角色,在弹出的菜单中选择【删除】命令即可。

11.2.4　SQL Server 权限管理

1. 权限的种类

SQL Server 2000 使用权限来加强系统的安全性。通常权限可以分为三种类型:对
象权限、语句权限和隐含权限。

1) 对象权限

对象权限是用于控制用户对数据库对象执行某些操作的权限。数据库对象通常包括
表、视图、存储过程。

对象权限是针对数据库对象设置的,由数据库对象所有者授予、禁止或撤销。对象权

限适用的数据库对象和 Transact-SQL 语句在表 11.2 中列出。

表 11.2　对象权限适用的对象和语句

Transact-SQL	数据库对象
SELECT(查询)	表、视图、表和视图中的列
UPDATE(修改)	表、视图、表的列
INSERT(插入)	表、视图
DELETE(删除)	表、视图
EXECUTE(调用过程)	存储过程
DRI(声明参照完整性)	表、表中的列

2）语句权限

语句权限是用于控制数据库操作或创建数据库中的对象操作的权限。语句权限用于语句本身，只能由 SA 或 dbo 授予、禁止或撤销。语句权限的授予对象一般为数据库角色或数据库用户。语句权限适用的 Transact-SQL 语句和功能如表 11.3 所示。

表 11.3　语句权限适用的语句和权限说明

Transact-SQL 语句	权 限 说 明
CREATE DATABASE	创建数据库，只能由 SA 授予 SQL 服务器用户或角色
CREATE DEFAULT	创建缺省
CREATE PROCEDURE	创建存储过程
CREATE RULE	创建规则
CREATE TABLE	创建表
CREATE VIEW	创建视图
BACKUP DATABASE	备份数据库
BACKUP LOG	备份日志文件

3）隐含权限

隐含权限是指系统预定义而不需要授权就有的权限，包括固定服务器角色成员、固定数据库角色成员、数据库所有者（dbo）和数据库对象所有者（dboo）所拥有的权限。

例如，sysadmin 固定服务器角色成员可以在服务器范围内作任何操作，dbo 可以对数据库作任何操作，dboo 可以对其拥有的数据库对象作任何操作，对他不需要明确的赋予权限。

2. 权限的管理

对象权限的管理可以通过两种方法实现：一种是通过对象管理它的用户及操作权限；另一种是通过用户管理对应的数据库对象及操作权限。具体使用哪种方法要视管理的方便性来决定。

1）通过对象授予、撤销或禁止对象权限

如果一次要为多个用户（角色）授予、撤销或禁止对某一个数据库对象的权限时，应采用通过对象的方法来实现。在 SQL Server 的企业管理器中，实现对象权限管理的操作步骤如下：

（1）展开企业管理器窗口，打开【数据库】文件夹，展开要操作的数据库（如图书管理系统），右击指定的对象（如表 readers）。

（2）在弹出的菜单中，选择【属性】，在弹出的对话框中选择【权限】命令，此时会出现一个对象权限对话框，如图 11.11 所示。

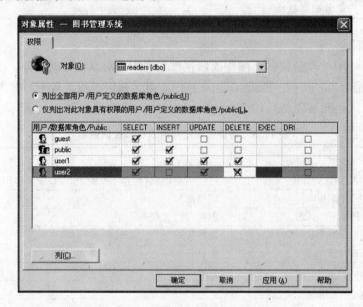

图 11.11　数据库对象权限对话框

（3）对话框的上部，有两个单选框，如图 11.11 所示，可以根据需要选择一个。一般选择【列出全部用户/用户定义的数据库角色/public】。

（4）对话框的下面是有关数据库用户和角色所对应的权限表，这些权限均以复选框的形式表示。复选框有三种状态："√"（授予权限）、"×"（禁止权限）、空（撤销权限）。在表中可以对各用户或角色的各种对象操作权限（SELECT、INSERT、UPDATE、DELETE、EXEC 和 DRI）进行授予、禁止或撤销，单击复选框可改变其状态。

（5）完成后单击【确定】按钮。

2）通过用户或角色授予、撤销或禁止对象权限

如果要为一个用户或角色同时授予、撤销或者禁止多个数据库对象的使用权限，则可以通过用户或角色的方法进行。例如，要对"图书管理系统"数据库中的"数据输入"角色

进行授权操作,在企业管理器中,通过用户或角色授权(或收权)的操作步骤如下:

(1) 扩展开 SQL 服务器和【数据库】文件夹,单击数据库【图书管理系统】,单击【用户】或【角色】。本例单击【角色】。在窗口中找到要选择的用户或角色,本例为【数据输入】角色,右击该角色,在弹出菜单中选择【属性】命令后,出现如图 11.12 所示的【数据库角色属性】对话框。

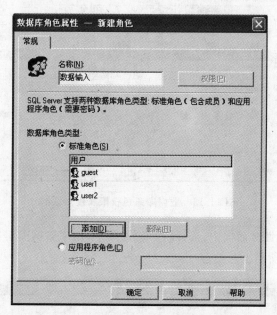

图 11.12　数据库角色权限属性对话框

(2) 在【数据库角色属性】对话框中,单击【权限】按钮,会出现如图 11.13 所示的【数据库角色权限属性】对话框。

(3) 在对话框的权限列表中,对每个对象进行授予、撤销或禁止权限操作。在权限表中,权限 SELECT、INSERT、UPDATE 等安排在列中,每个对象的操作权用一行表示。在相应的复选框上,如果为"√"则为授权,为"×"则为禁止权限,如果为空白则为撤销权限。单击复选框可改变其状态。

(4) 完成后,单击【确定】按钮。返回数据库角色属性对话框后,再单击【确定】按钮。

3. 语句权限的管理

SQL Server 的企业管理器中还提供了管理语句权限的方法,其操作的具体步骤如下:

(1) 展开 SQL 服务器和【数据库】文件夹,右击要操作的数据库文件夹,如【图书管理系统】数据库,并在弹出菜单中选择【属性】命令,会出现数据库属性对话框。

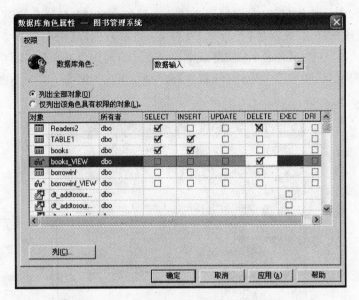

图 11.13　数据库角色权限属性对话框

(2) 在数据库属性对话框中,选择【权限】选项卡,出现数据库用户及角色的语句权限对话框,如图 11.14 所示。

图 11.14　数据库用户和角色的语句权限对话框

在对话框的列表栏中,单击表中的各复选框可分别对各用户或角色授予、撤销或禁止数据库的语句操作权限。复选框内的"√"表示授予权限,"×"表示禁止权限,空白表示撤销权限。

(3) 完成后单击【确定】按钮。

4. 使用 Transact-SQL 语句管理权限

SQL Server 2000 的安全性管理,不仅可以通过 SQL Server 的企业管理器的相应操作实现,还可以在查询分析器中通过 Transact-SQL 语句实现。这里只介绍用 Transact-SQL 语句实现权限管理,其语句格式与本章 11.1.3 小节中介绍的标准 SQL 的类似。

1) 授予权限语句-GRANT

(1) 语句授权

【例 11.1】　语句授权:将创建数据库、创建表的权限授予用户 user1 和 user2。

```
USE 图书管理系统
GRANT CREATE TABLE TO user2
```

通过查看数据库图书管理系统【属性】的【权限】项,可以看到用户 user2 拥有创建表的语句权限。

(2) 对象授权

> 💡注意:SQL Server 与标准 SQL 的不同是省去了对象类型,直接写对象名称即可。

【例 11.2】　对象授权:授予角色 public 对表 readers 的 select 权限,授予用户 user1 对表 readers 的 insert 和 delete 的权限。

```
GRANT SELECT ON readers TO public
GRANT INSERT,DELETE ON readers TO user1
```

通过查看角色 public 和用户 user2 的属性,可以看到他们已拥有对数据对象 readers 的相应权限。

【例 11.3】　将对表 readertype 的属性"限借阅数量"和"借阅期限"的修改权限授予 user2。

```
GRANT UPDATE(限借阅数量,借阅期限) ON readertype TO user2
```

2) 禁止权限语句-DENY

(1) 禁止语句权限

【例 11.4】　禁止用户 user2 的 CREATE TABLE 语句权限。

```
DENY CREATE TABLE TO user2
```

通过查看数据库图书管理系统【属性】的【权限】项,可以看到该用户对数据库的创建表的语句权限被禁止。

(2) 禁止对象权限

【例 11.5】 禁止用户 user2 对表 readers 的 DELETE 权限。

```
DENY DELETE ON readers TO user2
```

通过查看用户 user2 的属性,可以看到该用户对数据对象 readers 的 DELETE 的权限被禁止。

可以使用 DENY 语句限制用户或角色的某些权限。这样不仅删除了以前授予用户或角色的某些权限,而且还禁止这些用户或角色从其他角色继承禁止的权限。

3) 撤销权限语句-REVOKE

(1) 撤销语句权限

【例 11.6】 撤销用户 user2 的 CREATE TABLE 语句权限。

```
REVOKE CREATE TABLE TO user2
```

通过查看数据库图书管理系统【属性】的【权限】项,可以看到用户 user2 创建表的权限被撤销。

(2) 撤销对象权限

【例 11.7】 撤销用户 user2 对表 readers 的 DELETE 权限。

```
REVOKE DELETE ON readers TO user2
```

通过查看用户 user2 的属性,可以看到该用户对数据对象 readers 的 DELETE 的权限被撤销。

> 注意:撤销权限的作用类似于禁止权限,它们都可以删除用户或角色的指定权限。但是,撤销权限仅仅删除用户或角色拥有的某些权限,并不禁止用户或角色通过其他方式继承已被撤销的权限。

使用系统存储过程 sp_helprotect 可以查看当前数据库中指定数据对象或语句上的权限信息。

【例 11.8】 以下批示的执行结果表明,用户 user3 在表 readers 上的 DELETE 权限被禁止后,将其加入拥有表 readers 上的 DELETE 权限的角色 roler1 中后,被禁止的权限 DELETE 不能从 roler1 中继承。结果如表 11.4 所示。

```
——对 user3 授权——
GRANT INSERT,DELETE ON readers TO user3
——查看表 readers 上的权限情况——
```

```
EXEC sp_helprotect 'readers'
```
——禁止 user31 对表 readers 的 DELETE 权限——
```
DENY DELETE ON readers TO user3
```
——查看表 readers 上的权限情况——
```
EXEC sp_helprotect 'readers'
```
——授予角色 roler1 权限——
```
GRANT INSERT,DELETE,UPDATE ON readers TO roler1
```
——将 user1 添加到角色 roler1——
```
EXEC sp_addrolemember 'roler1','user3'
```
——查看表 readers 上的权限情况——
```
EXEC sp_helprotect 'readers'
Go
```

表 11.4　被禁止的权限不能通过角色继承

	Owner	Object	Grantee	Grantor	ProtectType	Action	Column
1	dbo	readers	user3	dbo	Grant	Delete	.
2	dbo	readers	user3	dbo	Grant	Insert	.

	Owner	Object	Grantee	Grantor	ProtectType	Action	Column
1	dbo	readers	user3	dbo	Deny	Delete	.
2	dbo	readers	user3	dbo	Grant	Insert	.

	Owner	Object	Grantee	Grantor	ProtectType	Action	Column
1	dbo	readers	roler1	dbo	Grant	Delete	.
2	dbo	readers	roler1	dbo	Grant	Insert	.
3	dbo	readers	roler1	dbo	Grant	Update	(All+New)
4	dbo	readers	user3	dbo	Deny	Delete	.
5	dbo	readers	user3	dbo	Grant	Insert	.

 习题

1. 数据库的安全性是指什么？
2. 什么是数据库管理系统的安全保护？
3. 数据库的安全级别有哪几种？
4. 数据库安全控制的一般方法有哪些？
5. 常用的数据加密方法有哪些？
6. 在 SQL 中,表级的操作权限有哪些？
7. 写出完成下列权限操作的 SQL 语句:
   (1) 将在数据库图书管理系统中创建表的权限授予用户 user1。
   (2) 将对表 books 的增、删、改的权限授予用户 user2,并允许其将拥有的权限再授予其他用户。

（3）将对表 books 的查询、增加的权限授予用户 user3。

（4）以 user2 登录后，将对表 books 的删除记录权限授予 user3。

（5）以 sa 身份重新登录，将授予 user2 的权限全部收回。

8. 完成题 7 的操作后，user1、user2、user3 分别拥有哪些权限？

9. 简述 SQL Server 2000 的安全体系结构。

10. SQL Server 的安全认证模式有哪几种？

11. 登录账号和用户账号的联系、区别是什么？

12. 什么是角色？服务器角色和数据库角色有什么不同？用户可以创建哪种角色？

13. 角色和用户有什么关系？当一个用户被添加到某一角色中后，其权限发生怎样的变化？

14. 角色或用户对数据库对象的访问权限有哪几种状态？

15. SQL Server 2000 的权限有哪几种类型？

16. 简述禁止权限和撤销权限的异同。

17. 用 Transcat-SQL 语句完成题 7 中的各种操作。

参 考 文 献

[1] 王珊,萨师煊.数据库系统概论(第四版)[M].北京:高等教育出版社,2006.

[2] 王珊.数据库系统概论学习指导与习题解答[M].北京:高等教育出版社,2003.

[3] 苗雪兰.数据库系统原理与应用教程(第三版)[M].北京:机械工业出版社,2008.

[4] 王能斌.数据库系统教程[M].北京:电子工业出版社,2002.

[5] 施伯乐,丁宝康,汪卫.数据库系统教程(第三版)[M].北京:高等教育出版社,2008.

[6] 冯玉才.数据库系统基础(第二版)[M].武汉:华中理工大学出版社,1993.

[7] 黄德才.数据库原理及其应用教程[M].北京:科学出版社,2002.

[8] Elmasri R,Navathe S B. Fundamentals of Database Systems(Fourth Edition)[M]. 孙瑜注释.北京:人民邮电出版社,2008.

[9] Silberschatz A,Korth H F,Sudarshan S. Database System Concepts(Fifth Edition)[M]. 杨冬青译.北京:高等教育出版社,2006.

[10] 闪四清.数据库系统原理与应用教程(第三版)[M].北京:清华大学出版社,2008.

[11] 王珊,陈红.数据库系统原理教程[M].北京:清华大学出版社,1998.

[12] 刘勇,周学军.SQL SERVER 2000基础教程[M].北京:清华大学出版社,2008.

[13] 刘培文,耿小芬.SQL SERVER 2000数据库原理与应用教程[M].北京:中国人民大学出版社,2009.

[14] 刘志成,彭勇.数据库系统原理与应用(SQL Server 2000)[M].北京:机械工业出版社,2007.

[15] 李春葆,曾平.数据库原理与应用——基于SQL Server 2000[M].北京:清华大学出版社,2006.

[16] 郑玲利.数据库原理与应用案例教程[M].北京:清华大学出版社,2008.